本书为国家社会科学基金一般项目"基于社区的灾害风险网络治理模式、机制与政策体系完善研究"（项目批准号：15BGL181）结项成果

基于社区的灾害风险
网络治理模式研究

A NETWORK GOVERNANCE
MODEL OF COMMUNITY-
BASED DISASTER RISK

周永根 ■著

中国社会科学出版社

图书在版编目（CIP）数据

基于社区的灾害风险网络治理模式研究／周永根著. —北京：中国社会科学
出版社，2022.11
ISBN 978 - 7 - 5227 - 0998 - 7

Ⅰ.①基… Ⅱ.①周… Ⅲ.①社区—灾害管理—研究—中国 Ⅳ.①X4

中国版本图书馆 CIP 数据核字（2022）第 203681 号

出 版 人 赵剑英
责任编辑 马 明
责任校对 蒋佳佳
责任印制 王 超

出 版 中国社会科学出版社
社 址 北京鼓楼西大街甲 158 号
邮 编 100720
网 址 http://www.csspw.cn
发 行 部 010 - 84083685
门 市 部 010 - 84029450
经 销 新华书店及其他书店

印 刷 北京明恒达印务有限公司
装 订 廊坊市广阳区广增装订厂
版 次 2022 年 11 月第 1 版
印 次 2022 年 11 月第 1 次印刷

开 本 710 × 1000 1/16
印 张 16.25
插 页 2
字 数 262 千字
定 价 88.00 元

前　　言

　　伴随着城镇化、工业化和信息化的快速推进，世界各国——尤其是发展中国家的灾害风险问题日益严峻。面对各类自然风险和社会风险的严峻挑战，各国政府部门越来越认识到依靠政府的公共资源和能力不足以应对日益严峻的灾害风险，而社区公众有着丰富的资源和独特的应对能力，能极大地弥补政府应对灾害风险时资源和能力上的不足。

　　传统的应急管理模式是以政府为中心的管理模式。在这种模式下，政府公共部门在应急管理中占据主导地位，发挥主要作用；而社会公众处于从属地位，发挥次要作用。传统的应急管理模式有其优越性，如可以发挥其集中力量办大事的优势、在应急事务管理中能做到令行禁止等。然而，随着灾害风险的日益严峻，其弊端也日益显现，如管理重心偏高、管理主体单一等。这些局限性在一定程度上约束了社会公众参与灾害风险治理的积极性，导致社会公众灾害风险治理参与程度不高、能力不足等，从而导致灾害风险治理绩效低下。

　　日趋严峻的灾害风险形势与日益显现的政府应对能力的局限性客观上要求传统的应急管理从政府到社区等基层单位实现关口前移、重心下移、主体外移以及标准下沉，以实现应急管理的社会化和网络化。这种情势下，传统的应急管理模式面临着转型的客观需要，由传统的以政府为中心的应急管理模式向基于社区的灾害风险网络治理模式转型势在必行。

　　当前，由以政府为中心的应急管理模式向基于社区的灾害风险治理模式转型已成为世界应急管理模式发展的主要趋势；网络治理是公共管理的全新治理形态和必然发展趋势。应急管理必须把握这两个必然发展趋势，实现由传统的应急管理模式向基于社区的灾害风险网络治理模式转变。

近年来，一些发达国家开始实施基于社区的灾害风险管理模式。其中，日本和美国是典型的代表。日本、美国推进向基于社区的灾害风险网络治理模式转型。这两国应急管理模式转型实践既有失败的教训，更有成功的经验。日本、美国推进基于社区的灾害风险治理模式表明，新型模式显著提升了灾害风险治理绩效。鉴于此，本研究深入剖析了这两个典型国家的灾害风险治理模式，得出启示，以期为中国实现应急管理模式的转型提供经验借鉴。

为了了解中国社区应急管理模式的情况，本研究对省、市、区（县）、街道（镇）、社区各个层面的应急管理部门以及社区公众进行了实地访谈，并开展了问卷调查。本研究的实地访谈和问卷调查结果分析表明，我国当前应急管理模式存在较大的局限性，不能满足我国日益严峻的灾害风险治理需求。因此，我国当前必须加快应急管理模式的转型，形成基于社区等基层单位的公众广泛参与的全方位、多层次、综合性的灾害风险社会网络化治理模式。

本研究将基于社区的灾害风险治理理论和网络治理理论引入灾害风险治理，提出基于社区的灾害风险网络治理模式这一新的概念，构建了基于社区的灾害风险网络治理模式的基本框架，并提出了实施基于社区的灾害风险网络治理模式的政策体系改善建议。

相对于传统的以政府为中心的应急管理模式而言，新模式力求克服传统应急管理模式管理重心偏高等弊端，实现灾害风险治理关口前移、重心下移、主体外移和标准下沉，以充分发动社会公众广泛参与，充分挖掘和利用社区资源；力求克服传统应急管理模式的自上而下、垂直管理的弊端，实现灾害风险治理的扁平化、网络化和社会化。本研究提出灾害风险治理政策体系和标准化体系改善建议，以期加快我国应急管理模式的改革，实现政府推动、部门联动、公众参与的灾害风险社会网络化治理格局，提升社区灾害风险治理能力，最终提升灾害风险治理绩效，实现社区的可持续发展。

目　　录

第一章　绪论

一　研究背景

（一）灾害风险形势

伴随着全球城市化、工业化、信息化的迅猛发展和环境的急剧变化，灾害风险源不断增多，灾害风险的扩散性和变异性日益增强①。灾害风险作为一个系统，它的风险由于人群的聚集而被放大，由于系统的脆弱性而易受破坏，由于系统的社会敏感性而被激化及猝变②。由此，世界各国尤其是发展中国家的灾害风险持续增加③，各类严重的灾害风险事件给世界各国人民带来了巨大的财产损失和生命伤亡。2018 年 3 月 22 日，世界气象组织发布《WMO 2018 年全球气候状况声明》。该报告表示，2017 年是有记录以来灾害性天气和气候事件造成损失最大的一年，这一年气候造成的高经济影响灾害尤为严重。慕尼黑再保险公司评估 2017 年天气和气候相关事件造成的总灾害损失为 3200 亿美元，是有记录以来的最大年度总额④。

加强和改进灾害风险治理，控制潜在的风险，才能确保公共安全，创造自由、安全的条件，实现人类美好生活的目标。随着灾害风险发生的日益频繁、复杂和严重，世界各国政府普遍认识到政府公共部门由于灾害风险应对中的资源和能力的局限性，政府公共部门特别是应急管理

---

① 张跃军、魏一鸣：《石油市场风险管理：模型与应用》，科学出版社 2013 年版。
② 向良云：《非常规群体性突发事件演化机理研究》，博士学位论文，上海交通大学，2012 年。
③ United Nations, "Sendai Framework for Disaster Risk Reduction, 2015 – 2030", 2015. 3. 18.
④ 世界气象组织：《2017 年成为有记录以来灾害性天气和气候事件造成损失最大的一年》，https://news. un. org/zh/story/2018/03/1004741, 2018. 4. 22.

部门逐渐认识到防灾减灾任务已远远超出了政府本身能力,仅仅依靠政府部门的资源、能力已经不足以应对日益严峻的灾害风险,不能解决灾害风险带来的严重后果[①]。传统的以政府为中心的应急管理模式已不能适应灾害风险的新形势和新要求,推进传统的应急管理模式改革是应对日益严峻的灾害风险形势的客观要求。

(二) 应急管理模式改革趋势

社区是城市的细胞和社会的基本单元,是各级政府加强应急管理的着力点和支撑点,也是灾害风险治理的主要阵地和前沿哨口,社区公众是灾害风险直接受害者与主要应对者。社区公众对灾害风险治理起着主要作用,是防范和应对灾害风险的重要力量,其对提升灾害风险治理绩效的贡献甚至超过了政府公共部门[②];在灾害风险应对中政府的资源和能力的局限性日益显现,同时,社区在灾害风险治理中的重要地位和显著优势日益凸显[③]。据相关研究,社区在灾害风险治理中发挥着重要作用[④]。

严峻的灾害风险新形势和新挑战客观上要求实现应急管理模式转型,将灾害风险应对关口由政府前移到社区、治理重心由政府下移到基层单位和公众、应对主体由政府公共部门外移到社会公众[⑤],建立完善以社区为中心的灾害风险治理模式、机制和政策体系,实现由传统的以政府为中心的应急管理模式向基于社区的灾害风险治理模式转型。

从20世纪80年代末开始,基于社区的灾害风险管理(Community-based Disaster Risk Management, CBDRM)首先在英国应运而生,并成为

---

① FEMA, "Promising Examples of FEMA's Whole Community Approach to Emergency Management", http://www.cdcfoundation.org/whole-community-promising-examples, 2015.11.26.

② United Nations, "Sendai Framework for Disaster Risk Reduction, 2015 – 2030", 2015.3.18.

③ Md. Anwar Hossain, "Community Participation in Disaster Management: Role of Social Work to Enhance Participation", *Journal of Anthropology*, 2013 (19), pp.159 – 171.

④ Md. Anwar Hossain, "Community Participation in Disaster Management: Role of Social Work to Enhance Participation", *Journal of Anthropology*, 2013 (19), pp.159 – 171.

⑤ 薛澜、周玲、朱琴:《风险治理:完善与提升国家公共安全管理的基石》,《江苏社会科学》2008年第6期。

其他各国尤其是发达国家最为重要的灾害风险治理途径①②③。与传统的基于政府的灾害风险管理（Government-Based Disaster Risk Management，GBDRM）不同，CBDRM 注重灾害风险利益相关者如社区组织、NGOs 与居民等公众在灾害风险治理中的主体地位，力求实现灾害风险管理从事后恢复、事中应对到事前预防的转变，即通过引导和激励措施改变公众参与认知、行为响应方面改善目前的应急管理问题④，具体措施包括优化管理组织结构和运行机制、提高公众参与程度等。CBDRM 的管理目标也在最初"提高现有灾害风险防范应对能力、控制当地灾害风险发生的频率和影响"的基础上，增加了"社区可持续发展"的新使命⑤。

目前全球范围内已有日本、美国等国家开始由传统应急管理模式向基于社区的灾害风险治理模式转型实践。日本阪神大地震后，日本适时推进基于政府的应急管理模式到基于社区的灾害风险网络治理模式的转型。2013 年以来，美国推进应急管理模式改革，逐渐由基于政府的应急管理模式向全社区应急管理模式转变。模式的转型既是顺应了灾害风险应对客观规律，也是灾害风险应对现实的需要。如今国际相关灾害政策、框架和规章均规定了社区应该在风险预防和削减中的重要地位，强调社区在应急响应和恢复中的积极作用。

（三）应对日益严峻的灾害风险的客观要求

伴随着中国城镇化、工业化和信息化的加速推进，中国灾害风险形势也日益严峻。尽管这一过程来得比发达国家晚，但程度有过之而无不及。当前，我国正处于社会转型、结构创新和城镇化快速发展的阶段，随着规模急剧扩大和结构的日益复杂，加之经济社会发展阶段和国外形

---

① Junko Mimaki, Yukiko Takeuchi, Rajib Shaw, "The Role of Community-based Organization in the Promotion of Disaster Preparedness at the Community Level: A Case Study of a Coastal Town in the Kochi Prefecture of the Shikoku Region, Japan", *Coast Conserv*, 2009 (13), pp. 207 – 215.

② Olivia Patterson, Frederick Weil, Kavita Patel, "The Role of Community in Disaster Response: Conceptual Models", *Popul Res Policy Review*, 2010 (29), pp. 127 – 141.

③ Emilie Combaz Community-based disaster risk management in Pakistan, 2013.

④ Umma Habiba, Rajib Shaw, Md. Anwarul Abedin, *Disaster Risk Reduction Approaches in Bangladesh. Disaster Risk Reduction*, Springer Japan, 2013.

⑤ Kristen Magis, "Community Resilience: An Indicator of Social Sustainability", *Society and Natural Resources*, 2010, 5 (23 – 5), pp. 401 – 416 (16).

势的影响，灾害风险呈现复杂化、多样化、频繁化和严重化的特征。特别是 20 世纪 90 年代以来，中国灾害风险频发，灾害风险形势空前严峻，且有愈演愈烈之势，可以说中国已进入"风险社会"。据《中国新闻网》报道，SARS 事件暴发以前，从 1990 年至 2002 年，我国安全事故总量年均增长 6.28%，最高时增长达 22%①。

灾害风险问题在自然灾害、事故灾难、公共卫生事件和社会安全事件四方面均不断涌现②，存在于生活、生产、生态等方面，影响着国民经济的协调运作和可持续发展。如我国城镇化进程中的资源破坏、环境污染、水土流失、农作物污染等人为灾害和自然灾害十分严重；加上经济与社会发展严重失衡，各种重大自然、社会等事故频频发生③。2003年的 SARS 事件，2008 年的冰雪和地震等自然灾害，2010 年的旱灾，2011 年的洪涝和地震，2012 年的食品、药品问题：肯德基 45 天"速成鸡"、麦当劳过期产品加工出售、伊利奶粉"含汞门"、地沟油事件以及干旱、风雹等。民政部、国家减灾委员会办公室数据显示：即使在相对平静的 2018 年，我国各类自然灾害也造成全国近 1.3 亿人次受灾，589人因灾死亡，46 人失踪，524.5 万人次紧急转移安置，直接经济损失 3018.7 亿元。根据公布的灾情统计情况，各类自然灾害共造成 9.7 万间房屋倒塌，23.1 万间严重损坏，120.8 万间一般损坏；农作物受灾面积 2081.43 万公顷，其中绝收 258.5 万公顷；直接经济损失 2644.6 亿元④。中央一般公共预算支出显示，近年来公共安全支出持续增长，2017 年公共安全支出达 1838.55 亿元⑤。此外，由于尖端科技的发展给恐怖分子、犯罪分子提供了现代化的作案手段，国内犯罪正逐渐向动态化、职业化的趋势发展，社会治安形势十分严峻。

---

① 何学秋、宋利、聂百胜：《我国安全生产基本特征规律研究》，《中国安全科学学报》2008 年第 1 期。

② 吕孝礼、张海波、钟开斌：《公共管理视角下的中国危机管理研究——现状、趋势和未来方向》，《公共管理学报》2012 年第 3 期。

③ 张强：《浅谈我国公共安全保障机制的建设问题》，《国际技术经济研究》2004 年第 4 期。

④ 《2018 年各类自然灾害共造成全国 1.3 亿人次受灾》，新华网，http://www.xinhuanet.com//politics/2019-01/08/c_1210033241.htm，最后浏览日期：2019 年 5 月 17 日。

⑤ 财政部：《关于 2017 年中央本级支出预算的说明》，http://yss.mof.gov.cn/2017zyys/201703/t20170324_2565768.html，最后浏览日期：2018 年 2 月 26 日。

我国各类灾害风险给国家、社会和人民带来巨大的损失，此况引起了党和国家以及社会各界的高度重视。中共十八届三中全会上作出了设立国家安全委员会的决定，2018年3月，设立中华人民共和国应急管理部。可见，我国已经把国家和社会的安全、应急管理摆上了重要的议事日程。鉴于近年来我国严峻的灾害风险形势，2016年中央城市工作会议指出，城市工作要把安全放在第一位，把住安全关、质量关，并把安全工作落实到城市工作和城市发展的各个环节、各个领域。

我国灾害风险形势日益严峻，我国进入危机频发期①，但我国的安全风险管理相当滞后，频频发生的各类灾害风险事故对我国应急管理体系提出了严峻的挑战和更高的要求。我国在长期的应急管理实践中，尤其是"非典"事件以来，逐步建立完善了自上而下的行政命令型的基于政府的应急管理模式。在我国应急管理中政府占主体地位和发挥主体作用②，现有应急管理主要集中在国家层面③和城市层面④⑤，而社区等基层单位风险管理意识弱，治理能力严重滞后⑥。

在灾害风险应对实践中，以政府为中心和占主体地位的应急管理模式其局限性日益明显，仅仅依靠政府公共部门的资源和能力不足以应对严重的灾害风险，客观要求通过灾害风险治理模式的改革以实现应急管理关口前移、重心下移、主体外移和标准下沉。而基于社区的灾害风险治理模式正是基于这些因素考虑而设计，并且被日本、美国等发达国家灾害风险管理实践证明的具有良好绩效的灾害风险治理新型模式。因此，推进基于政府的应急管理模式向基于社区的灾害风险网络治理模式的转型不仅是美、日等发达国家，也是我国新形势下应急管理模式发展的必然趋势。

---

① 薛澜、张强、钟开斌：《危机管理：转型期中国面临的挑战》，《中国软科学》2003年第4期。
② 潘孝榜、徐艳晴：《公众参与自然灾害应急管理若干思考》，《人民论坛》2013年第32期。
③ 吕孝礼、张海波、钟开斌：《公共管理视角下的中国危机管理研究——现状、趋势和未来方向》，《公共管理学报》2012年第3期。
④ 薛澜：《从更基础的层面推动应急管理——将应急管理体系融入和谐的公共治理框架》，《中国应急管理》2007年第1期。
⑤ 李彤：《论城市公共安全的风险管理》，《中国安全科学学报》2008年第3期。
⑥ 薛澜、周玲、朱琴：《风险治理：完善与提升国家公共安全管理的基石》，《江苏社会科学》2008年第6期。

二 研究目的与意义

（一）研究目的

本书以灾害风险网络治理问题为基本研究对象，具体包括基于社区的灾害风险网络治理模式、网络治理机制、灾害风险治理能力建设和政策体系。本书通过文献研究、实证调查研究，基于网络治理理论视角，发展灾害风险治理理论，建立政府推动、社会参与、部门协调的基于社区的灾害风险网络治理模式，提出改善中国应急管理政策体系的建议，为决策者和管理者提供智力支持，推进中国应急管理模式转型，提升我国基层减灾防灾能力。具体包括：①提出基于社区的灾害风险网络治理模式概念；②构建基于社区的灾害风险网络治理模式基本框架；③提出改善中国基于社区的灾害风险网络治理的政策体系和标准化体系建议。

（二）研究意义

本书紧密围绕我国空前严峻的灾害风险问题和预防应对乏力的现状，针对灾害风险治理模式与机制等灾害风险治理核心政策，将网络治理理论和基于社区的灾害风险治理理论引入应急管理，拟基于网络治理理论这一新的视角研究提出新型的基于社区的灾害风险网络治理模式和机制，选题和内容具有创新性和学术价值。

研究提出的新型的基于社区的灾害风险网络治理模式对加快我国应急管理模式的改革，形成公众广泛参与的全方位、多层次、综合性的灾害风险社会网络化治理模式，实现政府推动、公众参与、部门联动的灾害风险社会网络化治理格局，降低国家灾害风险治理成本，提升社区灾害风险治理绩效具有重要的实际应用价值。

研究提出的新型的基于社区的灾害风险网络治理模式为公众和各利益相关方广泛参与灾害风险治理提供理论支持和参与路径，并提升公众的灾害风险参与意识、程度和能力，通过提升社区灾害风险治理参与能力促进从源头预防灾害，实现社区的可持续发展具有重要的应用价值和社会效益。

三　文献综述

近年来，随着灾害风险的日益频繁、普遍和严重，世界各国均面临着严峻的灾害风险挑战。灾害风险治理模式、机制和政策体系不仅成为实务界的关注的焦点，也成为学者们的研究热点问题。特别是网络治理作为一种全新的治理模式，既是一种关于治理组织方式的基本理论，也是一种可供实践的基本模式。在灾害风险治理社会网络化背景下，灾害风险管理由于涉及面广、影响程度深、运行机理更为复杂[①]，学界尤为关注对它的管理模式、机制、公众参与、治理能力及其可持续性等方面的研究。

（一）主要研究内容

1. 应急管理理念

应急管理理念是应急管理行动的先导，是应急管理模式的主要组成部分，学者们对此展开了比较深入的研究。钟开斌阐述了生命至上、主体延伸、重心下沉、关口前移、专业处置、综合协调、依法应对、加强沟通、注重学习、依靠科技等现代应急管理的十大理念[②]；薛澜等提出了我国应急管理在政府—市场—社会的定位及互动关系问题存在的理念问题[③]；黄明认为，应急管理应确立合作理念，注重整合社会资源，统筹各方力量，形成应急管理合力[④]；耿亚波认为在区域一体化进程中必须坚持"以预防为主线、以保护生命为核心、以数据制胜为途径、以互联互动为关键、以可持续发展为基础"的建设理念[⑤]；童星等认为"源头治理、动态管理与应急处置相结合"是应急管理的基础理念，此外，

---

　　① Brenda L. Murphy, "Locating Social Capital in Resilient Community-level Emergency Management", *Natural Hazards*, 2007, 5 (41), pp. 297 – 315.

　　② 钟开斌：《现代应急管理的十大基本理念》，《学习时报》2012 年 12 月 17 日第 6 版.

　　③ 薛澜、刘冰：《应急管理体系新挑战及其顶层设计》，《国家行政学院学报》2013 年第 1 期。

　　④ 黄明：《创新理念机制　把握规律特点　不断提升应急管理科学化水平》，《中国应急管理》2013 年第 1 期。

　　⑤ 耿亚波：《京津冀一体化进程中突发事件应急管理理念研究》，《法制与社会》2017 年第 12 期。

还要树立灾害危机风险是可管理的理念①；郭伟提出了居安思危、以人为本、价值重于技术、自救互救重于共救的理念②。

可见，很多学者对应急管理理念进行了探讨，但仍不全面，很少有学者对应急管理理念的主要方面：应急管理主体、政社关系、公众参与、自救互救、社会资源等进行全面深入的研究。

2. 管理模式

传统的自上而下的 GBDRM 主要依靠强大的国家机器，忽视公众的防灾减灾认知、需求和能动性，以及对社区潜在的资源和能力重视不够③，其局限性日益显现。与 GBDRM 模式不同，CBDRM 模式着眼于社区灾害风险的利益相关者，重视社区脆弱性、复杂性和社区动力学（如社区组织和群体结构的变化），以及重视社区层面的防灾减灾能力建设④。近年来，CBDRM 得到国际组织、国家和地方组织的普遍重视和应用，各国越来越倾向于制定 CBDRM 政策、计划和方案来应对日益严重的灾害风险挑战⑤。我国在应急管理实践中，政府占主体地位和发挥主体作用⑥，现有应急管理主要集中在国家层面⑦和城市层面⑧⑨，而社区等基层单位风险管理意识弱，治理能力严重滞后⑩。

---

① 童星、陶鹏：《论我国应急管理机制的创新——基于源头治理、动态管理、应急处置相结合的理念》，《江海学刊》2013 年第 2 期。

② 郭伟：《汶川特大地震应急管理实践与巨灾应对的基本理念更新》，《四川行政学院学报》2010 年第 3 期。

③ D. Asmita Tiwari, "From Capability Trap to Effective Disaster Risk Management Capacity: What Can Governments, Communities, and Donors", *The Capacity Crisis in Disaster Risk Management Environmental Hazards*, 2015 (8), pp. 201 – 207.

④ William L., Waugh, Cathy Yang Liu, *Disaster and Development*, *Environmental Hazards*, Springer International Publishing Switzerland, 2014.

⑤ Md. Anwar Hossain, "Community Participation in Disaster Management: Role of Social Work to Enhance Participation", *Journal of Anthropology*, 2013 (9), pp. 159 – 171.

⑥ 潘孝榜、徐艳晴：《公众参与自然灾害应急管理若干思考》，《人民论坛》2013 年第 32 期。

⑦ 吕孝礼、张海波、钟开斌：《公共管理视角下的中国危机管理研究——现状、趋势和未来方向》，《公共管理学报》2012 年第 3 期。

⑧ 薛澜：《从更基础的层面推动应急管理——将应急管理体系融入和谐的公共治理框架》，《中国应急管理》2007 年第 1 期。

⑨ 李彤：《论城市公共安全的风险管理》，《中国安全科学学报》2008 年第 3 期。

⑩ 薛澜、周玲、朱琴：《风险治理：完善与提升国家公共安全管理的基石》，《江苏社会科学》2008 年第 6 期。

因此，建立完善社区灾害风险模式、机制和管理体系，实现灾害风险管理关口前移、重心下移、主体外移，形成全方位、立体化、多层次、综合性的管理网络，推进公共治理体系改革①②，是强化城市风险管理的主要任务，且能实现以最小的成本，获得最大的安全保障③。

3. 网络治理

网络治理是指为了实现与增进公共利益，政府部门和非政府部门（私营部门、第三部门或公民个人）等众多公共行动主体彼此合作，在相互依存的环境中分享公共权力，共同管理公共事务的过程④。网络治理是以治理目标为导向，治理结构为框架，治理机制为核心，治理模式为路径，治理绩效为结果的复杂运作系统⑤。网络治理是通过网络手段和工具，对关键资源拥有者（网络结点）的结构优化、制度设计，并通过自组织和他组织实现目标的过程⑥。网络治理是通过非营利组织、营利组织等多种主体广泛参与，由公私部门合作共同提供公共服务的一种全新的治理模式和治理形态⑦，是现今公共管理实践必然的发展走向。

网络治理理论认为公共管理中的大部分事物相互联系，要求不同层次管理和跨部门共同协作处理，而网络治理结构能够完成并执行较为复杂的事务决策，可能在于一种实现政策目标所需要的政治压力，但是也是将各种联系实现制度化的必然要求⑧。网络治理形成的公众广泛参与的社会多层次联动社会网络，能提高公众灾害风险认知、参与意识和参与程度，认识灾害风险真相，改善灾害风险治理结构，共享防灾减灾资

---

① 薛澜、周玲、朱琴：《风险治理：完善与提升国家公共安全管理的基石》，《江苏社会科学》2008 年第 6 期。

② 钟开斌：《安全优化与适度应急响应——基于成本—收益视角的分析》，《经济体制改革》2009 年第 2 期。

③ 陈容、崔鹏：《社区灾害风险管理现状与展望》，《灾害学》2013 年第 1 期。

④ 陈振明：《公共管理学——一种不同于传统行政学的研究途径》，中国人民大学出版社2003 年版。

⑤ 孙国强：《网络组织治理机制论》，中国科学技术出版社 2005 年版。

⑥ 李维安、林润辉、范建红：《网络治理研究前沿与述评》，《南开管理评论》2014 年第5 期。

⑦ Stephen Goldsmith, *The Power of Social Innovation*: *How Goldsmith*, *Civic Entrepreneurs Ignite Community Networks for Good*, John Wiley & Sons, 2010.

⑧ O'Toole, Laurence J., "Treating Networks Seriously: Practical and Research — Based Agendas in Public; Administration", *Public Administration Review*, 1997（1）, pp. 45 – 52.

源，利用新技术作出决策，促进有效合作，提高灾害风险应对能力①②。网络治理理论在多主体的企业经营风险管理中得到广泛应用③④⑤，国内对灾害风险网络治理研究极少，刘波等⑥对地方政府网络治理风险进行了实证研究。

4. 组织机构

组织机构是开展应急管理工作的组织保障，也是机制的基础，国外学界较为关注其参与主体之间的关系、职责以及功能。公民社会中的NGOs、NPOs、CBOs（社区组织）、志愿者组织等对社区防灾减灾工作发挥着重要作用。社区防灾减灾的有效方法是使灾害利益相关者如政府、社区、NGOs、CBOs、媒体、私人组织、学术界、邻国和捐助者等都积极有效地介入其中⑦。研究表明，南亚和东南亚国家的公民社会组织对社区减灾、救援甚至短期、中期和长期的恢复发挥着主要作用⑧。各个参与主体发挥着各自不同但不可或缺的作用，如灾害预防控制中心、减灾论坛等NGOs对于宣传、教育、培训居民参与社区防灾减灾发挥着主要作用；国际红十字会、联合国有关机构、政府间和双边发展组织等捐助者是灾区恢复和重建的至关重要的利益相关者⑨；居民委员会等社区

① Subhajyoti Samaddar, Makoto Murase, Norio Okada, "A Social Network Approach to Rainwater Harvesting Technology Dissemination. Information for Disaster Preparedness", *International Journal of Disaster Risk Science*, 2014, 5 (5-2), pp. 95-109.

② Larry Suter, Thomas Birkland, Raima Larter, *Disaster Research and Social Network Analysis: Examples of the Scientific Understanding of Human Dynamics at the National Science Foundation*, Springer, 2008.

③ Johnson, M. E. "Learning from Toys: Lessons in Managing Supply Chain Risk from the Toy Industry", *California Management Review*, 2001, 43 (3), pp. 106-124.

④ Juttner, U., Peck, H., Christopher, M. "Supply Chain Risk Management: Outlining an Agenda for Future Research", *International Journal of Logistic: Research and Applications*, 2003, 6 (4), pp. 197-210.

⑤ Mason Jones, R. to Will D. R., "Shrinking the Supply Chain Uncertainty Cycle", *Institute of Operations Management Control Journal*, 1998, 24 (7), pp. 17-23.

⑥ 刘波、李娜、王宇：《地方政府网络治理风险的实证研究》，《西安交通大学学报》2013年第33期。

⑦ Mizan R. Khan, M. Ashiqur Rahman, "Partnership Approach to Disaster Management in Bangladesh: A Critical Policy Assessment", *Nat Hazards*, 2007 (41), pp. 359-378.

⑧ Rajib Shaw. *Community Practices for Disaster Risk Reduction in Japan*, Springer Japan, 2014.

⑨ Mizan R. Khan, M., Ashiqur Rahman, "Partnership Approach to Disaster Management in Bangladesh: A Critical Policy Assessment", *Nat Hazards*, 2007 (41), pp. 359-378.

组织、社会团体、志愿者是社区减灾的主力军，能极大地提高社区减灾和应急响应能力[1]；学校、科研院所等教育研究机构为社区减灾提供了宣传、咨询、教育、培训等服务，其他减灾利益相关者均受益于学术教育机构；城市规划者、建筑师、工程师、承包商等其他城市发展专业技术人员可以为社区减灾提供有关土地使用规划、安防工程设计建设、灾区安置工程等技术支持；宗教组织对居民的价值信仰的转变、信心的提升、公众防灾减灾意识的加强发挥巨大的作用；广播电视、报纸、杂志等新闻媒体主要发布信息、消息，开展培训项目，有效促进公众与政府机构的沟通交流[2]。

上述减灾参与机构利益相关者从不同层面、不同领域行业，通过不同方法途径发挥各自不同的功能，需要通过多业务沟通与作用的高效的组织体系整合不同利益相关者的减灾行为[3]。

国内学者对组织机构也进行了比较深入的研究。薛澜等认为我国公众应急能力低下、意识薄弱，且获取应急知识和技能的途径有限，并对此提出了相应改善对策[4]；陶鹏等厘清了社会组织在应急管理中的功能与角色，认为应建立政府与社会组织应急合作网络平台[5]；杨学芬等认为社区应急救援组织不健全，缺少具有专门技能的应急工作者队伍，并建议设立与日常工作机构合二为一的社区应急管理组织[6]；万鹏飞等认为应在社区内成立居民自助防灾组织，并且以此为基础构建防灾志愿者网络[7]。

---

[1] Nuray Karanci, *Cities at Risk: Living with Perils in the 21st Century*, *Advances in Natural and Technological Hazards Research*, Springer Science + Business Media Dordrecht, 2013.

[2] Mizan R. Khan, M., Ashiqur Rahman, "Partnership Approach to Disaster Management in Bangladesh: A Critical Policy Assessment", *Nat Hazards*, 2007 (41), pp. 359–378.

[3] Mizan R. Khan, M., Ashiqur Rahman, "Partnership Approach to Disaster Management in Bangladesh: A Critical Policy Assessment", *Nat Hazards*, 2007 (41), pp. 359–378.

[4] 薛澜、周海雷、陶鹏：《我国公众应急能力影响因素及培育路径研究》，《中国应急管理》2014 年第 5 期。

[5] 陶鹏、薛澜：《论我国政府与社会组织应急管理合作伙伴关系的建构》，《国家行政学院学报》2013 年第 3 期。

[6] 杨学芬、江兰兰：《社区应急管理中存在的问题及对策探析》，《农村经济》2008 年第 11 期。

[7] 万鹏飞、于秀明：《北京市应急管理体制的现状与对策分析》，《公共管理评论》2006 年第 1 期。

国内已有关于应急管理模式、机制的研究，主要是关于应急管理的主体、机构、志愿者队伍等，但大多是关于公共部门的应急管理机构组织，而探讨社区等基层单位的组织机构相对较少。

5. 管理机制

灾害风险管理机制是可持续灾害风险管理体系的中心模式[①]，是既有推动机制（如利益驱动机制、政令推动机制）又有约束机制（如利益约束机制、责任约束机制）等子机制的组合，机制运行成败取决于多管理部门纵向和横向的协调程度高低[②]，其整合与协同作用可强化向灾害风险机制转变的正向灾害风险响应能力[③]，从而获得显著的灾害风险管理绩效[④]。以上研究多采用陈述偏好法，基于多方案、多属性的机制设计深入揭示社区灾害风险管理机制的实际需求及其运行效率。

应急管理机制对社区应急管理绩效起着关键作用，我国学者对此展开了比较充分的研究。目前国内学者们对应急管理决策机制、预警机制、联动机制、信息传递机制、沟通机制、保险机制和培训机制等进行了理论探讨和可行性分析[⑤]。陶鹏等分析了我国政府与社会组织应急合作的四种模式，提出了构建合作网络核心运作机制，建立政府与社会组织应急管理伙伴关系的对策建议，以实现政府与社会组织应急管理全过程合作[⑥]。李菲菲等认为社区自治组织、居民、企业、NGO

---

① Takako Izumi, Rajib Shaw, *Disaster Management and Private Sectors*, springer, 2015.

② Chun-Pin Tseng, Cheng-Wu Chen, "Natural Disaster Management Mechanisms for Probabilistic Earthquake Loss", *Nat Hazards*, 2012 (60), pp. 1055 – 1063.

③ Barry A. Cumbie, Chetan S. Sankar, "Choice of Governance Mechanisms to Promote Information Sharing via Boundary Objects in the Disaster Recovery Process", *Information Systems Frontiers*, 2012, 12 (14 – 5), pp. 1079 – 1094.

④ Marijn Janssen, Jin Kyu Lee, Nitesh Bharosa, Anthony Cresswell, "Advances in multi-agency disaster management: Key elements in disaster research", *Information Systems Frontiers*, 2010, 3 (12 – 1), pp. 1 – 7.

⑤ 薛澜、刘冰：《应急管理体系新挑战及其顶层设计》，《国家行政学院学报》2013 年第 1 期；彭宗超、钟开斌：《非典危机中的民众脆弱性分析》，《清华大学学报》（哲学社会科学版）2003 年第 4 期；王郅强、彭宗超、黄文义：《社会群体性突发事件的应急管理机制研究——以北京市为例》，《中国行政管理》2012 年第 7 期；钟开斌：《国家应急管理体系建设战略转变：以制度建设为中心》，《经济体制改革》2006 年第 5 期；闪淳昌、周玲、钟开斌：《对我国应急管理机制建设的总体思考》，《国家行政学院学报》2011 年第 1 期。

⑥ 陶鹏、薛澜：《论我国政府与社会组织应急管理合作伙伴关系的建构》，《国家行政学院学报》2013 年第 3 期。

等主体具有巨大的资源优势，应承担起应急管理的任务，相互配合、协同共进①。张乐等提出了基于网络治理的城市社会化减灾模式，分析了政府与社区之间及其内部主体间的直接或间接的有机社会网络关系②。高萍等分析了社区应急管理机制在应急准备、监测预警、应急处置以及恢复重建等方面的问题，并对街道社区应急管理机制建设提出了思路和建议③。肖磊等认为要强化政府和非政府组织的应急行政协调机制，以推动非政府组织积极有效地参与地方政府突发性环境事件的应急处置④。

6. 公众参与

由于公众参与具有良好的效率与实施效果⑤，目前世界上众多国家纷纷采取各种措施推动社区组织、NGOs、NPOs、CBOs、媒体、志愿者组织、私人组织、学术界、邻国和捐助者等公众广泛深入参与灾害风险管理⑥。如美国联邦应急管理局 2013 年开始实施"全社区"应急管理方法，与公众建立密切的联系⑦；英国各个层面的组织以发布风险登记为主要方法积极推动公众介入风险治理⑧；日本将公众参与作为灾害风险管理的主要政策框架，并将推动社区公众参与灾害风险管理整个流程视

① 李菲菲、庞素琳：《基于治理理论视角的我国社区应急管理建设模式分析》，《管理评论》2015 年第 2 期。
② 张乐、吴敏：《基于网络治理的城市社会化减灾模式研究》，《智库时代》2018 年第 19 期。
③ 高萍、齐乐、徐国栋、李海君、王汝芹、姜纪沂：《我国街道社区地震应急管理机制研究——以北京市街道社区为例》，《灾害学》2014 年第 3 期。
④ 肖磊、李建国：《非政府组织参与环境应急管理：现实问题与制度完善》，《法学杂志》2011 年第 2 期。
⑤ Laurie Pearce, *The Value of Public Participation during a Hazard*, *Impact*, *Risk and Vulnerability Analysis*, *Mitigation and Adaptation Strategies for Global Change*, Springer, 2005. Constantina Skanavis, George A., Koumouris, "Public Participation Mechanisms in Environmental Disasters", *Environmental Management*, 2005, 5 (35 – 6), pp. 821 – 837.
⑥ Laurie Pearce, "Disaster Management and Community Planning, and Public Participation: How to Achieve Sustainable Hazard Mitigation", *Natural Hazards*, 2003, 28, pp. 211 – 228.
⑦ Delaware Yvonne Rademacher, "Community Disaster Management Assets: A Case Study of the Farm Community in Sussex County", *International Journal of Disaster Risk Science*, 2013, 3 (4 – 1), pp. 33 – 47.
⑧ Nocco, B. W., Stulz, R. M., "Enterprise Risk Management: Theory and Practice", *Journal of Applied Corporate Finance*, 2006, 18 (4), pp. 8 – 20.

为政策的主要目的之一①；南亚和东南亚国家的公众在社区减灾、救援甚至短期、中期和长期的恢复过程中发挥着主要作用②。社区灾害风险管理的有效途径是使公众都积极有效地介入并最大限度发挥各自资源优势和功能作用③。公众从不同层面、不同行业领域，通过多业务沟通与相互作用的组织体系来整合不同利益相关者的减灾行为，以不同方法途径发挥不可或缺的作用④。影响公众参与的主要障碍是体制机制缺失与不完善⑤，其他因素还包括政策认知、风险认知、公众态度。

国内研究表明，我国目前的应急管理模式仍以政府为单一中心，政府在防灾减灾中担任主要角色⑥，而公众只是扮演辅助角色⑦，参与程度不高，甚至缺位⑧，或处于被动参与的地位⑨。因此，减少政府行政干预并释放资源，提高公众的参与程度与能力，实现管理模式转变是防灾减灾的必然要求⑩。公众参与是应急管理的主要内容，国内对此研究比较充分。目前已有研究主要集中在以下几方面。

① Saburo Ikeda, Teruko Sato, Teruki Fukuzono, "Towards an Integrated Management Framework for Emerging Disaster Risks in Japan", *Natural Hazards*, 2008, 2 (44 - 2), pp. 267 - 280.

② Shaw Rajib, *Community Practices for Disaster Risk Reduction in Japan*, Springer, 2014.

③ Mizan R. Khan, M. Ashiqur Rahman, "Partnership Approach to Disaster Management in Bangladesh: A Critical Policy Assessment", *Natural Hazards*, 2007, 41, pp. 359 - 378.

④ Junko Mimaki, Yukiko Takeuchi, "The Role of Community-based Organization in the Promotion of Disaster Preparedness at the Community Level: A Case Study of a Coastal Town in the Kochi Prefecture of the Shikoku Region Japan", *Journal of Coastal Conservation*, 2009, 12, pp. 207 - 215.

⑤ Nuray Karanci, "Facilitating Community Participation in Disaster Risk Management: Risk Perception and Preparedness Behaviours in Turkey", *Cities at Risk*, *Advances in Natural and Technological Hazards Research*, 2013, 2 (33), pp. 93 - 108.

⑥ Peijun Shi, "On the Role of Government in Integrated Disaster Risk Governance——Based on Practices in China", *International Journal of Disaster Risk Science*, 2012, 9 (3 - 3), pp. 139 - 146.

⑦ 贺枭：《非政府组织参与灾害救助困境的制度性分析——以"汶川大地震"为例》，《法制与社会》2009年第24期；林闽钢、战建华：《灾害救助中的NGO参与及其管理——以汶川地震和台湾9·21大地震为例》，《中国行政管理》2010年第3期。

⑧ 陈容、崔鹏：《社区灾害风险管理现状与展望》，《灾害学》2013年第1期；王婧：《风险管理中的公众参与问题研究》，《江西农业学报》2013年第2期。

⑨ 潘孝榜、徐艳晴：《公众参与自然灾害应急管理若干思考》，《人民论坛》2013年第32期；朱正威、李文君、赵欣欣：《社会稳定风险评估公众参与意愿影响因素研究》，《西安交通大学学报》（社会科学版）2014年第2期。

⑩ 吕方：《中国式社区减灾中的政府角色》，《政治学研究》2012年第3期；潘孝榜、徐艳晴：《公众参与自然灾害应急管理若干思考》，《人民论坛》2013年第32期；郝晓宁、薄涛：《突发事件应急社会动员机制研究》，《中国行政管理》2010年第7期。

（1）公众参与机制方面。公众参与机制是已有相关应急管理公众参与研究的主要方面，学者们对此展开了比较深入的研究。钟开斌认为中国须推进关口前移、重心下移、主体外移来实现全社会共同参与[①]；陈莉莉认为当前我国环境灾害风险管理的公众参与还存在组织程度低、参与意识薄弱、参与能力较低等不足，必须建立和完善表达机制、信息公开保障机制、协商监督机制、风险教育激励机制，以及政府、媒体与公众合作机制[②]；郑拓、魏淑艳等探讨了灾害风险网络治理模式，并探讨了公众参与网络治理机制，分析了政府与社区之间及其内部主体间社会网络运行关系[③]；谢起慧等选取纽约市等地的危机案例进行比较，对我国公众参与水平、政府回复率进行了分析，并提出了构建监控体系和加强政府公众互动等建议[④]；张鹏认为公众是应急管理的直接受众，也是管理主体，应从观念、体制以及文化交流与合作等方面对应急管理公众参与机制作出适当调整[⑤]。

此外，也有学者从法律角度对公众参与机制展开了研究，如刘雷雷针对公众参与存在的现实问题，对公众参与的法律机制进行论证，并对构建和完善我国突发环境事件中的公众参与法律机制提出了措施建议[⑥]；李盛从法律的角度结合突发环境事件应急法律法规及案例分析了突发环境事件应急法律制度的不足，认为要以"法治—披露—保障—问责—监督"的思路来完善我国突发环境事件应急法律制度[⑦]。

应急管理公众参与制度和流程也是学者关注的方面，张莹研究了食品安全风险中公众参与情况，认为存在参与的透明度低、代表性和有责

① 钟开斌：《回顾与前瞻：中国应急管理体系建设》，《政治学研究》2009年第1期。
② 陈莉莉：《环境灾害风险管理中公众参与机制研究》，http://www.doc88.com/p-636427054326.html. 2018. 1. 12。
③ 魏淑艳、李富余：《网络治理理论视角下我国社会泄愤类极端事件的治理对策——以公交车纵火案为例》，《北京行政学院学报》2016年第4期；郑拓：《突发性公共事件与政府部门间的协作及其制度困境》，博士学位论文，复旦大学，2013年。
④ 谢起慧、褚建勋：《基于社交媒体的公众参与政府危机传播研究——中美案例比较视角》，《中国软科学》2016年第3期。
⑤ 张鹏：《应急管理公众参与机制建设探析》，《党政干部学刊》2010年第12期。
⑥ 刘雷雷：《突发环境事件应对中公众参与法律机制研究》，硕士学位论文，西南政法大学，2015年。
⑦ 李盛：《我国突发环境事件应急法律机制研究》，硕士学位论文，东北林业大学，2013年。

性不足以及可持续性差、层级低的问题，为此，提出了需要完善信息发布制度、代表选择制度、激励制度和救济制度等①；郝晓宁、薄涛阐述了应急社会动员实施的条件、内容与方式和相关机制，并提出了应急社会动员的制度化建设建议②。

（2）公众参与问题与对策方面。潘孝榜、徐艳晴分析了公众参与应急管理在认识、准备、能力方面的困境以及成因，从教育培训、应急预案、机制优化、平台建设等方面提出了提升公众参与意识与能力的解决途径与措施③；张伟伟通过调查，分析了公众的应急管理参与现状及影响因素，并提出了应急管理预备期、反映期和恢复期的不同对策和建议④；张慧分析我国志愿者参与现状和总结存在的问题，借鉴发达国家灾害应急管理志愿者参与的相关经验，从法律体系、志愿者管理、应急物资管理、社会公信度、国际交流等方面提出了对策⑤；张梦雨、董研、别玉满等总结了我国公众在参与政府应急管理中存在的多方面的问题及其原因，借鉴日、美等国外经验，从文化环境、制度体系、参与渠道等方面提出了完善公众参与政府自然灾害应急管理的对策⑥。

（3）公众参与实证研究方面。应急管理公众参与的问卷调查、田野调查与实证研究是目前我国有关应急管理公众参与比较薄弱的环节，仅有少数学者对该问题进行了调查和实证分析。朱正威等通过实地调研，构建相关概念模型，认为行为态度、主观规范、自我效能感、控制力以及性别、年龄、学历、收入等外在变量均对公众参与意愿有显著影响⑦；薛澜、周海雷、陶鹏通过调查分析了我国公众

① 张莹：《我国食品安全风险规制中公众参与制度研究》，硕士学位论文，中国计量学院，2013 年。
② 郝晓宁、薄涛：《突发事件应急社会动员机制研究》，《中国行政管理》2010 年第 7 期。
③ 潘孝榜、徐艳晴：《公众参与自然灾害应急管理若干思考》，《人民论坛》2013 年第 32 期。
④ 张伟伟：《河北省应急管理公众参与研究》，硕士学位论文，燕山大学，2012 年。
⑤ 张慧：《灾害应急管理中的志愿者参与问题研究》，硕士学位论文，湖南大学，2011 年。
⑥ 张梦雨：《公众参与政府自然灾害应急管理问题研究》，硕士学位论文，吉林大学，2013 年；董研：《政府危机管理与社会参与研究》，硕士学位论文，暨南大学，2007 年；别玉满：《公共危机管理中的社会参与机制研究》，硕士学位论文，湖南师范大学，2009 年。
⑦ 朱正威、李文君、赵欣欣：《社会稳定风险评估公众参与意愿影响因素研究》，《西安交通大学学报》（社会科学版）2014 年第 34 期。

的应急自救能力水平、灾害风险感知和影响感知的关系，以及影响公
众应急能力的因素，并提出了培育我国公众应急能力的建议①；戴薇通
过对广州居民的调查，分析了公众对灾害的感知状况，总结出人们产
生灾害感知差异的影响因素，认为政府应加强对居民灾害风险感知的
行为引导②。

7. 管理能力及其可持续性

进入 21 世纪以来，提升社区灾害风险管理能力成为世界众多国家灾
害风险管理政策的中心议题③，并已开展社区灾害风险管理模式、法规
标准、机制体制等对社区灾害风险治理能力提升的影响及绩效研究。其
中，管理模式与机制是社区灾害风险管理的核心政策，其对管理绩效的
提升尤为重要，其主要作用是有利于制定社会广泛接受的有效的灾害风
险管理政策，整合灾害风险相关方的意见、利益和行动，共享减灾资源
与能力，提高社区防范、应对灾害风险的能力和效果，进而促进社区可
持续发展④。

2003 年以来，我国逐步建立了以"一案三制"为基本框架的应急管
理体系⑤，并初步建立完善了城市应急管理机构组织、机制体制、标准
化管理和信息化管理等，但在实践中风险管理存在操作性差、效率低、
协调困难、应急能力低等问题⑥。当前，推进应急管理与社会治理、政
府治理、公共治理的对接是当前的主要任务之一⑦。

---

① 薛澜、周海雷、陶鹏：《我国公众应急能力影响因素及培育路径研究》，《中国应急管
理》2014 年第 5 期。
② 戴薇：《广州居民灾害风险感知研究》，硕士学位论文，兰州大学，2014 年。
③ Saburo Ikeda, "An Emergent Framework of Disaster Risk Governance Towards Innovating Cop-
ing Capability for Reducing Disaster Risks in Local Communities", *International Journal of Disaster Risk
Science*, 2011, 6 (2 - 20), pp. 1 - 9.
④ Laurie Pearce, "Disaster Management and Community Planning, and Public Participation: How
to Achieve Sustainable Hazard Mitigation", *Natural Hazards*, 2003, 28, pp. 211 - 228.
⑤ 薛澜、刘冰：《应急管理体系新挑战及其顶层设计》，《国家行政学院学报》2013 年第
1 期。
⑥ 范维澄、翁文国、张志：《国家公共安全和应急管理科技支撑体系建设的思考和建议》，
《中国应急管理》2008 年第 4 期；薛澜、周海雷、陶鹏：《我国公众应急能力影响因素及培育路
径研究》，《中国应急管理》2014 年第 5 期。
⑦ 钟开斌：《中国应急管理的演进与转换：从体系建构到能力提升》，《理论探讨》2014
年第 2 期。

（二）研究述评

伴随着世界各国尤其是发展中国家灾害风险的持续增加，社区灾害风险管理研究成为世界各国研究的热点，国内外特别是国外已针对基于社区的灾害风险治理机制进行了大量研究。国外学者对应急管理、灾害风险治理模式、机制和政策体系进行了广泛和深入的研究，近年来，尤其关注社区层面的灾害风险治理模式研究。21 世纪以来，国外社区灾害风险管理研究内容和重点出现了新的动向：社区灾害风险管理模式由 GBDRM 向 CBDRM 的转变，将网络治理理论引入社区灾害风险管理，公众参与机制和能力提升成为研究重点，社区灾害风险管理的目标不仅注重社区防灾减灾能力的提升，更加注重社区可持续发展。

2003 年"非典"事件后应急管理得到实务界和理论界的普遍重视，研究开始起步并得以迅速发展，关于应急管理模式、机制和政策体系已有一定数量和比较深入的研究，已有研究对应急管理的现状、问题、影响因素、机制措施、对策建议等均有涉及。

虽然我国学者对应急管理模式的应急管理理念、组织机构和治理机制进行了比较深入的研究，然而，相对国外而言，中国学术界关于应急管理模式、机制和政策体系的研究相对滞后。我国目前的研究还存在一些问题，主要表现在以下几方面。

一是研究数量不足，专门研究较少。如应急管理公众参与研究，当前已有研究文献数量不多，笔者在中国知网选取中文核心和 CSSCI 文献数据库，以"应急管理公众参与""灾害风险公众参与"等为主题、关键词、标题进行检索，共检索到相关文章 28 篇，专门研究的仅仅几篇。

二是研究质量有待提高。尽管已有不少研究成果，但有关应急管理模式、机制、政策体系的高水平论文不多，且已有文献部分存在一定程度的重复研究现象。

三是研究内容还不全面、不充分。从层面上看，既有研究多侧重于基于政府的自上而下的应急管理模式研究，多是探讨国家、地方政府层面的应急管理模式，而基于社区的灾害风险治理研究较少。特别是有关社区等基层单位层面的应急管理模式的治理理念、组织机构和治理机制研究较少。从内容上看，既有关于应急管理模式的研究多是宏观层面的有关应急管理模式、机制、公众参与、问题、对策、建议的研究，而对模式、机制、公众参与没有展开深入细致的研究，如对模式的理念、组织机构、运行机制，以及对公众参与意识理念、参与意愿、参与程度、参与行为和参与效果等研究较少。

四是研究方法上，对应急管理模式采用思辨的方法进行的理论研究较多，多偏重于理论探讨、政策阐述与研究，而实证研究比较少，基于问卷调查、田野调查的实证研究更少。

因此，鉴于我国社区应急管理研究存在的一些问题，今后要注重对灾害风险治理模式开展问卷调查、田野调查，再基于调查对基于社区的灾害风险网络治理模式、机制等进行实证研究，要加强 CBDRM、公众参与、网络治理和可持续社区防灾减灾能力的研究，分析其存在的问题并提出相应政策建议，建立政府推动、社会参与、部门联动的社区减灾网络治理模式和运行机制，提高公众的防灾减灾认知、意识和能力，为我国解决应急管理中存在的问题提供科学的政策依据是我国亟须研究的问题。

四　章节结构

本著作共 10 章，分为三个部分。

第一部分是绪论部分，包括第一章。本部分阐释了研究背景、研究目的与意义、相关概念，提出了基于社区的灾害风险网络治理模式这一核心概念，并针对国内外应急管理模式相关研究进行了文献综述和述评，并就本研究过程和研究方法及论文结构安排进行了概述。

第二部分是本著作的主体，包括第二章到第九章的内容。本部分对研究问题从不同角度进行深入阐述、分析并得出结论。主要研究了本研究相关的基础理论；日本、美国等国外基于社区的灾害风险网络治理的典型模式；对有关实地访谈和调查问卷结果进行分析；根据基于社区的灾害风险治理模式的基本框架结合日本、美国案例及其调查结果进行比较研究，分别对基于社区的灾害风险治理模式的治理理念、组织机构、运行机制以及政策体系进行了分析和设计；并对中国未来实施基于社区的灾害风险网络治理模式的必要性、重要性、可行性和实现路径进行了分析。

　　第三部分是结论部分，包括第十章。本部分对全文进行总结，阐述了本研究的创新点，并对未来关于基于社区的灾害风险治理模式的研究进行了展望。

　　著作框架如图 1-1 所示：

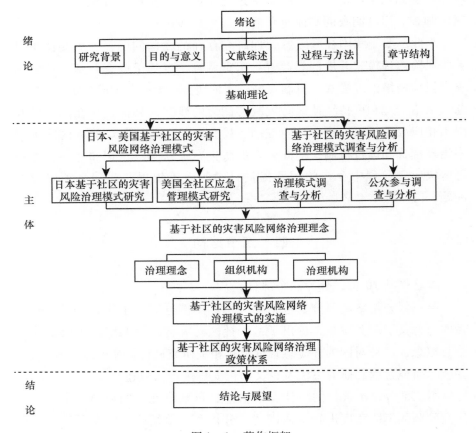

图 1-1　著作框架

第二章　基础理论

一　相关概念界定

（一）社区

1887 年，德国社会学家斐迪南·滕尼斯（Ferdinand Tonnies）最早将"社区"一词纳入社会学概念体系。此后，关于社区的定义多至百余种。其中，比较有代表性的概念有：

（1）拉丁语：社区即"共同的东西""亲密的伙伴"；

（2）斐迪南·滕尼斯：社区表示一种由具有共同习俗和价值观念的同质人口所组成的、关系密切、守望相助、存在一种富有人情味的社会关系和社会团体[①]；

（3）帕克：社区是社会团体中个人与社会制度的地理分布[②]；

（4）查尔斯·罗密斯：社区的英文是"community"，其基本含义是社区、公社、团体、社会、共有、共用、共同组织等[③]；

（5）费孝通：社区是以地区为范围，人们在地缘基础上结成的互助合作的群体，用以区别在血缘基础上形成的互助合作的亲属群体，是一定地域范围内的社会[④]；

（6）《中国大百科全书》：社区通常指以一定地理区域为基础的社会群体；

---

① Ferdinand Tonnies, *Community and Society*, New York：Dover Publications，2002.

② 张勇：《同构性与非平衡性：我国城市社区建设模式反思》，博士学位论文，华中师范大学，2011 年。

③ 陈伟东：《城市社区自治研究》，博士学位论文，华中师范大学，2003 年。

④ 费孝通：《居民自治：中国城市社区建设的新目标》，《江海学刊》2002 年第 3 期。

（7）《民政部关于在全国推进城市社区建设的意见》：社区是指聚居在一定地域范围内的人们所组成的社会生活共同体；

（8）《中共中央关于构建社会主义和谐社会若干重大问题的决定》：城乡社区是"管理有序、服务完善、文明祥和的社会生活共同体"。

美国政界和学界认为社区概念始于《兰登书屋韦氏词典》，该词典对社区定义如下："居住在一定地理范围的任何规模的，有着共同政府组织、文化和历史遗产的社会团体"。从社会学意义来看，这个定义意指功能社区与结构社区两类社区。功能社区可定义为生活在特定地理区域有着共同生活的群体。结构社区可定义为通过社会组织有着相互联系的群体①。FEMA 在《国家应急响应框架》（*National Response Framework*，2013）为社区作出的定义是：社区是拥有共同目标、价值观念、行为规范和组织机构的群体。这些群体不一定被地理界限或政治差异约束，他们可能是宗教组织、社区伙伴、宣传团体、学术组织、社会团体和协会。社区以不同的原因和方式将人们聚集在一起，相互分享信息，促进共同行动。社区有利于居民共同预防灾害风险，并发挥他们的潜在能力，社区的重要性在地方层面尤为突出。

社区概念虽然很多，但概括起来主要有：一是滕尼斯从共同体价值取向角度提出的社区定义，认为社区表示一种由具有共同习俗和价值观念的同质人口所组成的、关系密切、守望相助、存在一种富有人情味的社会关系和社会团体；二是以帕克为代表的功能主义的社区定义，认为社区是社会团体中个人与社会制度的地理分布；三是当代中国学者全方位、综合性研究定义：如费孝通认为，社区是以地区为范围，人们在地缘基础上结成的互助合作的群体；四是《民政部关于在全国推进城市社区建设的意见》中，将社区定义为"聚居在一定地域范围内的人们所组成的社会生活共同体"②。

纵观国内外关于社区的定义，其特点是，国外学者强调功能社区中的"一定区域""一定范围"等地理要素，同时也注重结构社区概念中的社区群体的共同利益、共同价值观念、共同习俗、共同目标、密切的

---

① *Random House Webster's Unabridged Dictionary*，New York：Random House，2005.

② 陈锐、周永根、沈华、赵宇：《中国城乡社区发展差异性研究》，《城市发展研究》2013年第 12 期。

人际关系和交往等价值要素。而国内更多注重于结构社区中的地理要素。如费孝通、民政部等文件都强调"一定地域范围"，认为社区的地理区域是社区的主要内涵。

由于社区地理因素、利益、信仰和环境各异，形成了各种各样的社区。社区一词使用频繁，概念内涵不定，大小不一，如国家社区（national community）、国际社会（international community）和虚拟社区（virtual community）。应急管理中，美国应急管理中社区侧重结构社区概念，但不局限于一定的地理区域，同时强调结构社区概念强调的拥有共同目标、价值观念、行为规范和群体意志等在应急管理中的重要作用，这比国内对社区的一般定义的概念内涵相对宽泛。对于社区成员而言，共同的目标、信仰、资源、爱好、需求、风险等是影响成员之间认同感和凝聚力的主要因素，也是共同应对灾害风险，提高灾害风险复原力的强有力的动力。特别是随着社会的发展，社区更是打破了传统意义上的地理概念的社区范畴的局限，有着共同目标、价值观念、行为规范和群体意志等结构的社区日益发展。作为应急管理中使用的一个概念，正如 FEMA 强调的，社区概念不仅指地理概念的社区，也包括虚拟社区，如论坛、博客，还包括社会团体，如协会、宗教组织等，社区概念内涵外延十分宽泛。

综合社区的一般定义，概括起来，社区有以下几个特征：一是一定区域；二是共同利益；三是社会交往；四是共同意识；五是社会生活共同体。社区是城市的细胞和社会的基本单元，是灾害风险治理的"主要阵地"和"前沿哨口"，社区公众是灾害风险的直接受害者和主要应对者。社区居民由于居住在一定地域，有着共同利益、价值观念、习俗、目标和密切的人际关系和交往等特点，在灾害风险准备、预防、转移、响应和恢复过程中，他们对灾害风险认知、目标等容易达成共识，有利于提升公民防灾减灾意识（认知风险、自助、互助意识），有利于社区公众共同参与、通力协作治理灾害风险，并能最大限度、最佳效益地应对灾害风险。

（二）全社区

全社区（whole community）作为 FEMA 提出的一个全新的灾害风险

管理概念，是指由社区居民、应急管理者、有关组织与社区领导，以及政府官员共同确定与评估各个社区的需求，利用和加强社区资源、能力并维护其共同利益的最佳方案，以期有效维护社会安全和增强社区复原力。从某种意义上来说，全社区灾害风险管理是一种在新的灾害风险形势下理解和实行应急管理的理想选择①。

国内少数学者对该模式进行了研究，对"whole community"一词没有一致的翻译，如游志斌等翻译为"全社会"②；唐桂娟翻译为"全社区"③。在《全社区应急管理方法：原则、策略和实施途径》文本中，相对 whole community 这一主要概念，FEMA 还提出了"整个社区"（entire-community）、"全社会"（entire-society）两个概念。比较这三个概念，将 whole community 理解为"全社区"或"泛社区"，这体现了灾害风险应对群体的一定范围和边界，相对比较确切。在应急管理中，全社区模式（Whole Community approach）可以理解为以社区为中心的，包括应急管理者、政府官员、非营利组织、私人组织、居民等公众广泛参与，多部门、多组织联动的应急管理模式，是一种泛社区的应急管理方法。

全社区模式力图吸纳包括企业、宗教团体、残疾人组织及一般公众在内的公共部门、私有部门和公民的能力和资源，推动地方、土著居民、州、区域与联邦政府合作伙伴广泛参与。面对各类灾害风险，个人和机构组织由于对如何准备和应对威胁和危害作出的抉择存在差异，从而使得社区层面的准备也各不相同。基于此，各参与主体面临的问题是如何与其他主体合作，以及如何融合各自灾害风险治理政策与措施，共同提高当地居民的灾害风险治理能力，以预防、转移、响应各种威胁或危险。

（三）管理模式

早在 20 世纪 90 年代，我国学者就对管理模式进行了研究。对于管

---

① FEMA，"A Whole Community Approach to Emergency Management：Principles，Themes，and Pathways for Action"，December 2011.

② 游志斌、薛澜：《美国应急管理体系重构新趋向：全国准备与核心能力》，《国家行政学院学报》2015 年第 3 期。

③ 唐桂娟：《美国应急管理全社区模式：策略、路径与经验》，《学术交流》2015 年第 4 期。

理模式概念，学者们莫衷一是，学者们根据管理主体给予了不同的定义。由于我国长期以来实行计划经济，政府和社会组织实行科层制管理体制，大部分学者认为管理模式是企业特有的管理样式，如熊志坚等认为"管理模式"是指企业管理活动的"样本"，它勾画了管理活动过程中的内在机制以及相关要素之间的关系①；程书强认为管理模式是指在企业的管理实践中企业的管理体制、管理者的领导风格和企业的激励机制间有机组合，它是在实现企业目标过程中企业管理者组织、指挥、激励和控制员工的方式②。但也有一些学者突破了企业特有管理样式的局限，对具有普适意义的包括企业、政府、组织等的管理模式作出了定义，如郭正朝认为管理模式是指管理者在一定管理思想的指导下，对组织的管理目标、管理对象和管理手段进行整合以推动组织有效运转，在长期的管理实践中形成的独具特色且相对稳定的管理状态③；李志黎等认为管理模式是指管理体系，它包括建立科学的组织管理结构、建立科学的内部管理体制、合理的资源配置和形成激励与约束相结合的经营机制④。此外，罗光华提出了社会管理模式概念，认为社会管理模式是指政府在进行社会管理实践活动中，将其具有普遍意义的管理方式、方法以及手段等进行提炼，形成具有解释或解决同类问题的知识和经验。他进一步提出社会管理模式创新一般涉及社会管理观念、社会管理主体、管理方式和方法、管理手段、管理流程、管理制度和体制的创新六个基本方面⑤。

随着市场经济的发展，政府、企业、非营利组织管理相互趋同、相互借鉴，管理模式不应是企业特有管理样式，管理模式对于公共部门、其他非营利私有部门等均是十分关注的管理样式。

综合上述管理模式的概念，管理模式包括以下几个基本要素：管理理念、管理组织机构、管理制度、管理方法手段。由此，笔者将管理模

---

① 熊志坚、杨德良、张明泉：《论中国企业管理模式的特征》，《管理现代化》1998 年第 2 期。

② 程书强：《管理模式再造》，《陕西经贸学院学报》1999 年第 3 期。

③ 郭正朝：《关于管理模式的理论探讨》，《广播电视大学学报》（哲学社会科学版）2004 年第 1 期。

④ 李志黎、陈炳文、周新文：《探讨管理模式转向制度创新》，《航天工业管理》1995 年第 1 期。

⑤ 罗光华：《城市基层社会管理模式创新研究》，博士学位论文，武汉大学，2011 年。

式定义为：在一定的管理环境下，由管理理念、管理主体、管理客体、管理制度、管理机制、管理工具等要素构成的管理行为体系，是在管理实践过程中固化下来的管理样式和操作系统。

（四）治理模式

管理模式是在管理理念指导下建构起来，由管理方法、管理模型、管理制度、管理工具、管理程序组成的管理行为体系结构，是从特定的管理理念出发，在管理过程中固化下来的一套操作系统。管理模式可以用公式表述为：管理模式 = 管理理念 + 系统结构 + 操作方法，可简单表述为：管理模式 = 理念 + 系统 + 方法。具体到灾害风险治理模式而言，我们可以表述为：治理模式 = 治理理念 + 治理结构 + 治理机制，也即灾害风险治理模式基本框架由治理理念、治理组织机构和治理机制三大要素构成。

（五）应急管理

应急管理，又称危机管理、风险管理、灾害风险管理等。根据维基百科，应急管理（或灾害管理）是指社区为减少风险和应对灾害而制定规划的过程[1]。灾害管理并不能避免或消除威胁，而是旨在制订减少灾害影响的计划。计划的缺失可能会导致财产损失、人员伤亡和收入减少。灾害管理所涉及的事件包括恐怖主义行为、工业破坏、火灾、自然灾害（如地震、飓风等）、公共秩序、工业事故和通信故障[2]等。目前"应急管理"和"危机管理"、"风险管理"、"灾难管理"、"突发事件应对"等基本概念界定模糊[3]。这些概念中，危机管理、风险管理概念较多，而很少有学者对应急管理、灾害风险管理、突发事件管理等概念进行界定。

我国学者对危机管理概念从经济学、社会学等学科出发作出了不同

---

[1] "Emergency Management", https://en.wikipedia.org/wiki/Emergency_management#cite note-1, 2016. 1. 25.

[2] "Emergency Management", https://en.wikipedia.org/wiki/Emergency_management#cite_note-1, 2016. 1. 25.

[3] 李尧远、曹蓉：《我国应急管理研究十年（2004—2013）：成绩、问题与未来取向》，《中国行政管理》2015 年第 1 期。

的定义。应急管理一词虽然在我国理论界和实务部门常用于我国灾害风险管理中，如"一案三制"中的应急预案、应急体制、应急机制、应急法制，以及应急体系，等等，但我国学术文献中尚未对应急管理作出定义。中国卫生管理辞典从医学学科对应急管理作出的定义是：指医疗卫生部门对各种急症、外伤、中毒病人进行急救及意外情况下对伤病员进行抢救的管理工作。包括组织建设、物资准备及技术力量配备、训练等一系列管理工作。《国家突发公共事件总体应急预案》对突发公共事件应急管理的定义是：指政府及其他公共机构在突发事件的事前预防、事发应对、事中处置和善后恢复过程中，通过建立必要的应对机制，采取一系列必要措施，应用科学、技术、规划与管理等手段，保障公众生命、健康和财产安全；促进社会和谐健康发展的有关活动。

综上，目前理论界和实务界根据不同学科领域，如从社区治理领域、医疗卫生领域等，对应急管理概念作出了不同界定，但现有应急管理概念尚不充分和全面，特别是国内对应急管理主体范围的界定过于单一，仅仅是政府和公共机构。随着应急管理向灾害风险治理的转型，灾害风险治理主体逐渐多元化，上述定义对应急管理主体的界定均显得狭隘，因此，应急管理概念不能反映网络化治理背景下灾害风险治理主体日益外移和多元化的特点，有必要将应急管理概念向灾害风险治理概念加以发展。

（六）网络治理

网络，最基本的含义是指计算机网络，后广泛应用于社会学、经济学、管理学、政治学等学科领域，指组织与个人之间的关系网络。罗茨提出，"网络是一种广泛存在的社会协调方式"；彼得斯认为网络是"一种协调经济活动的明确方式"[①]。美国学者斯蒂芬·戈德史密斯和威廉·艾格斯在《网络治理：公共部门的新形态》一书中首先提出网络治理的概念，他们认为网络治理是指"一种全新的通过公私部门合作，非营利组织、营利组织等多主体广泛参与提供公共服务的治理模式"[②]。从此，

---

① ［美］B. 盖伊·彼得斯著：《政府未来的治理模式》，吴爱明译，中国人民大学出版社2001年版。

② Goldsmith, S., Eggers, W., *Governing by Network: The New Shape of the Public Sector*, Brookings Institution Press and John F Kennedy School of Government at Harvard University, 2004, pp. 3-5.

网络治理作为一种新的治理范式进入公共管理学者的视野。

国内学者也对网络治理进行了深入的研究。陈振明认为，网络治理是指"为了实现与增进公共利益，政府部门和非政府部门（私营部门、第三部门或公民个人）等众多公共行动主体彼此合作，在相互依存的环境中分享公共权力，共同管理公共事务的过程。"他认为，网络一般包含三个方面的内容：第一，网络是由各种各样的行动者构成的，每个行动者都有自己的目标，且在地位上是平等的；第二，网络之所以存在是因为行动者之间的相互依赖；第三，网络行动者采取合作的策略来实现自己的目标[①]。孙国强认为，网络治理是以治理目标为导向、治理结构为框架、治理机制为核心、治理模式为路径、治理绩效为结果的复杂运作系统[②]。李维安等综合中外学者研究和观点提出，网络治理是通过网络手段和工具，对关键资源拥有者（网络节点）的结构优化、制度设计，并通过自组织和他组织实现目标的过程[③]。陈晓剑等认为网络治理一般有三种定义。第一种认为网络治理是指以企业间的制度安排为核心的参与者间的关系安排。第二种指网络状的公共管理，即当代社会变革呈现出网络状趋势，网络状的公共治理模式是适应社会发展的一种治理方式，网络状治理需要政府和社会进行双向调整。第三种网络治理主要是指一种公共部门的新形态，即通过由公共部门、私人部门、非营利组织组成的网络联盟来提供公共服务[④]。

（七）灾害风险网络治理

目前学术界尚未对灾害风险网络治理进行界定，结合治理及网络治理有关概念，灾害风险网络治理的概念我们可以理解为：为了减低灾害风险的危害，政府、NGO、企业、公民等灾害风险管理主体对灾害风险事件的发生原因、过程及其影响进行分析，集中社会各种资源，运用现代技术

---

① 陈振明：《公共管理学——一种不同于传统行政学的研究途径》，中国人民大学出版社2003年版。

② 孙国强：《网络组织治理机制论》，中国科学技术出版社2005年版。

③ 李维安、林润辉、范建红：《网络治理研究前沿与述评》，《南开管理评论》2014年第5期。

④ 陈晓剑、戚巍、黄慧敏：《我国城市网络治理特征分析与路径研究》，《中国科技论坛》2008年第9期。

手段和管理方法，对灾害风险进行预防、应对、控制和处理的活动。

（八）基于社区的灾害风险网络治理模式

基于政府的应急管理是以政府为中心的灾害风险管理。在这种模式中，政府在灾害风险管理中处于主体地位，发挥着主要作用，管理方式主要是自上而下的行政命令型垂直管理。该模式的优点是能最大限度地调动和利用国家公共部门的资源，集中力量进行防灾救灾。在重大的灾害风险事件中政府具有其资源、权力和管理能力优势，但对于一般灾害风险事故，基于政府的应急管理模式其效果、方式和服务与实际需求差距较大。随着灾害风险的日益严峻，防灾救灾形势压力与政府管理能力低下、资源不足的矛盾日益突出，以政府为中心的应急管理模式不足以应对灾害风险的严峻形势。

根据已有相关应急管理理论和网络治理理论，结合基于政府的应急管理困境，以及当今灾害风险要求改变以政府为中心、占主体地位和发挥主要作用的现状，而急需推进灾害风险应对关口前移、重心下移、主体外移和标准下沉到社区等基层单位的现实需要，我们明确提出基于社区的灾害风险网络治理概念：为了应对灾害风险，以社区为中心，公共部门、私人部门、非营利组织、公民等多元主体共同参与，形成并依托相互关联社会网络，统筹社会各种资源，运用现代技术手段和治理方法，对灾害风险进行预防、应对、控制和处理的活动。

二　相关理论

（一）科层管理理论

1. 概念与内涵

科层制，也称官僚制。科层制或官僚制（Bureaucracy）这一理论最早由马克斯·韦伯于 20 世纪 20 年代提出。科层制是一种权力依职能和职位进行分工和分层，以规则为管理主体的组织体系和管理方式。

从科层制的概念可以看出，科层制既是一种组织结构或组织体系，又是一种管理体制或管理方式。这种组织结构和管理体制以权力为基础，以职能和职位为依据，对权力进行分工和分层；该组织结构和管理体制的管理主体是规则。

2．基本特征

科层制在组织形态和组织模式方面有着自身显著的特征。在组织形态方面，其特征是分部—分层、集权—统一、指挥—服从；在组织模式方面，其特征是层次分明、结构严密、制度严格、权责明确。

根据韦伯的科层制有关理论和思想，科层制的特征主要可以总结为：一是劳动分工专门化和规则化。在科层制组织中，根据工作类型和目的进行划分作业，各项作业具有明确的职责范围。工作人员必须接受组织分配的作业任务，并依据规则专精于自己岗位职责的工作。二是职权的等级化。在科层制组织中，拥有一大批官员，其权力根据规章按职务的阶梯等级而固定地确立，从而形成金字塔形的权力体系和组织结构，从而形成一种牢固而又有秩序的等级制度，部属必须接受主管的命令与监督，上下级之间的职权关系严格按等级划定，保证上级对下级的权威性[1]。三是组织运行的制度化。科层制组织中，规章制度是组织存在和运行的保障，是对组织成员职务、权力和责任进行约束的依据[2]，所有成员都必须履行自己的岗位职责及遵循组织运作的规范，因而，科层制能最有效地实现既定的组织目标。四是组织成员的非人格化。在科层制中，组织授予官员的职位不受担任该职位的任何个人的气质、个性的影响，仅仅表现为一种规范与行动模式。官员不得滥用其职权，个人的情绪不得影响组织的理性决策，必须按照组织的规章制度来指导自己的行为，在工作中摒弃个人情感因素[3]。五是雇用成员的标准化。在科层制组织中，组织成员根据自己的专业、技术和能力获得工作机会，享受工资报酬。组织按成员的技术资格授予其某个职位，并根据成员的工作成绩与资历条件决定其晋升与加薪与否，从而促进个人为工作尽心尽职，保证组织效率的提高[4]。

---

① 陆海刚：《从科层制管理到网络型治理》，硕士学位论文，南京大学，2016 年。

② 卢荣春：《韦伯理性科层制的组织特征及其对我国行政组织发展的借鉴意义》，《中山大学学报论丛》2005 年第 6 期。

③ 陆海刚：《从科层制管理到网络型治理》，硕士学位论文，南京大学，2016 年。

④ 卢荣春：《韦伯理性科层制的组织特征及其对我国行政组织发展的借鉴意义》，《中山大学学报论丛》2005 年第 6 期。

3．基本功能

科层制在一定程度上适应了社会化大生产的要求，为当时新兴的资本主义制度提供了一种高效率的、理性的组织管理模式，这种管理模式在一定程度上可以说是"理想的行政组织体系"。时至今日，这种管理模式已经成为各类正式组织的一种典型的结构和组织形式，在社会的各个领域得到了广泛的应用。其优点是系统具有严密性，组织规定具有合理性，体制具有连续性和稳定性，组织模式具有普遍适用性，等等。因此，韦伯认为，从纯技术的观点来看，科层制能为组织带来高效率。它在严密性、稳定性和适用性等方面都优于其他任何形式①。

（二）治理理论

1．概念内涵

治理（governance）一词源于古典拉丁文或古希腊语的"引领导航"（steering），原意是引导、控制和操纵，指的是在特定范围内行使权威。它隐含着一个政治进程，即在众多不同利益共同发挥作用的领域建立一致或取得认同，以便实施某项计划②。

20世纪90年代，"治理"一词逐渐兴起，首先出现在公共管理领域。关于治理的概念，学界尚未形成共识，至今仍是一个比较模糊的概念。其中比较有代表性的是联合国全球治理委员会（CGG）对治理的界定。1995年，该委员会对治理作出了解释：治理是指各种公共的或私人的个人和机构管理共同事务的诸多方式的总和。它是使相互冲突或不同的利益得以调和，并且采取联合行动的持续的过程。它包括有权迫使人们服从的正式机构和规章制度，也包括种种非正式安排。而凡此种种均由人民和机构或者同意、或者认为符合他们的利益而授予其权力③。

2．基本特征

关于治理的基本特征，联合国全球治理委员会总结的关于治理的特征比较具有代表性，联合国全球治理委员会列出了治理的四个特征。

（1）治理不是一整套规则，也不是一种活动，而是一个过程。这一

---

① 陆海刚：《从科层制管理到网络型治理》，硕士学位论文，南京大学，2016年。
② 俞可平：《治理与善治》，社会科学文献出版社2000年版，第16—17页。
③ 俞可平：《治理与善治》，社会科学文献出版社2000年版，第270—271页。

特征强调了治理的形式，其形式不是规则和活动。这与传统的管理有着较大的区别。治理并非以规则和活动的形式存在，而是以一个过程的形势而存在。

（2）治理过程的基础不是控制，而是协调。第一条基本特征强调了治理的方式。那么，治理过程的基础是什么？这一特征明确指出了其基础是协调，而非传统意义上管理以控制为主要手段。因此，如果以传统意义的管理的基础——控制来进行治理，那么治理就失去了其存在的基础，治理则变成传统意义上的科层制管理。

（3）治理既涉及公共部门，也包括私人部门。治理的这一特征指出了治理的主体——公、私部门。实际上，还包括了个体。传统的管理的主体主要是公共部门，而治理将利益相关者纳入治理范畴，实现主体的多元化，这样有利于整合、汇聚各方力量，实现公共利益。

（4）治理不是一种正式的制度，而是持续的互动。治理虽然不排除一定程度上的正式的规则、制度，按照计划、规章和制度，墨守成规地执行任务。但是，在更多时候，从更大程度上来说，治理更多的是多方治理主体，或者是利益相关者之间，就公共利益和公共问题进行合作和互动。

3. 基本功能

20世纪80年代末90年代初，治理理论在西方国家逐渐兴起。治理理论寻求政府、市场与公民个人之间角色的重新定位，力图优化社会管理和节约社会资源，力图实现政府和社会力量之间的相互协调和合作，以实现管理效率的最优化和公共利益的最大化。治理理论追求的善治能有效促进公共利益最大化，因为善治强调的基本要素中就包含政府部门的有效性原则①。在此基础上，政府对自己的职责以及它与市场、社会的关系进行重新构建。盖伊·彼得斯将其划分为市场式政府、参与式政府、弹性化政府和解制型政府理论②。政府治理模式理论取得了长足进展。

治理理论丰富了政府管理的含义以及政府资源利用方式和渠道，促进了社会公共管理的主体由单中心向多中心转变，其主体不仅包括政府

① 俞可平：《治理与善治》，《南京社会科学》2001年第9期。
② ［美］盖伊·彼得斯：《政府未来的治理模式》，吴爱明译，中国人民大学出版社2001年版，第25—131页。

公共部门，也包括市场化组织和社会团体等社会公众。社会治理的责任不再仅仅由政府公共部门来承担，社会组织、社会团体等公众也应相应承担。这种情况下，政府能以最小的成本支出获取最大的收益。因此，应急管理向灾害风险治理的转变，有利于形成多中心的治理模式，推动社会力量广泛参与，此外，有利于实现资源配置的合理化和效益最大化。

（三）网络治理理论

1. 概念与内涵

网络治理相对于传统的科层制管理而言的一个概念，是通过公私部门合作，非营利组织、营利组织等多主体广泛参与提供公共服务的治理模式。网络与治理相结合，形成一种全新的治理方式，被广泛应用于社会学领域，尤其是公共管理学领域。网络相对于传统的层级管理而言，通过公共部门和私人部门的合作，以及营利组织和非营利组织、个人等多主体广泛参与，是一种全新的组织和协调方式。

2. 基本特征

网络治理作为一种全新的公共服务治理模式，相对传统的层级式管理模式而言，其特征有五方面：一是治理主体方面，网络治理的治理主体多样，包括公私部门、个体等多种治理主体，主要有政府、企业、NGOs、NPOs、公民等；二是治理结构方面，网络治理改变科层制管理中政府自上而下依靠行政权威的科层管理模式，治理主体通过平等合作方式，构建服务网络，实现公共利益；三是治理权力方面，均衡的分权才是网络治理的实质所在，网络治理通过组织体制的构建及权力的分配，依据复合主体公共职能的定位，实现对权力的均衡分配；四是治理手段方面，网络治理改变了层级制管理模式下主体单一的现状，综合运用多种手段进行治理，主要包括行政、市场和社会手段；五是治理目标方面，网络治理的目标更加长远，其目标是提高公共服务的质量和效率，满足公众需求，增进公共利益，实现经济社会的可持续发展。

3. 基本功能

网络治理能最大限度地将公共利益相关者纳入灾害风险治理，发动最广泛的社会公众参与到公共事务治理中，充分调动公共事务利益相关者的积极性、主动性和创造性，网络治理构建了新的治理体系，优化了治理结构，实现治理体系由垂直型向扁平形结构转变，从而减少管理层级，构建扁平网络，强化各层次之间、部门、组织与个人之间的联系。网络治理实现权力的均衡化，将集中在政府公共部门的权力下放到社会公众，能提高社会公众在治理中的自主性、创造性，使其能自主面对公共事务；网络治理改变以往层级管理中主要依靠行政手段应对公共问题的现状，丰富治理手段，实现行政、市场和社会等手段相结合，这对于充分挖掘、利用社会丰富的人力、物力和财力资源有着巨大作用。网络治理由于治理主体、结构、权力和手段方面实现了比较彻底的变革，其治理目标也更加明确和长远，治理绩效得以显著提升。

（四）灾害风险治理理论

1. 概念与内涵

治理是公私组织机构或个体管理公共事务的诸多方式的总和，根据治理的概念，灾害风险治理可以理解为各种公共的或私人的个体和机构管理灾害风险的诸多方式的总和。该概念指出了管理的主体、客体和方式。管理的主体是个人和机构，不仅包括公共部门，还包括私人部门；同时，该概念也指出了管理的客体，即管理对象——灾害风险；从管理的方式和手段看，该概念指出了诸多方式，这里的方式主要是指调和各个灾害风险治理主体之间的矛盾所采用的对话、谈判、沟通、协调、妥协等方式和手段，同时，也不排除科层制应急管理模式下的运用政府权威、正式规章制度等方式。

2. 基本特征

参照"治理"的特征，结合"灾害风险治理"概念，"灾害风险治理"的特征可以总结为以下四方面。

（1）灾害风险治理的过程化，也即灾害风险治理是一个动态发展和持续发展的过程。灾害风险治理随着经济社会的发展、灾害风险形势的变化、防灾减灾模式的变革、人们防灾减灾意识与能力的变化，灾害风险治理必须因时制宜、因地制宜持续不断地进行，以适应防灾减灾现实的客观需求。因此，要避免传统应急管理模式下依靠大一统的规章制度、应急工作搞"一刀切"、试图以不变应万变；另一方面，灾害风险治理也不能搞"运动战"，依靠几场应急"活动"就完成任务。死板地按规章制度搞"一刀切""运动战""活动"以及形式主义，这正是传统应急管理模式存在的比较普遍的现象和突出的问题。

（2）灾害风险治理主体多元化。灾害风险治理中，治理主体不仅包括政府公共部门，也包括私人组织、社会团体和公民个人，如 NGOs、NPOs、CBOs、企业、厂矿、学校、医院、志愿者组织等，这些公私部门、组织和个体均是灾害风险治理主体。众多的灾害风险治理主体来自不同的社会阶层和群体，它们的社会地位、经济利益和政治诉求也呈现出多元化。

（3）灾害风险治理的基础是调和。灾害风险治理由多元主体构成，这些主体之间职业、社会阶层、经济利益、政治诉求均有着较大的差异。因此，它们在灾害风险治理过程中，需要政府公共部门发挥主导、协调作用，运用高超的领导治理艺术调和各主体之间的分歧和矛盾，促进多元主体之间相互沟通、相互配合、协同应对灾害风险，而非传统应急管理中依靠行政权威和强制力去命令、支配社会公众。

（4）灾害风险治理需注重"互动"。治理是网络化的公共行为，是一种非预先设定和历久弥新的关于合作的关系实践。治理不同于行政等级架构下因循守旧地依照固定的程序作出决策，必须摒弃"一言堂"的单向流动模式，走向"对话式"合作互动模式，通过各个灾害风险治理多主体的平等合作、对话、协商、沟通、疏浚等方式，促使各主体之间相互妥协、达成共识、形成合力，协同应对灾害风险，提高灾害风险治理绩效，实现灾害风险治理目标。

传统的应急管理模式实行命令—控制型管理，采取行政命令手段发号施令，譬如一刀切、一言堂、压制型、运动式、堙堵式、恩赐型、排斥型、功利型等，这些与灾害风险治理要求过程、多元、互动、调和相去甚远，不能适应当今日益复杂、严重和频繁的灾害风险形势，其局限性日益显现。灾害风险治理具有明显的优势，灾害风险治理实现治理的过程化、主体的多元化，以调和为基础，注重灾害风险治理主体之间的互动，也即通过沟通、对话、谈判、协商、妥协、让步等方式，整合各社会阶层和群体的利益，最终形成各方都能接受并遵守的灾害风险治理契约，共同致力于灾害风险治理。

3．基本职能

治理的基本职能包括计划、组织、领导和控制，根据治理的基本职能，灾害风险治理的基本职能也主要体现在这四方面。

计划是设定灾害风险治理组织的目标、制定达成目标的策略以及建立灾害风险治理机制，以协调达成组织目标的活动。

组织是确定灾害风险治理的任务，以及灾害风险治理的管理者、执行者、决策者，以及报告制度和程序，完成任务的体制机制。

领导则是激励灾害风险参与者，也即激励社会公众，指挥社会公众参与的活动。领导过程中，须选择有效的沟通方式，解决灾害风险参与者之间的矛盾和冲突。

控制则是监督灾害风险治理组织的计划实施情况、任务完成情况以及灾害风险治理绩效，并与原来设定的灾害风险治理目标相比较，修正偏离目标的情况，以保证灾害风险治理组织朝既定目标前进。

第三章 国外典型基于社区的灾害风险网络治理模式

近年来，日、美等国家均开始推进向基于社区的灾害风险管理模式转型，并成为实施基于社区的灾害风险管理模式的典型。阪神大地震后，日本鉴于防灾减灾现实新需求和政府防灾减灾能力和资源的局限性，基于社区应对灾害风险的重要优势作用①，以及日本基于社区的灾害风险管理模式的成功实践，适时推进基于政府的灾害风险管理到基于社区的灾害风险管理的转型。美国作为发达国家，灾害风险管理起步早，经验丰富。2013 年以来，美国推进灾害风险管理模式改革，逐渐由基于政府的应急管理向全社区应急管理模式转变。

日本、美国推进由基于政府的灾害风险管理到基于社区的灾害风险管理的转型实践取得了宝贵经验。然而，针对国外基于社区的灾害风险管理模式建设仍缺乏系统性研究和总结。尽管国内外在政治经济体制、历史文化传统、市民社会建设等方面存在差异，但中外灾害风险管理模式在诸多方面仍具备比较研究价值。管理模式主要包括管理理念、组织机构、运行机制三大要素，本章拟在对日本、美国及中国的社区灾害风险管理模式进行分析总结的基础上，从灾害风险管理模式的治理理念、组织机构、运行机制等方面对美国、日本及中国的基于社区的灾害风险管理模式进行横向比较研究，通过分析异同并得出启示，以期对我国未来推进向基于社区的灾害风险治理模式转型起到指引作用。

---

① Andrew Maskrey, "Revisiting Community-based Disaster Risk Management", *Environmental Hazards*, 2011, 10, pp. 1, 42 – 52.

一 日本基于社区的灾害风险管理模式研究

日本是世界上灾害频发的国家，在世界风险指数排名中，日本排名第四[1]。日本在应对频发的灾害风险实践中，有着惨痛的教训，也积累了丰富的经验。1995年阪神大地震给了日本人民惨痛的教训，也积累了丰富的防灾减灾经验。这次巨灾让日本认识到政府单打独斗已不足以应对严峻的灾害风险形势，而社会公众已成为政府抗震救灾的主要力量。灾害风险形势日益严峻，而政府防灾减灾能力、资源的局限性日益明显，推进灾害风险管理模式的转型势在必行。

1995年阪神·淡路大地震以来，日本推进灾害风险管理模式转型，由基于政府的应急管理模式向基于社区的灾害风险管理模式转型。实践及其相关研究表明，基于社区的灾害风险管理模式是适应灾害风险管理规律的成功的管理模式[2]。20世纪90年代末以来，基于社区的灾害风险管理（CBDRM）模式取代了自上而下的基于政府的应急管理模式成为一种普遍实行的灾害风险管理模式。

灾害风险管理模式对灾害风险管理绩效起着关键作用。本章对社区概念、特征以及社区在灾害风险管理中的地位、作用进行梳理的基础上，重点研究了日本基于社区的灾害风险管理理念、组织结构、运行机制及其作用，最后得出结论和启示，以期对我国灾害风险管理模式转型提供有益借鉴。

（一）日本灾害风险管理模式的演变

在日语中，"社区"意为"共同社会"。在日本社会学界，德国社会学家滕尼斯（F. Tonnies）*Gemeinschaft und Gesellschaft*（《共同体与社会》）一书中的"Gemeinschaft"和"Gesellschaft"两个概念被翻译为"共同社会"和"利益社会"[3]。町内会、自治会是日本社区的基层自治

---

[1]　World Economic Forum, "Global Risks 2012", 2012.

[2]　Rajib Shaw, *Community Practices for Disaster Risk Reduction in Japan*, Disaster Risk Reduction, DOI 10.1007/978 – 4 – 431 – 54246 – 9, 1, Springer Japan 2014.

[3]　Ferdinand Tonnies, *Community and Society*, New York: Dover Publications, 2002.

组织，目前全日本有近 30 万个①。町内会一般为传统街坊的居民自治组织，自治会则多为新兴的公营或民营住宅小区的居民自治组织。根据日本著名学者中田实的定义，町内会（Chonaikai）"原则上是指旨在将居住在同一社区内的所有家庭户和企业组织起来，共同处理社区中发生的各种问题，能够代表社区并参与社区管理的居民自治组织"②。町内会已经成为当代日本最重要的基层社区组织，在日本地方众多的基层社区组织中，其影响和作用最为突出。

日本町内会、自治会作为由社区居民选举产生的最底层的社区自治组织，具有社区居民自治组织和政府协助组织的双重组织特征，均不属于行政机构范畴。町内会、自治会类似于中国的社区居委会，但又异于中国的社区居委会，中国社区居委会的行政色彩较浓，町内会、自治会日常运作中的平等协商色彩较浓，其自治能力、互助能力和组织能力相对高于中国社区居委会。

基于社区的灾害风险管理在日本由来已久，在不同时期有不同的名称和做法。早在 100 多年前，即日本目前大多数地方自治体存在之前，人们或社区就通过集体行动来共同应对灾害风险。

在地方自治体形成之后至阪神大地震前，日本开始实行基于政府的灾害风险管理。基于政府的应急管理模式中，政府是防灾减灾的主体，在灾害风险管理中扮演主要角色，发挥主要作用，采取自上而下的行政命令型管理方式。而社区公众一直充当政府的"守夜人"（watchdog）。

20 世纪 80 年代末至 90 年代以来，基于社区的灾害风险管理在日本普遍实施，后来逐步转变为基于社区的减灾行动（CBDRR）。基于社区的灾害风险管理和基于社区的减灾行动意义相近，并且经常交叉使用，都是旨在加强风险管理，但是仍然存在细微的区别。基于社区的减灾行动主要强调社区在灾前的预防，而基于社区的灾害风险管理注重灾前、灾中和灾后的灾害风险管理全过程③。

---

① ［日］黑田由彦：《町内会：当代日本基层社区组织》，王佩军编译，《社会》2001 年第 8 期。

② ［日］中田实：《町内会·部落会の新展開》，日本自治体研究所 1996 年版，第 31—32 页。

③ Rajib Shaw, "Community Practices for Disaster Risk Reduction in Japan, Disaster Risk Reduction", DOI 10. 1007/978 – 4 – 431 – 54246 – 9, 1, Springer Japan 2014.

1995 年日本阪神大地震后，人们越来越意识到社会群体——特别是社区响应能力对于救灾的重要性。阪神大地震的抗震救灾实践表明，政府单打独斗已不足以应对严峻的灾害风险形势，不能满足社区和公民防灾救灾的需求，而社区公众已成为防灾、减灾、救灾的主要力量。严峻的灾害风险形势与政府防灾减灾能力、资源的局限客观上要求实现灾害风险管理模式的转型。

20 世纪 90 年代末以来，基于社区的灾害风险管理模式已经取代了自上而下的基于政府的应急管理模式，并成为一种普遍推行的灾害风险管理模式。2012 年，日本政府修改了《灾害对策基本法》中的"基本政策"，补充强调社区公众参与、社区公众与地方政府之间沟通的重要性，对社区（市町村）领导、公民的地位、职责、途径等作了全面详细的规定。自此，社区公众参与、应对灾害风险的地位、职责、作用在国家法律中得到了进一步体现和肯定。

（二）日本基于社区的灾害风险管理模式

1. 日本基于社区的灾害风险管理模式概况

日本实施基于社区的灾害风险管理模式以来，该模式较以往以政府为中心的应急管理模式而言，在管理理念、组织机构和管理机制方面都发生了较大的改变。

管理理念方面，日本灾害风险管理理念发生过两次较大的转变。第一次是阪神大地震后，日本开始倡导"自助·共助·公助"的防灾减灾理念。在该防灾减灾理念下，"自助"即"自己保护自己"，"自助"在防灾减灾中是最重要行动，是灾害发生时应对灾害风险的原则。第二次理念的转变是在"3·11"大地震后，日本开始倡导从"防灾"到"减灾"的理念。"3·11"大地震使人们认识到，当今灾害风险的复杂和严重程度已经超过了人们能"防灾"的范围和能力，"防灾"仍不能将灾害风险的影响降到最低。为了捍卫财产和生命安全，必须树立灾时将灾害风险影响降低到最小的减灾理念[①]。灾时，公民应注重公助的作用，但更加注重自助、共助，自助和共助很多时候更能及时、灵活地挽救和

---

① 王德迅：《日本危机管理体制研究》，中国社会科学出版社 2013 年版，第 312—313 页。

保护人们的财产和生命安全。

组织机构方面，日本基于社区的灾害风险管理模式实现组织机构的多元化和扁平化。组织机构多元化是指灾害风险管理主体的多元化，其主体不仅包括政府公共部门，也将社区公众纳入防灾减灾的重要主体。组织机构扁平化是指组织机构设置减少了管理层级，而扩大了管理主体和范围，主要是将社区层面管理主体，包括基层政府的役所（场）、NGOs、NPOs 和志愿者等社区组织和专业组织、公民委员会和公民均纳入管理范畴，从而使得组织机构扁平化。

管理机制方面，日本实施基于社区的灾害风险管理模式以来，由于管理主体的多元化、组织机构的扁平化，管理机制也更加灵活和高效。在灾害风险管理主体体系中，政府与社区公众在灾害风险管理中能实现权责明确、分工合理、沟通顺畅、相互协作，各主体彼此之间形成了直接或间接的有机社会网络关系。

2. 日本基于社区的灾害风险管理模式的作用——以阪神大地震为例

1995 年 1 月 17 日，日本关西地方发生规模为里氏 7.3 级的地震灾害，这是日本自 1923 年关东大地震以来规模最大的都市直下型地震。由于神户是日本关西重要城市，人口密集，当时人口约 105 万人，且地震发生在清晨，因此造成相当惨重的人员伤亡和财产损失。这次强震对作为日本阪神经济区主要城市的神户市，造成了极为严重的震害。

阪神大地震中，无论在灾时还是灾后，社区公众始终是抗震救灾的主体，他们灾时自助共助，以及灾后自助共助对于减少生命伤亡、财产损失以及恢复重建均发挥着主要作用。调查结果表明，绝大多数受灾者震灾后的行动过程为"保全自身的生命安全"→"保护居住在一起的亲属的安全"→"了解左邻右舍是否安全"。

灾时，社区公民在灾害风险发生瞬间的救援中作用十分重要。在救助生命方面，发挥最大作用的是市民本身。他们在营救被埋在瓦砾下的人和灭火活动中起主要作用。阪神大地震中，日本受灾公民大部分是由朋友、家人和邻居帮助和营救的。灾区有 24 万栋房屋遭到不同程度的破坏，数万人被埋在瓦砾下面亟须救助。其中，自卫队解救了 176 人，神户市消防局消防员救出了 733 人，神户市消防团救出 819 人，警察等专业救援人员救出 5000 余人，其余的绝大部分是由市民自己解救的。据统计，地震中大约60%的公民是通过自救逃生，逾30%的公民是由邻居营救的。当地公民救援活动如此有效的主要原因有：在救援活动中基于社区的正式与非正式组织的信息和知识得以充分发挥和利用；适用的小工具如锯和铁锹等方便获取和运用于救援行动。

在消防灭火方面，市民同样也起了关键的作用。西宫市因地震引发的火灾41起，有29起（约占71%）是火灾初期被市民扑灭的。尽管发生了41起火灾，但只烧毁了90栋住宅，其中重要原因之一是市民能积极、主动、及时参与初期灭火活动①。

灾后，社区公众仍然是救灾减灾、恢复重建活动的主体，市民在救灾活动中充分发挥了自助互助精神。救援行动后，救灾与重建阶段开始。来自日本各地成千上万的志愿者和自愿组织奔赴灾区开展救援。在避难场所，可以见到邻里之间互相帮助的情景。对于那些没有去避难所待在家里的受灾者，日常传递信息的社区就成了发布行政消息、传递联络信息的组织。除有血缘关系的亲戚、家人外，其他关系如同事、学友、业务伙伴、志趣相投者等所有有关的人都积极投入抗震救灾活动中。这些帮助者为受灾群众提供临时住所、食物、水，照看孩子，捐钱捐物等，形成一股支撑受灾者的直接或间接的强大力量。町内会、自治会发挥沟通行政机构和地区灾民之间的桥梁作用，及时向灾民传达正确的信息，安慰大家情绪。除了町内会、自治会发挥了重要作用外，很多受人尊敬的学者、教师等也主动站出来稳定大家的情绪，专家对震后幸存者进行心理咨询等精神救助。一些跨地区的各式团体也开始发挥巨大的作用。在灾后重建过程中，市民们群策群力，协调一致，共同重建家园。

日本在阪神·淡路大地震中总结了许多经验教训，其中重要的一点就是不能单纯依靠中央政府的行政力量和自卫队救援的"公助"，受灾者自身要超越受灾意识，主动团结起来，互助共助。实际上，日本公民团结互助、通力合作的灾害风险应对精神不仅表现在灾时响应和灾后恢复过程中，也表现在灾前的预防和减灾过程中②。

---

① Nakagawa, Y., Shaw, R., "Social Capital: A Missing Link to Disaster recovery", *Int J Mass Emerg Disasters*, 2004, 22 (1), pp. 5–34.

② 赵成根、尹海涛、顾林生：《国外大城市危机管理模式研究》，北京大学出版社2007年版，第12页。

（三）经验借鉴

当前，由于行政体制、救灾文化等国情的差异，中日两国的灾害风险管理模式也有着较大的差别。但日本建立在惨痛教训和丰富经验基础上的基于社区的灾害风险管理模式作为一种被实践证明了的有效的灾害风险管理模式，其丰富的经验仍然为我国应急管理模式转型提供了有益的借鉴与启示。

1. 适时推进管理模式改革

阪神大地震后，鉴于防灾减灾现实新需求和政府防灾减灾能力和资源的局限性、社区公众在参与应对灾害风险中的优势和重要作用[1]，以及日本基于社区的灾害风险管理模式的成功实践，日本适时推进由基于政府的灾害风险管理到基于社区的灾害风险管理的改革，以实现灾害风险管理重心下移、关口前移、标准下沉和社会广泛参与。模式的转型既是顺应了灾害风险管理的客观规律，也是日本严重的灾害风险应对现实形势的需要，日本实践也表明了适时推进模式改革的必要性。推进基于政府的灾害风险管理到基于社区的灾害风险管理的改革不仅是日本，也是美国等发达国家和其他发展中国家新形势下灾害风险管理模式变革的必然趋势[2]。

一直以来，我国推行以政府为中心的科层制应急管理模式。该模式有着集中力量办大事的优势，但随着灾害风险形势的日益严峻和公共资源与能力的局限性的日益显现，以及该模式下公众危机意识淡薄、参与程度不高、自救互救能力低下等问题长期存在，该模式的弊端也日益明显。因此，建立、完善基于社区的灾害风险治理模式、机制和政策体系，实现灾害风险管理重心下移、关口前移、主体外移，减少政府公共部门对社区灾害风险管理的过度的行政干预，并释放部分公共资源，充分挖掘和利用社区资源，广泛发动社区公众参与灾害风险管理，提高公众的参与程度与自救互救能力，实现管理模式转型是我国应急管理发展的客

① Andrew Maskrey, "Revisiting Community-based Disaster Risk Management" *Environmental Hazards*, 2011, 10, pp.1, 42–52.

② FEMA, "Promising Examples of FEMA's Whole Community Approach to Emergency Management", http://www.cdcfoundation.org/whole-community-promising-examples, 2015, 11, 26.

观要求和必然趋势①。

2. 正确界定社区主体范围

合理界定社区主体范围，能最大限度地发动社区范围内所有防灾减灾主体积极主动参与灾害风险管理。在日本等发达国家，社区作为一定范围内的"共同社会"和"利益社会"，通过社会交往而形成的具有共同利益和意识的一定区域内的社会生活共同体，是一个比较抽象而广泛的概念，主体比较广泛，不仅包括社区基层组织町内会、自治会、公民，还最大限度地将社区公众如基层政府役所、场所、社区专业组织、NGOs、CBOs、NPOs、志愿者、团体组织和公民等纳入社区主体范围，而且他们都是防灾减灾的主要力量，这对提高灾害风险应对能力和绩效产生了积极的作用。

从我国目前的社区管理层面来看，无论在城市还是农村，社区建设大多是以"法定社区"作为管理单位的。具体而言，社区在农村指的是行政村或自然村，在城市指的是街道办事处辖区或居委会辖区以及目前一些城市新划分的社区委员会辖区，更多的是一个地理要素意义上的社区概念，是政府行政功能的延伸。在灾害风险管理中，社区仍然是地理概念意义上的"法定社区"，社区防灾减灾主体仅仅指社区居委会、村委会，而本应是社区应急管理主体的基层政府、NGOs、CBOs、NPOs、志愿者、团体组织、企业等其他基层单位和公民等社区公众往往没有被纳入防灾减灾主体范畴，这极大地削弱了社区灾害风险管理主体力量，为广泛发动社区公众参与防灾减灾带来很大的局限性。因此，在我国灾害风险管理中，需要正确理解社区的概念内涵，合理界定社区公众的主体范围，促使尽可能多的社区公众参与到灾害风险管理中来。

3. 合理划分管理主体权责

合理界定灾害风险管理主体的职权，确保权责一致、高效合作是提高灾害风险管理绩效，提升社区复原力的前提②。日本在灾害风险管理中，根据各主体的权责、地位、作用和资源等情况正确划分政府部门、

---

① 聂挺：《风险管理视域：中国公共危机治理机制研究》，博士学位论文，武汉大学，2014年。

② Neil Dufty，"Using Social Media to Build Community Disaster Resilience"，*The Australian Journal of Emergency Management*，2012，2（27），pp. 1，40－45.

NGOs、CBOs、NPOs、志愿者、社区组织、公民等灾害风险管理主体的权责，各个管理主体职责边界清晰、权责明确，既分工合理，又合作高效。政府作为灾害风险管理的领导机构，主要职责是权力分配、资金支持、协调管理、指导咨询等；NGOs、CBOs、NPOs、志愿者、团体组织、公民等社区主体的主要职责是提供建议、咨询、服务和监督；社区公民主要是积极主动参与防灾减灾全过程，积极开展自救、互救。

我国实行以政府为中心的应急管理模式，政府承担了灾害风险应对中的绝大部分权责，而市民社会建设落后，社区公众参与明显不足，尚未承担应有权责。因此，我国未来应急管理改革中，应合理界定政府与社区各主体的权责边界，合理分担防灾减灾权责。

4. 建立有效的协同机制

健全各主体间协调沟通机制是提高各主体间协作效果的保障。基于社区的灾害风险管理模式机制根据社区特点，探索以地方政府、NGOs、NPOs、CBOs、专家、公民等社区公众等多方共同参与、有机协作的社区减灾模式，明确各利益相关者在灾害风险管理全过程中的角色定位、功能、协作关系，建立可操作的运作机制与风险承担机制，能充分发挥地方政府、NGOs、NPOs、CBOs、专家、公民等社区层面的主体在风险应对中的作用，形成合作与互信的防灾减灾氛围，实现国家、地方和社区各种资源的有效整合，提高社区灾害风险管理的效率。日本灾害风险管理中，各主体根据各自权责，形成密切的社会关系网络，建立了政府、企业与社会三位一体的灾害管理体制机制[①]，运作有序高效，极大地提升了灾害风险管理绩效。

我国应急管理模式实行以政府为中心的自上而下的"命令—控制"型的垂直管理方式，政府在应急管理中占主导地位和发挥主要作用。该模式下，容易出现条块分割，多头领导，部门之间、政府与社区之间沟通不顺畅等弊端。在未来的灾害风险治理中，亟须建立包括公私组织和个人在内的社会公众广泛参与的灾害风险社会网络化治理机制。

---

① 杨安华、田一：《企业参与灾害管理能力发展：从阪神地震到3·11地震的日本探索》，《风险灾害危机研究》2017年第1期。

5. 培育自助互助的救灾文化

长期以来，日本在应对频发的灾害风险实践中，培育了浓厚的救灾文化①②。日本公民在灾害风险管理中，主要依靠公民个人、家庭、邻居和社区的自助、互助，而较少依赖政府公共部门的公助。社区公民、团体组织能充分利用自身知识、技能及身边资源进行及时、便捷的自救、互救。实际上，日本社区公众自助、互助救灾文化发挥了最大限度地挽救人员伤亡、减少财产损失的作用，提升了社区防灾减灾能力和效果。

我国市民社会建设滞后，危机应对把主要希望寄托在政府、公共部门的"公助"上，灾民自助、共助意识淡薄，且能力低下。危机应对过程中，政府往往注重以公助程度和作用来衡量防灾救灾绩效，媒体过度宣传公助。灾害风险发生时，政府动用大量的公共资源和募集大量的社会资源，而很少关注、挖掘和利用社区已有资源，这样不仅造成公共资源的大量浪费，也造成了公共资源使用过程中的腐败。我国培养自助共助的救灾文化，提升公民自助共助能力任重而道远。

二 美国全社区应急管理模式研究

美国作为发达国家，灾害风险管理起步早，经验丰富。近年来，随着灾害风险形势与日俱增，美国不断推进应急管理模式改革。美国联邦应急管理署（FEMA）于 2011 年提出了"全社区"应急管理模式，并在 7 个社区展开试点，取得了丰富的经验。美国全社区的应急管理是基于社区的应急管理模式改革的典型案例，其成功的经验亟待剖析借鉴。

我国应急管理模式主要是以政府为中心的应急管理模式，在我国进行应急管理模式改革亦是大势所趋。由于各国自然地理条件、气候变化情况、城市化进程、信息化程度、社会制度环境等存在差异，加之国家

---

① A. Gero, K. M'eheux, D. Dominey-Howes, "Integrating Community Based Disaster Risk Reduction and Climate Change Adaptation: Examples from the Pacific", *Nat. Hazards Earth Syst. Sci*, 2011 (11), pp. 101 – 113.

② Norio Okada, Liping Fang, D. Marc Kilgour, "Community-based Decision Making in Japan", *Group Decis Negot*, 2013 (22), pp. 45 – 52.

层面的灾害风险管理模式和政策体系不同，各国灾害风险管理模式在诸多方面均具备比较借鉴价值。然而，针对国内外基于社区的灾害风险管理模式、机制仍缺乏系统性的研究和总结。本章将在对美国全社区的应急管理模式理念、策略、实施路径、特点进行分析的基础上，得出经验和启示，以期对国内应急管理改革起到指引作用。

（一）美国全社区应急管理模式的提出

针对灾害风险的新形势和新挑战，基于许多社区以社区为中心的灾害风险管理模式的成功实践经验，以及该模式已经在美国全国范围内被普遍认可，2011 年，美国联邦应急管理署发布了《全社区应急管理方法：原则、策略和实施途径》（*A Whole Community Approach to Emergency Management：Principles，Themes，and Pathways for Action*），提出了全社区应急管理模式，并将全社区应急管理模式列入 FEMA 2011—2014 年财政年度战略规划，提出要在全国推行该模式。

《全社区应急管理方法：原则、策略和实施途径》为全社区应急管理提供了一个战略框架，旨在倡导社区全民参与灾害风险管理的理念，并将这一理念融入社区公众的思想行为，推动全社区公众作为至关重要的合作伙伴积极参与社区灾害风险管理，加强社区各公众的应急准备，最终提高国家和社区的防灾减灾能力[1]。

2011 年 9 月 FEMA 发布《全社区应急管理方法：原则、策略和实施途径》后，2011 年 9 月至 2013 年 9 月疾病预防控制中心基金会（CDC Foundation）协同疾病预防控制中心（CDC）选择了密歇根州的兰辛等 7 个社区作为"前景光明的案例"（promising example）展开试点。从对全社区应急管理模式试点情况的总结来看，全社区应急管理模式试点实践是成功的，这验证了 FEMA 提出的全社区应急管理模式具有科学性、可行性的说法，是被实践证明了的一种成功的应急管理模式。FEMA 将会继续完善全社区应急管理模式，编制、完善相关标准，加大投入，继续推广该模式。

---

① FEMA，*A Whole Community Approach to Emergency Management：Principles，Themes，and Pathways for Action*，December，2011.

（二）美国全社区应急管理模式实施的缘由

2011 年 12 月美国提出全社区应急管理模式的改革举措，主要是基于日趋严峻的灾害风险形势、当前以政府为中心的应急管理模式的局限性以及将来全社区应急管理模式的重要作用而作出的重大决策。

1. 灾害风险形势日益严峻

美国幅员辽阔，气候多样，灾害风险形势十分复杂和严峻。特别是近年来，美国随着人口数量的增加、结构特征的变化和技术的快速发展，以及美国人口持续向灾害易发地流入（如飓风频发的海滨地区），导致海滨平原、岛屿的生态系统被破坏，并构成系统性威胁。加之近年来美国老、弱、病、残群体持续增长，而这类人群对于灾害风险的应对能力低下，这降低了人们对灾害风险的整体应对能力。这些原因致使美国灾害风险形势空前严峻。仅就暴风雨、雷电、洪水和龙卷风这些恶劣天气引发的灾害来说，美国人平均每年要经受 1 万场暴风雨、2500 场洪水和 1000 次龙卷风的迫害。这些灾害平均每年夺去美国约 500 人的生命，并造成 140 亿美元财产损失①。2001 年的"9·11"事件，2005 年的"卡特里娜"飓风（Hurricane Katrina）等社会和自然灾害风险，其致命程度及破坏性在美国历史上实属罕见，给美国造成了巨大的财产损失和人员伤亡。因此，最大限度地预防和削减灾害风险，维护社会的安全、稳定、繁荣和可持续发展已成为美国社会各界面临的严峻挑战。

2. 基于政府的应急管理模式局限性日益显现

与大多数国家一样，美国传统的应急管理模式是以政府为中心的基于政府的应急管理模式，灾害风险应对主要依赖于政府。尽管政府在重大的灾害风险事件中具有其资源和管理能力优势，但对于一般灾害风险事故，基于政府的应急管理模式其效果、方式和服务与实际需求差距较大。随着灾害风险的日益严峻，美国各级政府深陷日益严峻的灾害风险形势压力与政府管理能力低下、资源不足的矛盾中。美国当局充分认识到，以政府为中心的应急管理模式不足以应对灾害风险的严峻形势。联邦应急管理署行政长官克雷格·福格特（Craig Fugate）

---

① 赵成根：《国外大城市危机管理模式研究》，北京大学出版社 2006 年版，第 32—33 页。

在国会中声明："政府可以并且将继续为灾难幸存者服务。然而，我们充分认识到，以政府为中心的灾害管理方法将不足以满足灾难性的事件所带来的挑战。这就是我们必须全力推动全社会参与应急管理的原因……"此后，联邦应急管理局发起了全社区应急管理模式的全国性倡议，决定在全国持续深入推进全社区应急管理模式。该模式在许多社区已经实施多年，并取得了显著的成效，也因此在全国取得了政府和社会的认可。

3. 社区在应急管理中的作用凸显

随着美国城镇化的发展，人口持续聚集，特别是人口向海滨等局部地区持续流入，使得人口、种族和语言变得日益多样和复杂。近年来，美国人口老龄化处于上升趋势。2010 年人口普查表明，2000 年至 2010 年期间，65 岁以上人口也比大多数年轻人群的增长率高，增加了 15.1%，达到 4030 万人，占总人口的 13%[①]。而且，日益增长的老、弱、病、残人群逐渐由专业养护机构向社区转移。此外，由于婴儿潮一代进入这个人口群体，社区人口增长压力陡增。技术革新及其随之带来的就业结构的变化，使得居民交流和休闲方式发生改变，人们生活、工作和休闲等对社区的依赖越来越大，同时居民对社区组织和团体的认同程度越来越高，居民越来越趋向于微博、博客、宗教团体等各种社区共同体交流、沟通和协商共同事务。在政府应对应急管理中的局限性日益显现的情势下，社区在应急管理中的作用凸显。

（三）美国全社区应急管理模式实施意义

全社区应急管理模式实现以政府为中心向以社区为中心的应急管理的转型，对于应急管理中政府与公众的定位、公众参与的有效性以及社区资源利用等方面产生了重大影响。全社区应急管理模式实施的重要意义主要有三点。一是全社区应急管理模式能增进社区公众对风险的认知和理解，更好把握社区应对灾害风险的需求和能力，能提高利用社区现有资源和能力的效益。二是能有效促进公众参与应急管理。全社区应急管理模式改变了以政府为单一中心的应对主体，实现主体的外移和扩大，

---

① 徐步：《美国 2010 年人口普查反映出的一些重要动向》，《国际观察》2012 年第 3 期。

其主体不仅包括政府机构，也包括许多私人和非营利部门组织等。当局声明："联邦应急管理署只是我国应急管理团队的一部分"。三是有利于利用全社区的资源和发挥其能力。包括全社区主体参与应急管理，能最大限度汇聚和充分利用已有资源、能力和利益，增强社区在预防、保护、转移、响应和恢复应急管理过程中防灾减灾的能力。

（四）美国全社区应急管理模式

1. 理念

针对美国灾害风险新形势，FEMA 关于全社区应急管理模式中政府与社区的地位与关系、社区资源利用、公众地位与作用以及社区防灾减灾目标等都形成了新的理念。FEMA 认为政府在应急管理中应该起到主导、指挥、协调作用，而不是"领导"作用。社区在应急管理中应该起"领导"作用，而不能被动"响应"；在灾害风险应对中应当充分利用和进一步加强社区资源，以弥补政府在应急管理中的局限性；社区公众有效参与对于防灾减灾起着关键作用，要运用各种途径倡导社区公众参与应急管理；FEMA 着力推动形成良好的政府与社区公众之间的社会关系网络，实现灾害风险网络治理。

2. 原则

全社区应急管理模式实现应急管理重心从政府到社区的下移，应急管理目标的实现和社区复原力的提升是多因素作用的结果，其关键因素有三个，也即全社区模式的三个主要原则。

一是了解并满足全社会的实际需求。各个社区在价值观念、风俗习惯、社会结构、网络和人际关系等方面具有多样性和独特性。应急管理者应深入了解社区居民现实生活中的安全状况和不断变化的需求，以及公众参与应急管理相关活动的积极性。全社区模式下，由于社区公众广泛参与应急管理，这对应急管理部门深入地了解社区居民对于防灾减灾方面的实际需求提供了便利。

二是发动社区广泛参与并赋予其权力。社区由公共部门、私有部门和公民等不同的社会公众组成，具体包括社区服务的团体和机构、宗教团体和残疾群体、学术团体、专业协会，以及私人和非营利部门。在政府应急管理不能满足应急管理需求的情势下，应发动社区公共部门、私有部门和公民广泛参与应急管理，使社区公众成为应急管理团队的一部分，并赋予其应有权力。当社区能有效参与应急管理对话时，它就能有效提出其真实需求和提供解决这些需求的现有资源，也能促使社区的应急规划切合社区实际需要，加强当地防灾减灾能力来应对各种威胁和危害。

三是实现社区应急管理与社区日常工作的有机统一。全社区应急管理模式要求改善政府与社区关系，整合社区已有的机构、资产和网络等资源，以及协调个人、家庭、企业和组织的结构和关系，并在灾害风险发生前加以利用，积极准备，在灾时和灾后有效地采取行动。

3．全社区应急管理实施策略

为推进全社区应急管理模式，FEMA 基于以前一些社区对该模式的成功实践，提出了适用于各个层次社区的六个主要策略。

（1）认识社区的复杂性

社区相互依存，有其共同特征，但社区在人口、地理、资源、政治、经济、组织、政府社区关系、犯罪状况、社会网络形式以及凝聚力等方面存在差异。受许多因素的影响，社区又是独特的、多维的和复杂的。深入认识社区日常生活的复杂性有助于应急管理者制定社区参与策略和方案，并确定与社区合作的方案，有助于满足其实际需求。

了解社区人口特征、人际交往、资源、需求和解决方案有多种途径。目前，美国比较常用的是社区地图，这是一种直观的认识社区能力和需求的方法。应急管理人员可使用社区地图收集相关数据，如社区人口变化、人际交往和社区资源等情况。把握这些情况有利于应急管理人员更好地参与社区应急管理，把握和满足公众的需求。

（2）了解社区需求和能力

了解社区的实际需求和能力，是制定和实施防灾减灾规划的前提，也是实现防灾减灾目标的关键。随着灾害风险形势的变化，社区应急管理面临着许多新挑战，应急管理必须着眼于社区灾害风险实际需求，解决社区面临的新问题。政府部门、私营组织和非营利组织等社区公众要根据自己的认识和能力，通过相互协商，形成对社区实际需求的共识，正确评估社区公众的防灾减灾能力，共同寻求解决这些需求的途径与方法。

为全面准确地认识社区防灾减灾的真实能力和需求，美国一些社区运用自我评估方法来评估他们面临的所有威胁、危害和备灾情况。如墨西哥湾海岸社区复原力重点问题研究团队开发的一个自我评估工具——社区复原力指标（CRI），该评估工具可用于社区灾害应变能力在下列领域的基本评估：关键基础设施和防灾减灾设施、交通状况、社区规划、减灾方案、商业规划和社会系统等。社区复原力指标能帮助应急管理者找出防灾减灾的薄弱环节和差距，促进社区应急救援人员交流、沟通与协商，提高其抵御灾害能力，为社区评估灾后可能的复原力水平。

（3）建立和加强与社区领导的关系

社区领导是应急管理部门和社区公众之间的重要联系纽带和社区成员之间的联络者，加强与社区领导的联系和合作是应急管理部门在社区内建立更广泛信任的重要途径。社区有各类正式和非正式的领导人，如社区组织领导、地方议会成员和其他政府领导、非营利组织领袖、商业领袖、志愿者或宗教领袖等，这些领袖都有各自的学识、能力和资源，他们对社区活动情况及其参与积极性有一个比较全面深入的了解。社区领导者可以帮助应急管理部门了解社区不断变化的需求和能力，据此推断哪些防灾减灾活动居民会更容易达成共识和接受，社区领导人还可以号召公众参加社区应急管理工作。

（4）建立和维持多元伙伴关系

建立和加强与社区公众的伙伴关系是确保社区成员广泛参与应急管理，开展集体应急行动和有效防灾减灾的重要组织策略。通过建立加强公私伙伴关系，建立激励机制和维持合作的动力，能有效保障合作的持久性。另外，公众参与使得防灾减灾容易达成共识，并促进更多利益相关者参与和支持。鉴于此，在全国第一次建立公私合作伙伴关系提高复原力会议上，FEMA 行政长官克雷格·福格特提出，"在应急管理中我们不能割裂任何一个部门，因为相互依存关系太大……我们希望私营部门成为团队的一部分，公私部门间是协作关系而不是互相竞争的关系"。政府与社区的主要合作伙伴如表 3 - 1 所示。

表 3 - 1　　　　　　　　　　　政府与社区的主要合作伙伴

• 社区委员会	• 零售商
• 志愿者组织（如地方减灾志愿组织，社区应急活动小组，志愿者中心，州、县动物救援组织，等等）	• 供应商（包括生产商、经销商、供应商、物流供应商）
• 宗教组织	• 家政服务中心
• 居民	• 医疗机构
• 社区领袖（例如，社区议事代表，包括老年人、少数民族人口和母语为非英语的人）	• 基层政府机关
	• 使馆
	• 地方规划委员会（例如，公民团体委员会、当地应急规划委员会）
• 残疾服务组织	• 商会
• 学校董事会	• 非营利组织
• 教育机构	• 宣传组织
• 当地合作推广系统办公室	• 媒体
• 动物控制机构和动物福利组织	• 机场
• 廉价商店	• 公共运输系统
• 五金商店	• 公用事业供应商
• 大卖场	• 其他

资料来源：根据 FEMA，"A Whole Community Approach to Emergency Management：Principles，Themes，and Pathways for Action"，December 2011 绘制。

　　建立伙伴关系的关键是要找到利益相关者之间的共同利益，并采取有效的伙伴合作途径。一方面，要建立完善与社区团体和当地领导人的沟通方式与途径，如通过简报、会议或参与志愿者活动，以确保信息对称和提高参与应急管理活动的效率；另一方面，加强与非营利组织、私人部门、社区个人等合作伙伴的防灾准备活动（如应急演练），这是保持应急管理活力的途径。

　　（5）授权地方行动

　　面对日益严峻的灾害风险形势，单独依靠政府已不足以应对各种灾害风险，必须依靠社区公众广泛参与和协同应对灾害风险。在政府与公众的关系上，要改变传统的自上而下、高度集中的"指挥—控制"处置方式[①]，避免管理部门权力过于集中，由此造成下级部门和公众对政府应急管理部门的过度依赖。为此，FEMA 提出应急部门的职责应是积极推动和协调防灾减灾方案的制修订、确定应急行动实施、评估

---

　　① 徐松鹤、韩传峰、孟令鹏、吴启迪：《中国应急管理体系的动力结构分析及模式重构策略》，《中国软科学》2015 年第 7 期。

防灾减灾行动等，而不是直接"领导"应急行动，而社区公众的职责不应只是响应，而应是"领导"应急行动。这种情况下，社会资本就成为促进社区"领导"自身开展防灾减灾行动的重要因素，它对社区的防灾减灾的可持续性发展产生强大的推动作用。部门协同与公众参与防灾减灾格局一旦形成，防灾减灾效果就会逐步提高，并产生持久的效力。

加强政府与社区的关系，应在对各方的角色和责任进行评估的基础上，赋予地方相应的集体行动权力。应急管理部门应该清晰地表达防灾减灾愿景，使参与组织能够在较长时期内投入足够的资源，并清楚地了解所期望的结果。特别是农村社区由于基础设施（如电信、公共交通、卫生服务）薄弱，以及应急管理人员往往是兼职员工，因此，赋予地方行动权力对于农村社区尤为重要[①]。

（6）加强社会管理服务设施、网络和资产的利用和建设

利用并加强现有的社会基础设施、网络和资产是指利用社区已有社会、经济和政治资源，并将这些资源运用于应急管理活动。社区在资金、物质、人力资源等方面都有着极其丰富的资源，并拥有一系列的控制各种各样的资源的社会行为团体、机构、协会和网络等组织。社区已经形成组织和管理这些社会基础设施的可行的方式。无论是招募志愿者还是接受捐赠以储备当地食品库或动员邻居形成"观察团体"，社区都有较强的能力来处理这些常规事务以满足日常应急需求。

应急管理部门介入社区常规管理工作并引导社区逐步将社区资源运用于应急管理对于应急响应和灾后长期恢复至关重要。应急管理部门要支持和加强社区常规活动，如为公众提供聚会和交流的空间，提供物资以支持当地的活动，并力图拓展新的伙伴关系，以扩大资源共享范围。应急管理部门通过加强参与社区常规工作的讨论和决策等活动，促进社区加强社区能力建设，并以开展应急管理活动来发展社区的伙伴关系。应急管理部门还要与社区内非传统的合作伙伴开展社区各类活动，以此来提升合作伙伴在应急管理中的影响和能力。

---

① CDC & CDC Foundation, "Building a Learning Community & Body of Knowledge: Implementing a Whole Community Approach to Emergency Management", 2013, 10.

4．全社区应急管理实施途径

由于社区的复杂性和独特性，各社区全社区应急管理模式实施途径也不尽相同。FEMA 经过与非营利组织、学术界、私人组织和各级政府的讨论、研究和整理，提出了以下实施途径建议。

（1）掌握社区真实需求

掌握社区真实需求首先应对应急管理人员开展社区多样性教育，并对他们进行文化素养和管理能力的教育培训，以促进他们建立一个多语种的志愿者关系，最终促进他们与社区各类群体进行互动。其次，了解社区的群体特征，并发动公众参与社区重要问题讨论与决策，为社区制定防灾减灾战略提供建议；掌握社区公众间的交流语言和方式，以及公众获取沟通信息的渠道和对信息来源的信任情况；了解社区公众讨论和决策的场所，社区公众议事并非总是在官方场所，也在其他一些社区场所，如社区中心、社区居委会、社区俱乐部或宗教场所。争取机会了解更多关于社区普遍关心的事物。例如，业主协会的季度会议都是获得当前的社会问题信息和重要的公共信息的机会。

（2）建立与社区的伙伴关系

应急管理部门首先要确定社区灾害风险利益相关者，包括童军团、运动俱乐部、家教组织、宗教团体和残疾人组织等利益相关者。这些利益相关者多年来在社区已经取得了广泛信任，并在日常工作中建立了与公众交流沟通的渠道和方式。应急管理部门应与这些利益相关者建立并保持经常性联系，并实现需求信息共享。对于在美国受灾害风险影响的外国居民和游客，可通过本国驻美领事馆或使馆代表获得国际合作伙伴支援。

（3）有效促进社区公众参与

社区公众广泛参与是全社区管理模式的核心问题，FEMA 提出的有效促进公众参与应急管理的途径，主要有：加强与公民委员会（Citizen Corps Council）的合作，以此增加应急管理部门与利益相关者的协调与合作，以及增强公众的灾害意识；雇用具有代表性的员工，组成多元化应急队伍；使用社区各阶层理解和接受的交流方式，保持与社会各阶层的良好的沟通；推动社区各类组织在社区应急活动中扮演正式角色，促进社区公众参与培训活动和应急演练；充分利用社交媒体，建立双向信息交流机制，及时报道和跟进灾害风险消息，并做好交流、沟通和宣传工作；加强对儿童和青少年的应急管理教育，推动个人、家庭和社区开展应急准备活动；制定包括社区复杂伙伴关系和全社区充分参与的恢复计划；召开综合性社区会议，并将应急规划事项纳入社区会议议程；合理安排应急管理会议，充分考虑影响参与应急管理会议的因素（如缺乏育儿人手、交通不便和时间冲突）和提供可行的解决方案（如提供托儿服务、安排交通方便的会议地点、选择非工作日时间）；组织社区会议时充分考虑社区残疾人群体的身体状况、程序和交流方式等的需要。

（4）激发公众防灾兴趣，促进公众与社区组织对话

通过主办市民会议，并通过参与社区常规工作会议，加强公众与社区组织的对话促使公众和社区组织机构参与应急规划过程。听取公众的需求，探讨公众参与应急活动的途径；确保地方电台、广播等媒体与居民联系的畅通，用以答复用户关于应急管理咨询以及征求公众的意见；实行应急执行中心（EOC）部分职能的对外开放；邀请学校等组织机构实地考察，介绍社区备灾所使用的设备、组织及其协调等工作。

（5）把握社区公众参与应急管理活动的兴趣点，促进公众参与有关提升社区复原力的讨论

建立和加强与当地的有号召力的人物和意见领袖的联系，并了解他们的兴趣所在，据此调整应急管理活动内容，以满足他们的兴趣；了解社区不同群体目前面临的问题、挑战及应对措施，以及了解应急管理部门帮助他们解决需求的已有途径。

（6）推进应急管理改革与创新

了解在应急管理中，如何在社区内与合作伙伴分享和增加资源。如为社区其他合作伙伴提供紧缺的设备等；与社区机构协作，了解他们能够预防、转移、响应威胁和危害的各种措施，并对他们的活动和资源给予援助，避免社区合作伙伴之间的相互竞争；掌握目前为社区提供支持的组织的信息，确定这些组织在不能满足社区需求的情况下如何接济。例如，如果食物储备机构定期发放食物，在不能满足公众需求的情况下，应急管理部门可以提供额外的食物给食物储备机构，以帮助他们在灾难时期满足公众的需求；利用现有的组织和活动，如当地家长教师协会（PTA），应急管理部门要推动社区应急响应小组（CERT）为这些组织提

供培训，提升社区应急管理能力。

（7）加强社区公众和社区组织之间的相互支持

加强社区公众和社区组织之间的相互支持要求实现双方信息畅通与共享。一方面，社区公众应提前向社区组织提供充分的信息，以便社区组织更好地预防、转移、响应威胁和危害。相反，社区组织应向居民提供关于组织基本情况和能力的信息，以便居民需要的时候及时得到援助。

推动社区公众和社区组织之间信息共享的方式有多种，如当前正在推行的多方位的信息共享项目是一个维护社区应急伙伴关系的良好途径。其次，定期召开正式会议和非正式的社区领导和合作伙伴的会议，以保持社区与应急管理部门的活力。加强社区公众和社区组织之间的相互支持，还要求为私人营利组织的部门在业务规划的制定方面提供支持，以此保持灾后经济稳定运行和持续发展，以保障社区经济稳定和复原力的提升。

5．全社区应急管理模式的实践及建议

FEMA 2011 年 9 月发布《全社区应急管理方法：原则、策略和实施途径》后，次年要求疾病预防控制中心基金会协同疾病预防控制中心公共卫生准备与响应办公室负责实施该模式。疾病预防控制中心基金会协同疾病预防控制中心公共卫生准备与响应办公室选择了 7 个社区作为"前景光明的案例"展开试点。"前景光明的案例"被定义为能够体现全社区模式的一项活动、规划或倡议。这些试点案例要求是：在社区或地方以及正在进行的规划、活动或者倡议；涉及私营或非营利部门以及普通民众，并在适当的领域与政府合作伙伴的参与相结合；为了提高社区对某一灾难或事件的准备、应急或恢复的特定目的；体现了联邦应急管理署全社会参与应急管理方法的原则和战略主题。根据以上要求，疾病预防控制中心基金会协同疾病预防控制中心选择了密歇根州的兰辛，亚利桑那州的菲尼克斯，密苏里州的乔普林，路易斯安那州的新奥尔良，俄勒冈州的德舒特、纽约，加利福尼亚州的旧金山等 7 个典型地区社区作为"前景光明的案例"，并于 2011 年 9 月至 2013 年 9 月开展试点。

经过试点实践，CDC 基金会和 CDC 发现试点存在一些局限性，如项目实施过程中过度依赖 FEMA 发布的文件以及 CDC 基金会和 CDC 发现观点对该文件的解读，灵活性不够；还有项目试点时间由一年改为半年，试点任务难免显得匆促，要达到理想效果压力大。同时，CDC基金会和CDC的发现试点也积累了很多经验。一是应根据实践经验不断完善全社区应急管理模式，继续推进该模式的应用。实践表明，当前模式的实施策略有些理念和途径存在不足之处，需要根据实践经验加以完善。二是应逐步编制完善社区实践实施指南和标准体系。持续推进全社区应急管理模式需要关于全社区应急管理模式关键要素的更加详细的实施指南。三是将试点社区纳入全社区应急管理模式主题专家研究的重点。试点社区是FEMA推进全社区应急管理模式的成功案例，理应成为FEMA推行应急管理战略的重要部分，其中许多社区已经成为FEMA智囊团和专家库重点研究案例，以后需加大研究力度，将试点社区纳入相关专家研究的重点内容。四是将试点社区作为未来推行全社区应急管理模式的典范加以推广。全社区应急管理模式在7个试点社区的成功实践，为未来全社区模式的推行提供了有益的借鉴和经验，其他社区全社区灾害风险模式的推行应以试点社区作为示范。

从以上CDC基金会和CDC发现视点实行全社区应急管理模式的试点情况来看，全社区应急管理模式试点实践是成功的，这验证了FEMA提出的全社区应急管理模式具有科学性、可行性，是被实践证明了的一种成功的应急管理模式。可以预测，FEMA将会继续加大对全社区应急管理模式的研究，编制、完善相关标准，加大投入，继续推广该模式。

6. 美国全社区应急管理模式的特点

（1）实现应急管理重心下移，权力下放

FEMA认识到灾害风险的新变化，如人口聚集带来的人口结构性变化，科学技术特别是信息技术变革带来的系统性风险，老年人口和儿童比例上升带来的人口结构性变化，城镇化进程中引发的生态环境恶化，等等，并认识到这些新变化给防灾减灾带来了新的挑战，并进一步认识到防灾减灾现实新需求和政府防灾减灾能力的差距，基于对现实形势的思量，FEMA明确提出基于政府的应急管理模式不足以应对严重的灾害风险，必须全力推动应急管理模式改革。

首先，推进从基于政府的应急管理向基于社会的应急管理转型，以实现应急管理重心下移、关口前移、标准下沉、主体多元和社会广泛参与。这是美国等发达国家，也是世界其他国家新形势下应急管理模式的主要核心政策。现阶段正是美国应急管理模式变革时期，世界其他国家应急管理模式的变革也势在必行。

其次，推进从全社会（entire-society）管理模式向全社区（whole-community）管理模式的改革。社区是社会的基本单元，是应急管理的主要阵地和前沿哨口，是灾害风险的直接受害者和主要应对者。社区在灾害风险准备、预防、转移、响应和恢复过程中，社区居民由于居住在一定地域，有着共同利益、价值观念、习俗、目标、密切的人际关系和交往等，他们对灾害风险认知、目标等容易达成共识，并能最大限度、最高效率地应对灾害风险。FEMA 基于社区应对灾害风险的优势，以及美国一些社区几年来全社区应急管理模式的成功实践，由全社会应急管理进一步推进到全社区应急管理。

（2）重视全面深入把握社区实际情况

认识社区实际情况是实施全社区应急管理模式的前提。FEMA 十分重视把握社区的真实情况，并注重把握社区情况的途径措施。首先，FEMA 在全社区应急管理实施策略和实施途径里，都提出了认识社区的复杂性，了解社区的真实需求、利益、兴趣点和防灾减灾能力。其次把握社区的实际情况需要采用有效实用的方法。FEMA 介绍了典型社区的工具和方法，如利用社区地图、社区复原力指标，了解社区的基本信息和平复社区复原力水平；如何与社区领导建立和维持关系；如何了解社区领导的兴趣点；如何实现应急管理与社区日常工作管理相结合，等等。

（3）推进灾害风险的社会网络治理

全社区应急管理模式不同于以往基于政府的应急管理模式，全社区应急管理模式要求以社区为中心，政府在应急管理中起主导作用，是社区应急管理多主体中的其中一个合作者（partner）。在该模式中，社区被授权与政府、非营利组织、公共部门和私人部门处于平等合作地位，需主导建立和加强部门和组织之间的多元伙伴关系，建立形成公众广泛参与的应急管理的社会网络，在灾害风险预防、保护、转移、响应和恢复中实现高效分工协作，共同预防与应对灾害风险。

（4）推动社区公众有效参与

全社区应急管理模式的关键问题是有效促进社区公众广泛参与，发

动公众广泛参与需要一系列科学可行的措施。对此，FEMA 提出了十分
具体的促进公众参与应急管理的途径，包括确定哪些合作主体，使用何
种交流沟通方式，如何定位社区组织的角色、建立信息交流机制、开展
应急教育培训、制定相关规划、召开应急管理会议，等等。

（5）充分利用和加强社区资源

FEMA 认识到社区在资金、物质、人力等方面都有着极其丰富的资
源，并拥有一系列的控制各种各样的资源的社会行为团体、机构、协会
和网络等组织，并已经形成了组织和管理这些社会基础设施的可行的方
式，在社区管理中取得了社区公众广泛信任与支持。因此，FEMA 认为
在应急管理中客观需要共享社区丰富的人力、物力和资金等方面资源，
以取得社区的配合与支持。对此，FEMA 也提出了引导社区逐步将社区
资源运用于应急管理，共享社区资源的具体途径和措施。

（6）注重模式实施策略方法

FEMA 推行全社区应急管理模式，并非通过制定灾害风险法规、标
准强制推行，而是制定推荐性法规、标准体系指导全国社区应急管理。
在实施全社区灾害风险模式过程中十分注重策略和方法，合情合理、人
性化地加以实施。如处理人际关系方面，注重加强建立和维系与社区公
众的关系，一方面注重把握领导的兴趣点，处理好与社区领导人的关系，
另一方面，也注重激发社区其他公众的防灾兴趣，建立维系与社区其他
公众的关系。特别注重老年人、残疾人等老弱病残群体的身体情况和需
求以及少数民族人口、母语为非英语的人的利益和需求。在考虑残疾人、
孕妇参与管理活动时，十分注重细节问题，如召开会议，注意残疾人的交
通方便，注意孕妇育儿的人手问题，注意会议安排在交通便利的地点，也
充分考虑将会议安排在这些人群的空闲时间，以促进公众广泛参与应急管
理活动；在应急管理活动中，不仅仅是专门开展与应急管理相关的活动，
也积极参与社区日常管理活动，借此加强与社区公众的联系和交流，使应
急管理与社区日常工作和活动密切融合，很好地实现"平战结合"。

（7）建立、完善基于社区的应急管理标准体系

FEMA 2011 年提出全社区应急管理模式后，指出该文件并非指南
（guide）或方案（how-to），而只是为探索应急管理有效模式的社区提供
的初步文件。此后，FEMA 并没有接连出台一揽子应急管理标准，大刀

阔斧地进行拉网式改革，而是委托 CDC 基金会和 CDCF 于 2011—2014 年在全国 7 个地区展开试点。美国采取渐进式的应急管理模式慎重地推进改革，在 4 年试点实践过程中，FEMA 尚未发布全社区指南与方案等标准。

　　CDC 和 CDCF 在 7 个地区试点实践后提出四点建议，其中之一是全社区管理方法的提出作为社区应急管理模式转变的开端，实现管理模式的转变需要制定更加翔实的标准。因此，提出建议加快建立和完善全社区应急管理标准，为推进该模式的实施提供政策依据和技术支撑。FEMA 必将根据实际需求，进一步出台相关指南和实施方案等标准，以指导社区应急管理实践。

　　在标准实施过程中，FEMA 强调应把握社区的差异性和多样性，注意旧有应急管理标准体系与社区实际相适应，做好新旧标准的衔接。由此，社区应急准备与应对应切合社区应急管理实际，将全社区应急管理理念融入社区标准制定实施全过程。标准制定和实施过程中应注意灵活性，并对风险评估选取差异性衡量标准，并且注重社区准备与复原力的建设，并注重社区应急准备。

（五）经验借鉴

　　美国作为发达国家，应急管理起步早，理论研究深入，实践经验丰富。当今，针对持续增加、日趋频繁和空前严重的灾害风险形势，美国着眼于灾害风险发生源头和主要阵地，适时推进应急管理模式改革，即应急管理模式由基于政府的应急管理模式向基于社区的应急管理模式的转型，并且将社会网络治理引入应急管理模式，积极有效地推动公众广泛参与风险治理，实现防灾减灾的短期效果与长期可持续发展的有机统一。建立完善基于社区的灾害风险网络治理模式与运行机制是当前和今后美国等世界上众多国家应急管理发展的必然趋势。

　　相对而言，我国灾害风险在理论研究和管理实践方面都相对滞后。2003 年以来，我国逐步建立了以"一案三制"为基本框架的应急管理体系[①]，并初步建立、完善了城市应急管理机构组织、机制体制、标准化

---

　　① 薛澜、刘冰：《应急管理体系新挑战及其顶层设计》，《国家行政学院学报》2013 年第 1 期。

管理和信息化管理等，但在实践中风险管理存在理念落后、机构不完善、机制不优、绩效不高等问题①。当前，推进应急管理模式转型是主要任务之一②。

近年来美国基于社区的应急管理模式——全社区应急管理模式的有序推进，其应急管理模式及其实践为我国提供了有益的借鉴和启示。

1. 适时推进应急管理模式转型，加快基于社区的灾害风险治理模式的构建与创新

我国应急管理模式基本上是以政府为中心的应急管理模式，政府在应急管理中占主体地位和发挥主体作用③，该模式能最大限度运用国家资源，"集中力量办大事"，但也有不足之处，主要问题在于：应急理念依然是被动式应急，重应急，轻预防和学习提升；应急预案的实操性不够强；应急体制仍以单灾种应急管理为主，综合应急管理能力还很不够；应急机制中公众参与不足④，标准化建设滞后，灾情上报滞后、瞒报谎报等弊端。由于现有应急管理主要集中在国家层面和城市层面，而社区等基层单位风险管理意识弱，治理能力严重滞后。空前严峻的灾害风险客观上要求着眼于社区等基层单位这一灾害风险发生源头、重要阵地，将基于社区的灾害风险管理理论引入应急管理，加快由传统的以政府为中心的自上而下的应急管理模式向公众参与的基于社区的网络治理模式改革。

2. 建立、完善基于社区的灾害风险网络治理机制

尽管我国和美国国情的差异决定了国家、市场、社会的治理结构比例不同，但是在应急管理中政府机构、私人部门、社会组织的多元参与是大势所趋，这也是应急管理在治理转型尺度上的理想结构⑤。社区是灾害风险的首先受害者和第一响应者，我国应急管理需将网络治理这一

---

① 范维澄、翁文国、张志：《国家公共安全和应急管理科技支撑体系建设的思考和建议》，《中国应急管理》2008 年第 4 期；薛澜、周海雷、陶鹏：《我国公众应急能力影响因素及培育路径研究》，《中国应急管理》2014 年第 5 期。

② 钟开斌：《中国应急管理的演进与转换：从体系建构到能力提升》，《理论探讨》2014 年第 2 期。

③ 潘孝榜、徐艳晴：《公众参与自然灾害应急管理若干思考》，《人民论坛》2013 年第 32 期。

④ 彭宗超：《中国合和式风险治理的概念框架与主要设想》，《社会治理》2015 年第 3 期。

⑤ 张海波、童星：《中国应急管理结构变化及其理论概化》，《中国社会科学》2015 年第 3 期。

全新的治理形态和治理机制引入社区灾害风险管理，改善风险治理结构，推进建立形成公众广泛参与的社会多层次联动社会网络，充分利用社区人力、物力等防灾减灾资源，充分利用高新技术科学管理，实现政府推动、公众参与、部门联动的基于社区的灾害风险社会网络化治理，形成包括公私部门组织和公民在内的公众广泛参与的全方位、多层次、综合性的灾害风险社会网络化治理模式与机制，共同应对灾害风险。

3. 实行灾害风险精细化管理

灾害风险管理的预防、保护、转移、响应、恢复整个过程往往与细小的人、事、物密切相关，这要求灾害风险管理过程中必须注重细节，注意每一件细小事物、每一个组织机构和个体，特别是老弱病残群体的需求和响应，实现人性化管理。

我国自上而下、高度集中的"指挥—控制"应急管理模式在管理策略方法从某种程度上属于一种粗放型管理方式，往往忽视灾害风险管理过程中的细节，对细小事物、个体的利益和需求重视不够，从而导致灾害风险预防不足、公众利益和兴趣顾及不够、公众参与程度不高等弊端。因此，实现精细化管理是未来我国实施和推进基于社区的灾害风险治理模式的努力方向。

4. 建立、完善基于社区的灾害风险治理标准体系，实现标准下沉

相对美国等发达国家而言，我国应急管理起步晚，标准体系不完善。2003 年"非典"事件开启了我国应急管理的实践。12 年来国内已初步建立、完善了风险管理机构、组织、机制体制、职能权限、标准化管理和信息化管理等，但在实践中风险管理存在操作性差、效率低、协调困难等问题，这与我国标准体系缺失与体系不完善密切相关。我国现有以各级政府应急管理预案为主要形式的应急管理标准体系主要集中在国家层面和城市层面[1][2]，而社区等基层单位应急管理标准体系十分薄弱，标准化严重滞后，风险管理意识弱。因此，建立完善社区等基层标准体系，实现标准下沉和风险应对关口前移，以最小的成本，获得最大的安全保障。

---

① 薛澜：《从更基础的层面推动应急管理——将应急管理体系融入和谐的公共治理框架》，《中国应急管理》2007 年第 1 期。

② 吕孝礼、张海波、钟开斌：《公共管理视角下的中国危机管理研究——现状、趋势和未来方向》，《公共管理学报》2012 年第 3 期。

三　结论与启示

通过对日、美两国社区灾害风险管理模式比较研究发现，美、日在灾害风险管理实践中，应急理念先进，模式比较完善，机制较为高效，防灾减灾能力较强，因而作用效果比较明显。美、日灾害风险管理模式的转型既是顺应了灾害风险应对客观规律，也是灾害风险应对现实的需要。两国的灾害风险管理实践也表明适时推进模式改革的必要性。中国当前应急管理模式存在较大的局限性。借鉴美、日基于社区的灾害风险管理模式成功经验，可为中国应急管理体系改革提供有益的借鉴与启示。

（一）基本结论

近几年来，日本、美国针对日趋频繁和严重的灾害风险形势，纷纷推进应急管理模式的改革，由传统的以政府为中心的应急管理模式向基于社区的灾害风险治理模式转型，全球灾害风险管理战略转型趋势主要表现在如下方面。

1. 管理模式

日本、美国已经认识到基于政府的应急管理模式的局限性，逐步推进管理重心由政府层面下移到社区层面，实现由基于政府的应急管理模式到基于社区的灾害风险治理模式的转变。应急管理模式的转变，促使以政府为中心的应急管理向以全社会的灾害风险管理的转变，应急管理主体、手段、措施、目标均发生了较大改变。治理主体更加凸显社区公众的主体地位；策略上更加注重发动社区公众广泛参与；措施上更加注重通过引导和激励来改变公众参与与认知、行为的响应；途径上注重优化管理体制与机制；目标上注重灾害风险管理的长期绩效与社区的可持续发展①。传统的政府占主体地位和发挥主要作用的基于政府的应急管理模式向公众广泛、有效参与的基于社区的灾害风险网络治理模式转变

---

① Kristen Magis, "Community Resilience: An Indicator of Social Sustainability", *Society and Natural Resources*, 2010, 5 (23 – 5), pp. 401 – 416.

是世界各国灾害风险管理模式发展的必然趋势①。

2．组织结构

一是基于社区的灾害风险网络治理模式实现组织的多元化，充分发动社区范围内所有组织充分参与灾害风险管理，特别注重 NGOs、NPOs、CBOs、志愿者组织、专业技术人员、普通居民等履行其职责与功能。二是实现组织结构系统化。社区各参与主体与政府部门形成良好的沟通、协调的有机系统，实现有效沟通、通力合作、共同应对的高效组织系统。

3．管理机制

基于社区的灾害风险网络治理模式实现推动机制与约束机制的相结合，逐步实现灾害风险管理多部门、多组织、多主体之间信息沟通与共享，打破以往基于政府的应急管理模式的层级条块分割格局，逐步实现政府推动、公众参与、部门联动的灾害风险社会网络化治理格局，以提升行动协调与应对的实效性。

4．公众参与

基于社区的灾害风险网络治理模式改变了以往政府是灾害风险主体的理念，坚持社区公众是社区灾害风险应对主体，在灾害风险管理中，应起到"领导"作用②，发挥主要作用的先进理念。无论是美国的全社区应急管理，日本的基于社区的灾害风险管理战略，还是英国的风险登记管理方法，均将社区公众作为灾害风险管理的主体，大力推动社区公众参与灾害风险管理，提高公众的政策认知、风险认知与态度，并在具体的体制、机制、法规上保障其权利，赋予其权力、地位与职责。

5．网络治理

网络治理作为公共管理的必然治理模式与形态，基于社区的灾害风险网络治理模式将网络治理理论引入灾害风险管理，促成社区各主体广泛参与，公私部门密切合作，优化协调应对机制，形成的有效的多层次、

---

① Delaware Yvonne Rademacher, "Community Disaster Management Assets: A Case Study of the Farm Community in Sussex County", *International Journal of Disaster Risk Science*, 2013, 3 (4 - 1), pp. 33 - 47.

② Delaware Yvonne Rademacher, "Community Disaster Management Assets: A Case Study of the Farm Community in Sussex County", *International Journal of Disaster Risk Science*, 2013, 3 (4 - 1), pp. 33 - 47.

联动的社会网络，有效地提高了灾害风险管理绩效与能力①。基于社区的灾害风险网络治理是世界众多国家灾害风险管理的全新的治理形态和未来灾害风险管理必然发展趋势。

6. 治理能力与绩效

目前，国外已打破灾害风险短期绩效作为衡量标准的灾害风险管理目标，不仅注重防灾减灾的短期效果，更加注重公众长期灾害风险管理能力的提升，如社区预防、处置灾害风险的能力和效果等；不仅注重灾害风险管理显性绩效，同时更加注重社区复原力和社区可持续发展等长期绩效②，实现灾害风险管理的短期效果与长期可持续发展的有机统一。

（二）启示

当今，针对持续增加、日趋频繁和空前严重的灾害风险形势，日本、美国等国家着眼于灾害风险发生源头、前沿哨口和主要阵地，实现灾害风险管理模式与机制的转型，即应急管理模式由基于政府的应急管理模式向基于社区的灾害风险网络治理模式的转变，并且将网络治理理论引入基于社区的灾害风险网络治理模式，积极有效地推动公众广泛参与风险治理，极大地提升了灾害风险治理绩效。实践证明，美、日等发达国家新型灾害风险管理模式极大地提升了灾害风险管理绩效。可以说，建立、完善基于社区的灾害风险网络治理模式与运行机制是当前和今后世界上众多国家灾害风险管理模式的发展趋势。

2003 年以来，我国应急管理模式、机制得以逐步完善，特别是应急管理体系得以快速建立与完善，应急工作取得了显著的进展。然而，我国应急管理体系起步晚、时间短，应急管理体系不成熟，应急管理模式存在一些弊端，应急管理绩效不高。鉴于政府公共部门在应对日益复杂、频繁和严峻的灾害风险中的资源和能力的局限性，我国需借鉴美、日等国家的经验，适时推进应急管理模式的转型，逐渐推进由以政府为中心

---

① Larry Suter, Thomas Birkland, Raima Larter, *Disaster Research and Social Network Analysis: Examples of the Scientific Understanding of Human Dynamics at the National Science Foundation*, Springer, 2008.

② Kristen Magis, "Community Resilience: An Indicator of Social Sustainability", *Society and Natural Resources*, 2010, 5 (23 – 5), pp. 401 – 416.

的应急管理模式向基于社区的灾害风险治理模式转型，以充分利用社会资源，发挥社会公众灾害风险治理的巨大作用，进而提升灾害风险管理绩效。

第一，加快推进基于社区的灾害风险网络治理模式的构建与创新。美国、日本经历了数次重大灾害风险后，寻求新的灾害风险管理模式，以提高灾害风险应对能力。这两个国家实现了灾害风险管理模式的转型，两国新的灾害风险管理模式有一个共同的特点，就是将管理重心下移到基层单位——社区。

实践证明，空前严峻的灾害风险必须着眼于社区等基层单位这一灾害风险发生源头、重要阵地和前沿哨口，实现灾害风险治理的社会化、网络化，建立以政府为主导、社会公众广泛参与、应急部门高效联动的基于社区的灾害风险网络治理模式。特别要注重提高公众的防灾减灾认知、意识，以及提高公众灾害风险治理的参与程度和参与能力。

第二，建立、完善基于社区的灾害风险治理组织机构。日本基于社区的灾害风险管理模式中，建立了以社区为核心的灾害风险管理网络状的组织机构，美国全社区应急管理模式中，FEMA 最大限度地扩大社区范围内的合作伙伴，将社区范围内的各个利益相关者均纳入应急管理主体范围。

未来，我国应逐步实现由以政府部门为主体的应急管理组织机构向以社区公众为主体的灾害风险治理组织机构转变。为此，要整合社区范围内各方的资源，充分发挥各方能力，建立以社区居委会为核心，包括社区范围内各公共部门、企事业单位、社会团体、志愿者组织、厂矿、学校等基层单位以及公民在内的基于社区的灾害风险综合治理协调组织机构，这种组织机构是一种复杂而有序的网络治理组织机构。

第三，加强基于社区的灾害风险网络治理机制设计与优化。优良的管理机制对于提高灾害风险管理绩效起着至关重要的作用。日本、美国的新型灾害风险管理模式都注重管理机制建设，旨在实现政府管理部门之间、社区公众之间以及政府与社区公众之间的良好沟通和协调。

我国现行的应急管理机制还存在操作性差、效率低下、沟通不畅、协调困难等不足之处，这是致使我国应急管理绩效不高的一个重要原因。因此，优化应急管理机制是提高我国灾害风险应对能力的客观需要。未来，我国需推进向基于社区的灾害风险网络治理机制转型，建立、完善社区公众广泛参与的社会联动网络，促进政府应急管理部门之间、社区公众之间以及政府应急管理部门和社区公众之间形成良好的协作关系，实现各灾害风险治理主体优势互补、资源共享、治理机制高效运行。

第四，加强推进基于社区的灾害风险网络治理政策体系和能力建设。灾害风险治理模式的创新和治理机制的优化需要有相应的配套政策作保障。目前，我国应急管理体系或政策相关规定倾向于实施科层制应急管理模式和机制，对于实现以社区为中心的灾害风险治理模式缺乏相应的政策保障。因此，需要在未来的政策体系建设中适当调整政策导向，提出基于社区的灾害风险网络治理政策体系和能力建设方案，提升全社会的防灾减灾能力。

第五，着力提高社区公众的参与程度和能力。日本新的《灾害对策基本法》对公民在灾害风险治理中的权责作出了明确规定。我国未来应急管工作中，需要利用各种渠道，运用各种形式加强应急管理宣传教育工作，提高社区公众的风险意识、责任意识和自救互救技能。完善国家层面、地方层面特别是社区层面的预案和法制体系，逐步实现公众参与的制度化、规范化，对公众参与的责任、义务、内容、形式、途径作出明确的规定，赋予公众参与灾害风险治理的法律地位，保障公众参与的广泛性、有序性和有效性。培育市民社会，促成浓厚的社会防灾减灾氛围和文化，促进社会公众以灾害风险治理主体的地位全面、充分、深入地参与灾害风险治理。

四　小结

灾害风险治理模式对灾害风险管理绩效起着关键作用。在应对日趋频繁、复杂和严重的灾害风险过程中，传统的以政府为中心的应急管理模式局限性凸显，客观上要求推进以政府为中心的应急管理模式向以社区为中心的灾害风险治理模式的改革。

阪神大地震后，日本推进基于社区的灾害风险管理模式转型，并于20世纪80年代末至90年代以来普遍实施基于社区的灾害风险管理模式。在基于社区的灾害风险管理模式下，日本灾害风险管理理念日益科学，治理主体日益多元化，应对主体职责明确，治理机制得以优化，因而该治理模式取得了良好的效果。美国作为发达国家，应急管理起步早，应急管理模式比较成熟。近年来，美国推进应急管理模式改革，推广实施全社区应急管理模式的转型，并取得了宝贵经验。美国全社区应急管理模式中，对于应急管理的理念、原则、实施策略和路径等关键要素都进行了较大的转变，并且通过试点积累了丰富的实践经验。

日本、美国基于社区的灾害风险管理模式积累了丰富的经验，对我国当前应急管理工作有着重要的启示作用。未来，我国要推进向基于社区的灾害风险治理模式转型，主要包括培育基于社区的灾害风险治理理念，建立完善组织机构，加强网络治理机制设计与优化，以及推进可持续社区灾害风险网络治理政策体系和能力建设，建立、完善公众参与的可持续社区灾害风险网络治理政策体系，着力提高社区公众的参与程度和能力。

第四章　基于社区的灾害风险网络
治理模式调查与分析

本章基于我国社区应急管理模式的实地访谈和问卷调查资料，主要调查了我国应急管理模式的理念、组织机构、运行机制和公众参与情况，根据调查资料的结果和分析，得出调查结论和建议，为后面章节研究基于社区的灾害风险网络治理模式提供事实依据。

一　调查背景

灾害风险管理模式对提升灾害风险管理绩效有着重要影响①。通过改革应急管理模式从而提高公众参与程度与效果、优化管理机制是提升灾害风险治理绩效的有效途径。日、美等众多国家近年来纷纷通过推进以政府为中心的应急管理模式向以社区为中心的灾害风险管理模式转型，模式的转型显著提升了灾害风险管理绩效②③。面对日益严峻的灾害风险挑战，我国推进应急管理模式转型亦是大势所趋。

2003 年 SARS 事件以来，我国建立日趋完善的应急管理预案、体制、机制和法制，应急管理体系取得了长足的进展④⑤，应急管理绩效得以明

---

① Rajib Shaw, *Community Practices for Disaster Risk Reduction in Japan*, *Disaster Risk Reduction*, DOI 10. 1007/978 - 4 - 431 - 54246 - 9，1，Springer Japan，2014.

② FEMA, *Promising Examples of FEMA's Whole Community Approach to Emergency Management*, http://www. cdcfoundation. org/whole-community-promising-examples，2015，11，26.

③ FEMA, "A Whole Community Approach to Emergency Management: Principles, Themes, and Pathways for Action"，December 2011.

④ 薛澜、刘冰：《应急管理体系新挑战及其顶层设计》，《国家行政学院学报》2013 年第 1 期。

⑤ 钟开斌：《"一案三制"：中国应急管理体系建设的基本框架》，《南京社会科学》2009 年第 11 期。

显提升。但随着城镇化、工业化和信息化的迅猛发展，特别是近几年来环境的急剧恶化，我国灾害风险日趋频繁和严重，我国应急管理模式局限性日益显现。2016 年中央城市工作会议指出，城市工作要把安全放在第一位，把住安全关、质量关，并把安全工作落实到城市工作和城市发展的各个环节、各个领域。

应急管理模式主要由管理理念、组织机构、治理机制组成。为了解目前我国社区应急管理模式的现状和存在的问题，以改进我国社区应急管理工作，以及推进我国应急管理模式的转型，本次主要调查了我国社区应急管理模式的管理理念、组织机构、治理机制三方面。本章基于问卷调查的结果，分析我国社区应急管理模式的管理理念、组织机构、治理机制存在的问题，并得出我国改进社区应急管理模式的结论和建议。

此外，公众作为灾害风险治理的主体，其参与程度与效果对灾害风险治理绩效起着关键作用。通过改革应急管理模式以及改善相关政策体系，从而提高公众参与程度进而提升灾害风险治理绩效是近年来世界上一些国家的普遍做法。如日本阪神大地震后，积极推进基于社区的灾害风险管理模式，旨在进一步推动基层单位如役所（场）、居民委员会、NGOs、NPOs、CBOs 和志愿者等公私组织和公民广泛积极深入参与灾害风险治理，并取得了良好效果[1]；美国"全社区"灾害风险管理模式正是鉴于政府在应急管理中的资源和能力局限性，认识到必须充分挖掘和利用包括公私部门在内的广大公众的资源优势，充分发挥公众在灾害风险治理中的巨大作用，才开始实施该模式，并在全国展开试点，并将成功经验积极推广[2]。广泛发动公众参与，着力提高公众在防灾救灾中的地位和发挥其作用是当前世界灾害风险治理改革的必然趋势，也是提升灾害风险治理绩效的重要途径。

中国应急管理模式以政府为中心，政府在应急管理中处于主体地位，而社会公众则处于从属地位，其灾害风险治理参与不足，这是导致中国

---

[1]　Rajib Shaw, *Community Practices for Disaster Risk Reduction in Japan*, *Disaster Risk Reduction* DOI 10. 1007/978 - 4 - 431 - 54246 - 9, 1, Springer Japan, 2014.

[2]　FEMA, "A Whole Community Approach to Emergency Management: Principles, Themes, and Pathways for Action", December 2011.

应急管理绩效低下的主要原因。"集权化应急管理模式日益不能适应当前民主政治和公共治理的需求"①。"作为'强政府'国家,中国同样需要私人部门和社会组织有效参与国家的应急管理"②。中国"当前公众参与应急管理存在着一定的困境,但公众参与自然灾害应急管理具有极大的必要性"③。

为更好地了解目前我国社区应急管理公众参与现状和问题,及居民对社区应急管理方面的需求和建议,以改进我国社区应急管理工作,本次针对公众参与理念、参与意愿、参与能力、参与程度、参与行为和参与效果进行了问卷调查。本章基于问卷调查,分析我国应急管理实践中公众参与理念、参与意愿、参与能力、参与程度、参与行为和参与效果,并得出公众参与的结论和建议,以期为提升我国公众参与应急管理的程度和效果、推进我国应急管理模式改革提供借鉴作用。

二 调查方法

本次调查采用匿名方式进行抽样调查,2019 年 3 月至 4 月,共在全国 11 个主要城市社区发放问卷 1500 份,回收问卷 1220 份,回收率 81.33%。本次调查对象主要是中、青年,64.02% 的被调查对象年龄在 17—59 周岁;被调查对象文化程度以中学和大学为主;职业以企事业单位职员和学生为主(见表 4-1)。

表 4-1   被调查者统计资料一览

项目	类别	人数/份数	百分比(%)
年龄	16 周岁及以下	206	16.89
	17—44 周岁	453	37.13
	45—59 周岁	328	26.89
	60 周岁及以上	233	19.10

---

① 王婧:《风险管理中的公众参与问题研究》,《江西农业学报》2013 年第2 期。
② 张海波、童星:《中国应急管理结构变化及其理论概化》,《中国社会科学》2015 年第3 期。
③ 潘孝榜、徐艳晴:《公众参与自然灾害应急管理若干思考》,《人民论坛》2013 年第32 期。

续表

项目	类别	人数/份数	百分比（%）
学历	小学及以下	59	4.84
	中学	283	23.20
	大学	629	51.56
	研究生及以上	249	20.41
职业	公务员	153	12.54
	企事业单位职员	462	37.87
	自由职业者	216	17.70
	学生	237	19.43
	其他	152	12.46
地点	北京市	109	8.93
	上海市	112	9.18
	广州市	116	9.51
	青岛市	114	9.34
	南通市	120	9.84
	绵阳市	116	9.51
	郑州市	113	9.26
	大连市	102	8.36
	延安市	105	8.61
	贵州省普安县	100	8.20
	湖南省湘潭县	113	9.26

　　本次调查具有以下特点。（1）调查覆盖面广。一是人群覆盖面广。从年龄来看，被调查对象包括青少年、中年和老年各个年龄阶段的人群；从文化程度来看，覆盖了小学到研究生各个学历层次的人群；从职业来看，被调查者中有学生、公务员、企事业单位人员和自由职业者等。二是地域覆盖面广。本次调查覆盖了全国 11 个城市，城市级别包括了国内一线、二线和三线城市，其中有省会城市、地级市以及县级市，城市地理位置覆盖东、南、西、北、中各个方位；城市地形地貌包括内陆城市和海滨城市，主要包括北京市、上海市、广州市、青岛市、南通市、绵阳市、郑州市、贵州省普安县等，各城市调查人数和份数如表 4-1。三是突发公共事件包括自然灾害、事故灾难、公共卫生事件、社会安全事

件四类，其中自然灾害包括水旱灾害、气象灾害、地震灾害、地质灾害、海洋灾害、生物灾害和森林草原火灾等。（2）问卷主观题和客观题并重。问卷以选择题、客观题为主，共设计了 32 道选择题，同时设计了 4 道主观题，由被调查者根据自己的认知书面作答。（3）调查结果客观真实。在问卷收集过程中，我们选择符合相应条件的答卷者进行答卷，并且对答卷的真实性和有效性进行了技术控制，如我们开始收集的时候在题目中设置有关基本常识的陷阱题，答卷者只有答对了才能继续往下答卷。如果答卷者没有认真阅读陷阱题目和选项而选择了错误的选项，那么其问卷就会被排除在外，无法再次进入答卷。此外，我们对答卷时间也进行控制，如果答卷者答卷时间过短，没有认真看题目答卷的也会被甄别在外。因此，答卷经过技术控制以及收集后的人工筛选，最大限度地保证了答卷的质量。其实，从主观题的回答来看，几乎每份问卷的主观问答题都作了比较详细的回答，从此也体现出被调查者对调查抱着认真负责的态度。

三　信度与效度检验

（一）信度

信度（reliability）即测量的稳定性和可靠性，是对同一事物进行重复测量时所得的结果一致性的程度[①]。本研究的调查对象范围较广，在实际调研过程中，针对同一个样本进行两次测量的难度较大，而且成本也会非常高，在实际调查中的可行性不大。因此，结合本研究调查对象及问卷的特点，调查数据采用折半信度方法检验测验结果的一致性、稳定性及可靠性。

折半信度评价方法中，将测量项目分成两部分并计算测量结果的相关系数。量表的项目可按序号的奇偶性分为两部分，也可以随机结合。折半信度主要使用 Guttman Split-Half 系数进行检验，一般系数 0.9 以上信度很好，0.7 以上比较好，一般大于 0.5 表示基本可信，低于 0.4 可

信度较差①。折半信度系数越大，说明内部一致性程度越高，也即问卷的信度越高。

本研究有效问卷 1220 份，首先我们对问卷进行奇偶排序，分成前后两部分，前半部分是奇数项，后半部分是偶数项，通过 SPSS 对所测项目进行题项自动分类得到的折半信度的结果如表 4 - 2 所示。可靠性统计量显示，该所测项目的 Guttman Split-Half 系数为 0.859，因此，该问卷信度比较好。

表 4 - 2　　　　　　　　　　　　可靠性统计量

Cronbach's Alpha	部分 1	值	0.786
		项数	18ᵃ
	部分 2	值	0.816
		项数	18ᵇ
		总项数	36
Spearman - Brown 系数		表格之间的相关性	0.753
		等长	0.859
		不等长	0.859
		Guttman Split-Half 系数	0.859

（二）效度

效度是指所测量到的结果反映所想要考察内容的程度，测量结果与考察的内容越吻合，则效度越高；反之，则效度越低②。效度主要有三种类型：一是内容效度；二是准则效度；三是结构效度。内容效度指测验题目对有关内容或行为范围取样的适当性进行检验。确定内容效度的方法主要有两种：①专家判断，即由有关专家对测验题目与原定内容范围的符合性作出判断；②统计分析，即以一组被试在取自同样内容范围的两个独立测验上得分的相关作出估计。

内容效度的检验，包括条目水平的 CVI（item - level CVI，I - CVI）

---

① 杜智敏、樊文强：《SPSS 在社会调查中的应用》，电子工业出版社 2015 年版，第 402 页。

② 谢海涛、张智光：《林业绿色供应链全产业协作机理研究》，博士学位论文，南京林业大学，2018 年。

和量表水平的 CVI（scale – level CVI，S – CVI）。条目水平的 CVI 即专家组成员根据每个条目与研究概念的关联性分别进行评分，评分为 3 或 4 的专家数除以专家总数即为 I – CVI。因受机会一致率的影响，当专家数目少于或等于 5 人时，必须所有专家意见都一致，才能保证内容效度，即 I – CVI 必须是 1.00。当专家人数增加时，此标准可以减低，一般认为 I – CVI 必须达到 0.78 以上。根据每个条目的 I – CVI 决定保留、修改或者舍弃该条目。

本研究调查问卷是半开放的调查问卷，使用内容效度专家评价表对问卷数据进行检验。内容评价表应包括了评价表的填写说明和各条目评价表，条目评价表常采用四分制的相关性评定。专家组成员根据每个条目与研究目的的相关性进行评价，并对有疑义的问题给出修改意见。每个条目与研究目的的相关性评分中，"1"代表不相关，"2"代表弱相关，"3"代表较强相关，"4"代表强相关。如有修改意见，请填写具体的修改意见。内容效度检验主要委托应急管理、灾害风险治理领域的 5 位专家进行评判，根据专家判断来评判所测题目与原定内容的符合性。评判结果如表 4 – 3 所示。

表 4 – 3　　　　　　　　内容效度的专家评价结果表

条目	专家评分					修改意见
	A	B	C	D	E	
条目 1	3	4	3	4	4	
条目 2	3	4	4	4	3	
条目 3	4	3	4	3	3	
条目 4	3	4	4	4	3	
条目 5	3	4	3	4	4	
条目 6	3	4	3	4	4	
条目 7	3	3	4	3	3	
条目 8	4	3	3	3	3	
条目 9	4	4	4	4	4	
条目 10	4	3	4	4	4	

续表

条目	专家评分					修改意见
	A	B	C	D	E	
条目11	3	4	4	4	3	
条目12	4	4	4	4	3	
条目13	3	3	3	3	3	
条目14	4	4	4	4	4	
条目15	4	4	4	4	4	
条目16	4	3	4	4	4	
条目17	3	4	3	4	3	
条目18	3	4	4	3	3	
条目19	3	4	3	3	4	
条目20	4	4	4	4	3	
条目21	3	3	4	4	3	
条目22	4	4	4	3	2	
条目23	4	4	4	4	3	
条目24	4	4	3	4	3	
条目25	4	4	4	3	4	
条目26	4	3	4	4	4	
条目27	4	4	3	3	4	
条目28	4	3	4	4	3	
条目29	3	4	4	3	2	
条目30	3	4	4	4	3	
条目31	4	4	4	4	3	
条目32	3	3	3	4	3	
条目33	3	4	4	4	4	
条目34	4	4	4	4	4	
条目35	4	3	4	4	4	
条目36	3	4	4	4	3	

维度一致性计算：

$I - CVI1 = 5 \div 5 = 1$

$I - CVI2 = 5 \div 5 = 1$

$I - CVI3 = 5 \div 5 = 1$

$I - CVI4 = 5 \div 5 = 1$

$I - CVI5 = 5 \div 5 = 1$

$I - CVI6 = 5 \div 5 = 1$

$I - CVI7 = 5 \div 5 = 1$

$I - CVI8 = 5 \div 5 = 1$

$I - CVI9 = 5 \div 5 = 1$

$I - CVI10 = 5 \div 5 = 1$

$I - CVI11 = 5 \div 5 = 1$

$I - CVI12 = 5 \div 5 = 1$

$I - CVI13 = 5 \div 5 = 1$

$I - CVI14 = 5 \div 5 = 1$

$I - CVI15 = 5 \div 5 = 1$

$I - CVI16 = 5 \div 5 = 1$

$I - CVI17 = 5 \div 5 = 1$

$I - CVI18 = 5 \div 5 = 1$

$I - CVI19 = 5 \div 5 = 1$

$I - CVI20 = 5 \div 5 = 1$

$I - CVI21 = 5 \div 5 = 1$

$I - CVI22 = 5 \div 5 = 1$

$I - CVI23 = 5 \div 5 = 1$

$I - CVI24 = 5 \div 5 = 1$

$I - CVI25 = 5 \div 5 = 1$

$I - CVI26 = 5 \div 5 = 1$

$I - CVI27 = 5 \div 5 = 1$

$I - CVI28 = 5 \div 5 = 1$

$I - CVI29 = 5 \div 5 = 1$

$I - CVI30 = 5 \div 5 = 1$

$I - CVI31 = 5 \div 5 = 1$

$I - CVI32 = 5 \div 5 = 1$

$I - CVI33 = 5 \div 5 = 1$

I – CVI34 = 5 ÷ 5 = 1

I – CVI35 = 5 ÷ 5 = 1

I – CVI36 = 5 ÷ 5 = 1

量表水平的 CVI 即 S – CVI，包括全体一致 S – CVI（S – CVI/UA，Universal agreement）和平均 S – CVI（S – CVI/Ave，average）。S – CVI/UA：所有专家评为 3 或 4 的条目比例，即被所有专家都评为 3 或 4 的条目数除以条目总数。S – CVI/UA 至少应达到 0.80。一般大于 0.9，表示内容效度较好。这种算法计算出的 CVI 是全体专家意见一致的情况，在这种定义下，专家数目越多，S – CVI/UA 越低，同样由于机会导致的不一致的评定结果的概率会增加。因此有人提出了 S – CVI/Ave。S – CVI/Ave 即评定为 3 或 4 的条目比例的平均值，可以有三种计算方法：

a）每个专家评定为 3 或 4 的条目比例的平均值；

b）所有 I – CVI 的平均值；

c）所有被评为 3 或 4 的条目数除以评定次数。

这三种方法计算出的结果是一致的，由于第二种方法针对条目情况而不是专家情况，所以通常使用第二种方法。这种方法的 S – CVI/Ave 达到 0.90 以上表示数据内部一致性很好。

经过计算，本问卷的 S – CVI/UA、S – CVI/Ave 值如下：

a）S – CVI/UA = 34 ÷ 36 = 0.94；

b）S – CVI/Ave =（34 + 0.80 + 0.80）÷ 36 = 0.99。

本调查问卷的 S – CVI/UA、S – CVI/Ave 分别为 0.94、0.99，均大于 0.9 的水平，表明数据内部一致性很好。

四　治理模式调查与分析

（一）调查结果及分析

1．治理理念

灾害风险治理理念主要研究人们作为灾害风险治理中的治理主体的地位和相互关系、社区防灾减灾资源的利用、灾害风险治理的途径和方法、防灾减灾的目标等方面。为了了解公众的灾害风险治理理念，我们设计了三道题目。

风险意识方面，调查显示，1220 名被调查者中，仅有 200 名被调查者认为自己的危机意识很强，占比 16.39%；568 名被调查者认为自己的危机意识还可以，占比 46.56%；436 名被调查者认为自己的危机意识一般，占比 35.74%；12 名被调查者认为自己的危机意识较弱，占比 0.98%；此外，还有 4 名被调查者认为自己的危机意识很弱，占比 0.33%（见图 4 - 1）。可见，认为自己防灾减灾意识很强的比例十分低，还有部分公众的危机意识十分薄弱，特别是儿童、青少年、老年人（调查问卷 A130；A500），"有人认为危险离自己太遥远，所以不重视"（调查问卷 A972；A832），认为"天灾人祸，遇到的少了"（调查问卷 A306）。

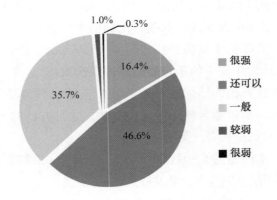

图 4 - 1 公众的危机意识情况

治理主体方面，问及："灾害事故发生时，谁更能有效地指挥应急处理?"接近半数（48.2%）公民认为公安部门更能有效地指挥应急处理，其次是政府领导（35.08%）和居委会领导（11.8%）。由此可见，在处理灾害事故中，公民认为应急管理相关公共部门更能有效地指挥应急处理，而居（村）委会的作用是最小的，部分公众对居委会充满不信任（调查问卷 A49）。

关于政府应急管理公共部门和公众的地位与相互关系方面，当问及"公助和自救互救的重要性"方面，40.33% 的公民认为灾害发生时主要依靠公民自救互救，40% 的公民认为主要依靠政府救助，还有部分公民（19.02%）认为主要依靠社会团体救助。可见，大部分公民对于自救互救的重要性有着正确的认识，但还有同样比例（约4成）的公民认为主要依靠政府救助，"等、靠、要"政府公助思想比较严重（见表4-4）。

表4-4 被调查者对公众危机意识的典型描述

主范畴	副范畴	代表性原始语句
治理理念	B1 风险意识	A66 集体意识不够强，觉得和自己无关； A20 安全意识不够强，应该加强； A78 大多公民认为灾难不会发生在自己的身上，可是有时候自己的疏忽大意就会导致灾难，应该有防范措施； A107 安全意识不够普及，尤其高龄人员。建议社区经常组织培训学习； A111 安全意识不高，缺乏实际演练； A127 事不关己、高高挂起； A130 老人安全意识不太足，建议多举行老人安全讲课； A284 安全意识较弱，没有太多人去主动学习这方面的知识； A296 我们这里几乎没有灾害，所以很多人还没有太大的安全意识； A500 老人安全意识缺乏； A616 目前部分公民的安全意识稍微有些薄弱，需要加强，建议多加强针对少部分人的安全意识教育； A1160 安全意识不强，基本抱有事不关己、高高挂起的态度。
	B2 治理主体	A266 应急人手比较不足，应该大力引进这方面的人才； A309 没有具体的社区负责人，出事以后要过一段时间才可以到现场； A606 管理机构设置和人员配置不到位，希望各种安全措施都做到位，保证人民的安全； A624 119 火警随叫随到； A828 好像有冗官，少数机构设施不完善。
	B3 自救互救	A45 现在很多人在面对灾难时表现得自私、不团结； A63 不能够全面了解遇到危险时应该如何求救和与谁联系； A125 互帮互助意识薄弱，应该加强互帮互助的意识，增强自救的意识，以便不时之需； A132 危机意识不强，不懂得如何自救，应该多进行训练； A1160 安全意识不强，基本抱有事不关己、高高挂起的态度。

2. 组织机构

关于社区应急管理组织机构是否完善、人员配备是否充足问题，由于考虑到很多公民对组织机构、人员配备情况不一定了解，我们设计了题目内容从侧面了解社区应急管理组织机构情况。当问及："您社区有管理人员经常对灾害隐患进行排查吗？"1220 名被调查者中，32.79% 的公民认为有管理人员经常对灾害隐患进行排查；43.28%的公民认为管理人员偶尔对灾害隐患进行排查；17.38%的公民认为管理人员很少对灾害隐患进行排查；还有6.56%的公民认为管理人员基本没有对灾害隐患进行排查。当问及"一旦发生灾害，您居委会管理人员能有效地组织居民进行救灾吗？"1220名被调查者中，55.41%的公民认为一定能；40.69%的公民认为有时能；3.89%的公民认为不能。当问及"一旦发生灾害，您社区有志愿者队伍参与救灾吗？"1220名被调查者中，64.97%的公民认为一定有；28.69%的公民认为有时有；6.33%的公民认为没有。可见，社区应急管理人员的管理情况以及志愿者队伍和参与防灾减灾情况还不很理想，与防灾减灾实际需求存在一定的差距。

消火栓箱、消防水枪、水带接扣、消防水带、室内消防栓、室外消防栓等是应急救援的基本救援设备，这些消防设备以及宣传栏等设施设备是否齐备可以反映出社区是否有管理人员从事应急事务。因此，可以通过社区配备的消防器材、宣传栏等设施设备情况了解社区的应急管理组织机构情况。当问及"您社区配备的灭火器等消防器材齐全吗？"1220名被调查者中，认为社区配备非常齐全的仅有38.03%的公民，约半数（46.23%）认为比较齐全，12.13%的公民认为不够齐全，还有3.61%的人认为差很多（如图4-2所示）。对于问题"您社区有关于防灾减灾的宣传资料、宣传标语、宣传栏和培训吗？"504名公民认为很多，占比41.31%；520名公民认为一般，占比42.62%；136名公民认为很少有，占比11.15%；60名公民认为基本没有，占比4.92%。

应急演练是应急管理工作的重要内容之一，对于提高公民的防灾减灾意识和提高自救互救技能有着重要的作用。应急演练的情况也可以反映出应急管理组织机构和人员配备的情况。问及"您社区举行过应急演练吗？"1220名被调查者中，212名被调查者认为经常举行，占比17.38%；492名被调查者认为偶尔举行，占比40.33%；240名被调查者认为很少举行，占比19.67%；还有276名被调查者认为没举行过，占比22.62%。

以上几种角度的调查可以反映社区组织机构、人员配备以及组织效能方面的情况，在社区应急管理组织机构、人员配备、志愿者队伍、设施设备等方面，虽然总体情况比较好，但与现实需求存在较大差距，需要继续完善提升。从表4-5中被调查者的主观题回答也可以看出，应急管理机构

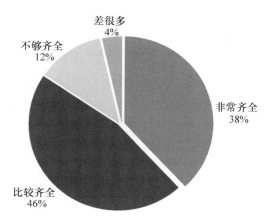

图 4 - 2　社区消防器材情况

尚不完善、不合理，人员配备不齐全、不专业、不稳定，年龄结构不合理（调查问卷 A7；A21；A133；A606）；设施设备不齐全、陈旧老化、维护不当（调查问卷 A29；A144；A492）；资金不充足，挪用、滥用资金时有发生（调查问卷 A11；A939；A75；A108；A307；A232）。特别是偏远、贫困地区等应急管理组织机构建设更加滞后（调查问卷 A89；A812；A828）。

表 4 - 5　　　　被调查者对社区应急管理组织机构的典型描述

主范畴	副范畴	代表性原始语句
组织机构	B1 机构设置	A7 机构处于空缺不足的状态；A21 应急管理机构要有更加明确的分工；A89 人员配备比较少，特别是乡镇；A106 人员配备较少，可以发展一些志愿者；A129 管理机构设置基本属于空架子；A133 人员配备不足，应该多配备人员；A169 没有专门的人员负责对公民的训练；A246 管理机构要更加严密；A297 设置专门的小组以备不时之需；A320 人员配备不够，资金支持不够；A350 应该大力发展应急管理机构设置，有足够的资金支持；A417 应急管理机构设置不够具体；A423 人员配备不合理，应合理分配人数；A468 应急管理机构设置更加全面，人员配备要更加齐全，资金支持应该加多；A606 管理机构设置和人员配置不到位，希望各种安全措施都做到位，保证人民的安全；A756 机构设置不科学，科学分配；A768 管理机构建议就是能不能透明一点，毕竟是老百姓的事儿；A812 有的地方偏僻，不能及时赶到现场，建议在偏僻地方也弄应急管理机构；A828 好像有冗官，少数机构设施不完善

主范畴	副范畴	代表性原始语句
组织机构	B2 人员配备	A60 有些人员不太礼貌，应多管理；A63 管理松散；A86 人员配备不能尽其所能；A89 人员配备比较少，特别是乡镇；A106 人员配备较少，可以发展一些志愿者；A111 人员不够专业，敬业度也不够；A133 人员配备不足，应该多配备人员；A148 应急人员配置比较少，不专业，应该多进行专业培训；A198 人员配备少，建议补充；A266 应急人手比较不足，应该大力引进这方面的人才；A307 有事没人管；A309 没有具体的社区负责人，出事以后要过一段时间才可以到现场；A432 人员配备不合理，应合理分配人数；A828 好像有冗官，少数机构设施不完善；A948 人员配备较少，需要增加
	B3 设施设备	A29 基础设施不完善；A63 很多小区都没有灭火器设备；A88 消防器材不是很完善，希望增加更多的消防器材；A109 设备挺多的，但是大部分人没用过；A126 社区内应急物资少，建议给每户配发；A144 一些设备老化快，也不会及时更换；A417 应急设备不能配备齐全，相关部门增加监督力度；A492 各种消防设施设备太老旧；A500 增加灭火器等的配置；A945 设备完善不够，有的老旧小区，消防设施没有或者毁坏，建议进行维修、保养
	B4 资金	A11 资金很少会下来，应该多一些；A20 资金来源和流向不公开，需要公开；A43 把钱用在刀刃上，不要出去吃吃喝喝；A50 在资金方面的话，应该让更多的人来支持；A75 资金仍不足，建议加大资金投入；A108 我们市区很多资金都不到位，希望上级领导落实监督；A201 资金下放不够；A241 拨款少，增加金额提高积极度；A246 资金不够，加强宣传，吸引投资及民众筹资；A307 有事没人管，都不知道资金去哪了，在社区连个灭火器都看不到；A308 资金应该用到实处，合理安排资金的分配；A318 资金应该用到实处，合理安排资金的分配；A350 应该大力发展应急管理机构设置，有足够的资金支持；A602 资金不足，大家应该踊跃捐款；A810 资金比较缺乏，最好可以扩大应急场地

3. 治理机制

社区灾害风险治理机制是社区灾害风险治理系统的内在联系、功能及其运行机理，对于社区灾害风险治理绩效起关键作用。良好的社区灾害风险治理机制要求政府公共部门与社区各主体形成良好的有机社会网络关系，实现有效沟通、相互协作。为了了解社区灾害风险治理机制，我们对居委会、政府、公民等灾害风险治理主体的功能和相互关系展开了调查。公民与内外部联系方面，1220 名公民中，220 名公民完全清楚内外部联系方式，占比 18.03%；868 名公民知道与公安、消防部门联系，占比 71.15%；52 名公民知道跟社区居委会联系，占比 4.26%；还有 80 名公民不知道该和谁联系，占比 6.56%。可见，公安、消防部门作为防灾减灾应对的主体之一，绝大部分（约 2/3）公民知道与他们联系，而知道跟社区居委会联系的人很少，甚至少部分人不知道跟谁联系。当问及"一旦发生事故，您首先会与谁联系？"公民回答情况如表 4-6 所示：

表 4-6　　　　　　　　　灾时社会公众与外界联系情况

选项	回答人数	比例	
公安部门	420		34.43%
消防部门	600		49.18%
居委会	40		3.28%
急救中心	136		11.15%
不知道	24		1.97%
本次有效填写人数		1220	

可见，公民在遇到紧急情况时，首先会想到向消防部门和公安部门求助，而很少有人会想到向最近的居委会求助。对于公民与居委会的联系情况，我们进一步调查，问："一旦发生事故，您知道如何与社区居委会进行联系吗？"，调查显示，440 名公民知道，占比 36.07%；448 名公民大概知道，占比 36.72%；272 名公民不知道，占比 22.30%；60 名公民完全不知道，占比 4.92%。可见，发生紧急情况时，占比最大的公民只是大概知道如何与居委会进行联系，甚至有 22.30% 的公民不知道如何与居委会进行联系。

关于居委会、街道办（乡、镇政府）以及社区内企业、志愿者、公民等公众在发生事故时，能否及时赶到事发现场救灾的问题，调查结果如下：

从以上调查结果可知，超过七成被调查者认为居委会、街道办（乡、镇政府）以及社区内企业、志愿者、公民等公众在灾害事故发生时，能及时赶到事发现场；约 1/4 公民认为居委会、街道办和社区公众比较久才能赶到事发现场；而认为其不会赶到的公民很少。从这里可以看出，居委会、街道办（乡、镇政府）以及社区内企业、志愿者、公民等公众在灾害风险发生时，响应速度还不够理想，这也可以反映出响应机制存

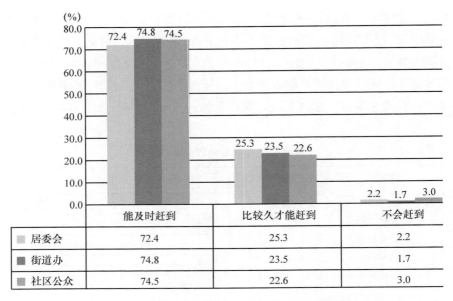

	能及时赶到	比较久才能赶到	不会赶到
■ 居委会	72.4	25.3	2.2
■ 街道办	74.8	23.5	1.7
■ 社区公众	74.5	22.6	3.0

图 4 - 3　社区居委会与政府及公众沟通协调情况

在一些不足。

以上几个角度的调查表明，在灾害风险来临时，绝大部分公众主要依靠公安、消防等公共部门（调查问卷 A768）。社区基层单位应急管理机构因其"机动性不够"、响应速度慢等原因（调查问卷 A606；A616），很少有公民知晓并且向社区居委会联系求助（调查问卷 A63；A768）（见表 4 - 7）。

表 4 - 7　　　　　　　被调查者对应急管理机制的典型描述

主范畴	副范畴	代表性原始语句
治理机制	B1 协调机制	A13 有时候不能及时联系到，应该保持联系畅通；A38 有时找不到人；A49 关系协调不是很好，有的居委会有事不关己、高高挂起的态度；A63 不能够及时联系，联系电话不清楚；A213 不能够有效沟通，应该加强联系，服从安排，听取意见；A250 公众比较散乱，不能较好地配合，建议：尽可能想公众之所想；A297 配合不默契，各自为战，应该团结一致，与政府一起；A318 群众的联系问题，应该加强公众的配合与协调；A408 没有进行及时沟通，没有较直接地沟通；A602 沟通不到位，加强大家之间的沟通，协调到位；A616 沟通交流有时会延迟，建议采取措施，使双方直接进行交流，省去中间的步骤；A768 与居民配合存在断链的问题，关键时刻除了 119、110，完全不知道还有什么机构

续表

主范畴	副范畴	代表性原始语句
治理机制	B2 监管机制	A50 应该定期检查应急工具；A108 社区应该定时关注居民生活，不定期走访；A133 不够公开透明，群众不知道如何联系社区取得及时救助，应当普及；A220 应该经常检查应急措施；A237 存在宣传不到位的问题，应多方面宣传机构；A376 没有监管到位；A516 应该定期检查各社区安全情况，定期进行排查；A768 我们社区的应急管理还可以，改进嘛，还是要多下社区吧，多检查；A816 加强对安全设施的检查
	B3 响应机制	A127 反应慢，宣传不到位；A197 有时候找不到人，办事拖拉；A321 机动性不够，该设置快速反应部门；A332 行动不及时；A338 及时性不够，尽量做到精准、及时；A384 建议设立专门的应急响应机制，达到快速响应、高效应对；A395 需要建立迅速响应的应急处理机制；A828 反应慢，怠于行动，希望加大管理力度

（二）调查结论与建议

调查结果表明，近年来随着灾害风险的日益严峻，我国屡经灾害风险的考验，在应急管理方面取得了长足的进展，应急管理模式总体上来说日益完善与优越，主要表现为：我国公众灾害风险治理理念有所转变，灾害风险治理理念日趋科学正确；组织机构逐步建立和完善，社区应急管理人员配备和社区应急志愿者队伍比较齐全；社区应急资金比较充足，应急救援的基本救援设备日益齐全；社区居委会和政府应急管理部门与公众的沟通协调日益畅通，公众参与应急管理程度和能力有所提高。

同时调查也发现，当前我国应急管理模式仍然存在较大的优化空间。从基于社区的灾害风险治理模式基本框架的治理理念、组织结构和治理机制三大构成要素来看，主要存在以下方面不足。

第一，治理理念仍需转变。调查发现部分公众防灾减灾意识仍然薄弱。部分公众对于社区等基层单位和公民在防灾减灾中的重要性仍然没有正确的认识，部分公民仍然秉持防灾减灾主要依靠政府公共部门的理念，认为防灾减灾主要依靠政府应急管理公共部门。相当部分公众对于自救互救的重要作用没有正确认识，自救互救意识仍比较低下。

第二，组织机构仍不完善。从调查结果来看，社区灾害风险治理的组织机构建设是社区灾害风险治理模式中十分欠缺的一块，社区灾害风险治理的组织机构不健全，其人员配备以及志愿者队伍均不够齐全，这无疑会影响灾害风险治理的绩效。

第三，社区灾害风险治理运行机制不优。调查显示，社区居委会与政府应急管理部门沟通协调情况，以及居委会与企业、社会团体、公民等公众沟通协调情况均不够理想。公民在危机发生时，主要依靠政府应急管理部门，而很少依靠社区居委会等基层单位。公众参与应急活动的程度还较低，受各种因素制约，公众参加防灾救灾志愿者队伍的意愿也较低。

推进应急管理模式的转型，实现由基于政府的应急管理模式向基于社区的灾害风险网络治理模式转型不仅是世界其他各国，也是我国今后应急管理模式改革的必然趋势。根据调查分析结果，基于灾害风险治理模式治理理念、组织机构和运行机制三位一体的基本框架，可以从三方面得出以下启示。

第一，坚持以科学理念引领，深入推进以政府为中心的应急管理理念向以社区为中心的灾害风险网络治理理念转变。理念是行动的先导，其对行动起着引领作用。树立科学正确的灾害风险网络治理理念是实行正确的防灾减灾行动和提高灾害风险治理绩效的前提。要继续转变传统的以政府为中心的应急管理模式下的"等、靠、要"、"大包大揽"、自上而下"命令—服从"管理等应急管理理念，继续提高公众的风险意识，并树立和强化以下理念：社会公众是灾害风险治理的主体，灾害风险治理主要依靠公众自救互救，政府公共部门的资源和能力具有其局限性，日益严峻的灾害风险必须充分挖掘和利用社区丰富的防灾减灾资源，灾害风险治理要以实现社区的可持续发展和灾害风险治理的长期绩效为目标。

第二，坚持治理重心下移，继续推进社区灾害风险治理组织机构的建立完善。组织机构是灾害风险管理模式的物质基础，完善的组织机构是灾害风险治理模式高效运行的组织保障。推进以政府为中心的应急管理模式向基于社区的灾害风险治理模式的转型是未来我国应急管理模式改革的必然趋势，而完善社区等基层单位灾害风险治理组织机构是实现模式转型的重要环节。在我国当前灾害风险治理组织机构尚不健全的情况下，推进应急管理模式的转型，必须继续加强社区等基层单位灾害风险治理组织机构建设，主要是加强社区范围内的居委会、医院、学校、厂矿、企业等基层单位的应急管理组织机构建设，以及应急救援志愿者队伍建设。

第三，坚持治理主体外移，加强以社区为中心的灾害风险治理机制建设。治理机制是决定治理功能和绩效的关键。社区是社会的基本单元，是联系基层单位的纽带。推进向以社区为中心的灾害风险治理模式转型，须促成政府与社区之间及其内部主体间形成直接或间接的有机社会网络治理关系；优化政府部门之间、政府与社区之间、社区各主体之间的协调合作机制，促成灾害风险治理各主体间形成沟通顺畅、配合密切、协作有序的合作伙伴关系，以此加强政府应急管理相关部门之间、政府与社会公众之间，以及学校、医院、企业、NGOs、NPOs、CBOs 等基层单位和公民等社会公众之间的沟通、协调与合作。强化教育培训机制，进一步提高公众参与防灾减灾的程度和能力。

五　公众参与调查与分析

（一）调查结果分析

1. 参与理念

防灾减灾理念是公众对于防灾减灾的思想、观念。科学的防灾减灾理念对于指引公众采取正确的防灾减灾行动、提升公众防灾减灾能力有着重要作用。防灾减灾理念主要包括防灾减灾意识、对自救互救作用的认识等。为了了解公众灾害风险治理参与理念，我们设计了三道问题。

关于防灾救灾意识方面，笔者对公众防灾减灾意识进行了调查，结果显示，1220 名被调查者中，仅有 200 名认为自己的防灾减灾意识很强，占回答人数的 16.39%；568 名认为自己的防灾减灾意识还可以，占回答人数的 46.56%；436 名认为自己的防灾减灾意识一般，占回答人数的 35.74%；12 名认为自己的防灾减灾意识较弱，占回答人数的 0.98%；认为自己防灾减灾意识很弱的仅有 4 名，占回答人数的 0.33%。

由此可见，虽然近半数（46.56%）公民表示自己的防灾减灾意识"还可以"，但认为自己的防灾减灾意识很强的公民不多，仍有部分人的防灾减灾意识较弱和很弱。被调查者的主观题回答进一步说明了公众的防灾减灾救灾意识比较薄弱，风险认知水平比较低，缺乏正确的自救互救理念，"认为灾害都不会发生在自己身边，所以都不重视"（调查问卷A246；A945），"习惯性侥幸麻痹心理普遍存在"（调查问卷A1140）（见表4-8）。

表4-8　　　　　　　　　有关公众参与意识理念的典型描述

主范畴	副范畴	代表性原始语句
公众参与意识理念	B1 防灾、减灾、救灾意识	A2 多数社区安全意识不强，安全责任落实不到位，社区的应急物品的配备、应急设施的完善、应急演练的组织以及居民应急意识和应急能力的提高完全依赖于上级政府和社区居委会； A32 对防灾救灾的危险意识不足，需要加强居安思危意识的培养； A48 缺少自我保护意识； A54 公民的自我防范意识不强，对灾难的防范意识不强； A75 安全意识不强，必备安全应急知识少； A78 我认为目前公民安全意识还存在普及度不高和各年龄层意识程度不一的问题； A102 安全保护意识不够强，也缺乏相关的安全防范意识； A207 有的公民还意识不到应急的重要性； A216 防备意识差，安全意识不够充足； A246 觉得事不关己，灾难不会发生到自己头上； A480 安全意识不强，没有防灾精神，总认为这些事情不会发生在自己身上； A945 许多公民会抱有侥幸心理，从而忽略安全意识； A1140 有好多人认为不会发生在自己身边，不太重视； A1152 对防灾救灾的危险意识不足，需要加强居安思危意识的培养
	B2 风险认知	A194 很多时候不知道自己的行为存在安全隐患，建议多举行一些相关宣传； A214 认为自己所在地方灾难发生概率小，不是很重视； A217 安全防范知识不够，加强教育； A220 安全意识不全面，应大力宣传安全知识的重要性； A343 感受不到危机，不会去主动学习避灾知识； A350 没有正确认识到火灾的严重性，建议社区多讲解、培训逃生方法； A470 我认为现在公民安全认识只存在理论阶段，实际操作比较缺乏

主范畴	副范畴	代表性原始语句
公众参与意识理念	B3 自救互救理念	A250 自救互救知识欠缺，不重视急救技术知识； A320 有一部分公民的自救意识还存在不足的情况，互帮互助互救的意识还是有些薄弱，只顾自己，不顾他人； A354 自救意识不强，应该加大宣传力度； A407 认为防震救灾是政府的职责，多开展宣传活动，改变公民的观念； A426 公民一旦发生灾害事故主要依靠他救，自救知识较少，应该给社区居民多普及基本的自救知识； A450 遇到危险，不知如何自救，可以多参加此类讲座等； A468 自救意识比较差，可以开展提高自救意识方面的课程

灾害风险治理主体是灾害风险的主要应对者，主体的正确界定是界定灾害风险参与者范围的前提。关于灾害风险治理的主体，以及公救、自救和互救的重要性方面，我们设计了四个选项，调查结果如图4－4所示。

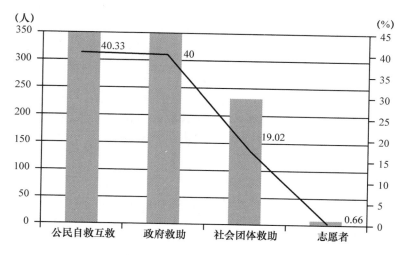

图4－4　灾害风险治理主体

1220名被调查者中，有492名被调查者认为灾害发生时主要依靠公民自救互救，占回答人数的40.33%；488名公民认为主要依靠政府救助，占回答人数的40%；232名认为主要依靠社会团体救助，占回答人数的19.02%；8名认为主要依靠志愿者救助，占回答人数的0.66%。

可见，大部分公民能认识到自救互救的重要性，但还有相当部分公民对政府公救的依赖性较大，"认为防震救灾是政府的职责"（调查问卷A407），公民"一旦发生灾害事故主要依靠他救"（调查问卷A426），"老是想着依靠别人"（调查问卷A73）。

2. 参与意愿

参与应急教育培训以及防灾救灾志愿者队伍是公众参与应急管理活动的两项主要活动。为了了解公众参与应急活动的意愿，我们对公众参与预防灾害相关知识教育培训的必要性以及公众参加防灾救灾志愿者队伍的意愿展开了调查。1132名（92.79%）被调查者认为参与预防灾害相关知识教育培训很有必要，想了解灾害知识；仅有80位（6.56%）公民认为无所谓，只要不影响正常的生活就行；8名（0.66%）公民认为无所谓，预防灾害应该是其他人的事；尚无公民认为没必要，认为所在地不会有大灾。可见，公众对于学习防灾救灾知识有着比较统一的认识，一致认为很有必要学习防灾救灾知识。

关于公众参加防灾救灾志愿者队伍，27.87%的公民表示如果家里同意，愿意参加防灾救灾志愿者队伍；59.02%的公民表示如果能力允许，愿意参加防灾救灾志愿者队伍；12.79%的公民表示可以考虑，但认为阻碍因素比较多；0.33%的公民表示不会，因为防灾救灾是政府的职责。可见，大部分公众对于应急活动有着较强的参与意愿，但仍有一些公民"习惯性侥幸麻痹心理普遍存在"（调查问卷A106），"认为自己所在地方灾难发生概率小，不是很重视"（调查问卷A214），这是导致公众参与意愿不强的重要原因。

3. 参与能力

公众参与能力对公众参与灾害风险治理效果起着决定性作用，特别是自救互救知识和技能对于公众在灾时挽救生命和财产损失起着关键作用。正确的自救互救方法，能使公众在紧急时刻为挽救生命和财产损失赢得宝贵的时间，最大限度地减小灾害风险影响程度。急救方法是公民应掌握的自救互救的基本技能。正确、及时地自救、互救是灾时初期抢救伤病员的关键。调查显示，大部分公民具备一些基本的自救互救技能。如治疗技能方面，1220名被调查者中，有964名（79.02%）公民表示会外伤包扎；776名（63.61%）公民表示会心肺复苏；444名公民和

204 名公民分别对一氧化碳中毒和骨折的急救技能也有了解，分别占 36.39% 和 16.72%（见图 4-5）。

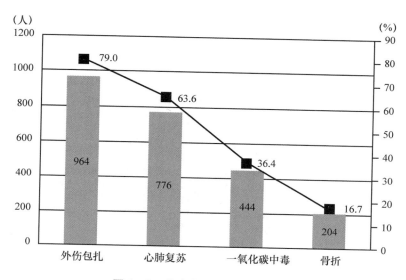

图 4-5　公众自救互救技能情况

　　火灾是人们日常生活中常见的灾难事故，其逃脱方式是公民应该掌握的基本技能。我们以火灾的逃脱技能为例对公众自救技能展开了调查。调查表明，76.07% 公民表示要捂住口鼻，弯腰前进；20.98% 的公民认为要捂住口鼻，匍匐前进；还有 36 名公民认为应直着腰，快速逃脱。煤气中毒也是常见的灾害事故，98.36% 的公民基本上知晓正确的急救方法，认为要迅速打开门窗通风，并将病人搬到空气流通的环境，但少数公民（1.64%）认为应在现场拨打电话求救，尚未有公民认为应在现场马上给伤员做人工呼吸；对于发生灾害事故时如何疏散逃生，51.15% 的公民表示大概知道如何疏散逃生，46.56% 的公民非常清楚如何疏散逃生，不知道如何疏散逃生的公民占比很低，仅占 2.3%。

　　从以上几种角度调查可以看出，部分公民对逃生技能和方法还比较模糊，只是"大概知道"逃生方法。见表 4-9 中被调查者的回答同样表明，公众防灾、减灾、救灾知识比较缺乏，防灾、减灾、救灾技能比较低。特别是老年人、儿童、青少年、贫困地区等特殊群体防灾、减灾、救灾技能比较低（调查问卷 A2；A462；A506）。

表 4 – 9　　　　　　　　　　被调查者对公众参与能力的典型描述

主范畴	副范畴	代表性原始语句
公众参与能力	B1 防灾、减灾、救灾知识	A75 必备安全应急知识少； A128 农民缺少安全意识和知识； A130 有些急救知识不具备，需要提升自身安全意识，多参加一些关于安全意识的培训； A217 安全防范知识不够，加强教育； A225 公民一般不太了解急救知识； A250 自救互救知识欠缺，不重视急救技术知识； A278 公民应急知识欠缺，建议社区多组织相关内容的讲座； A295 缺乏一些安全自救常识，对一些安全用具缺乏了解； A309 缺少防范知识； A344 急救知识普及度不够高； A385 安全知识不全面； A462 应该要宣传一下，老人、小孩有时候是不知道的，多进行宣传，增强意识； A506 还有一些人安全意识不高、不全面，比如老人等，利用电视或者网络进行大范围的普及教育
	B2 防灾、减灾、救灾技能	A2 部分群体的应急能力差，社区的特殊群体应急管理缺位； A65 好多公民其实是不了解在发生火灾或者灾难时如何有效地应对，希望政府及相关部门要多多宣传，以多种方式进行安全教育； A78 不知如何自救，应加强安全意识教育提高个人安全意识和自救能力； A105 实际操作不熟练，不到位； A143 遇到灾难知道怎么救助，心里却不能冷静； A169 缺乏实际操作技能，建议有关部门加强生产生活中安全隐患的排查，组织相关安全演习； A227 公民在发生紧急情况时不知道如何自救，应该多加强科普知识的宣传； A228 很多人只接受过防灾指导，没有参加过实际的防灾演练，建议社区多多组织防灾演练，并让公民都上手操作防灾工具； A318 说是说觉得灾难来了感觉自己都会应急措施，但是如果真的来了脑子肯定一片空白不知道该做什么，应该多来点演习什么的； A350 逃生方法不了解，建议社区多讲解培训逃生方法； A752 实际操作几乎没有，应加强实际演练； A764 基本对自然灾害救助应急方法没有一个完整有效的认识

4．参与程度

企业、学校、医院、厂矿、NGOs、NPOs、CBOs、社会团体等基层单位以及公民等社会公众风险治理参与程度对于提升应急管理绩效有着至关重要的作用。以公民平时参与防灾减灾来看，当问及："您个人或家里是否备有防灾救急用品？"调查显示，420名被调查者家里备有防灾救急用品，占比34.43%；596名被调查者家里备有一点防灾救急用品，占比48.85%；204名被调查者家里没有备有防灾救急用品，占比16.72%（见图4-6）。可见，1/3强的被调查者家里备有防灾救急用品，有相当部分（16.72%）公民家里并没有备有防灾救急用品。

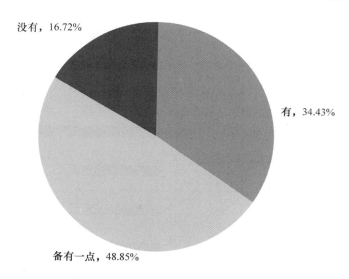

图4-6　家庭备有防灾救急用品情况

社区公民参加演练、科普知识宣传、讲座等应急活动方面，33.11%的公民表示只要有，我一定去；58.03%的公民偶尔会去；8.85%的公民从来不参加有关应急活动。可见，约1/3的公民参与应急管理活动的程度很高，但过半数的被调查者对于应急管理活动只是偶尔参与，甚至有部分公民从来不参与。

5．参与行动

公众参与应急准备方面，当问及被调查者"是否有必要将防灾物品准备好，以备不时之需"时，78.69%的公民认为十分有必要，但21.31%公民认为想准备，但无从下手。值得一提的是，尚无公民认为灾难时政府会发送，无须准备。可见，大部分公众能认识到应急准备的必要性和重要性，但是如何准备却无从下手。因此，强化应急活动宣传教育的针对性和实效性是我们未来应急培训演练的重点工作之一。

关于应急管理教育培训形式和途径，调查表明，网络电视、报刊书籍、社区教育培训和学校均是公众了解消防知识的重要渠道，这些渠道分别占比82.95%、57.70%、47.87%、67.87%（见表4－10）。可见，随着传播途径的多样化和便捷化，各种渠道对于宣传消防知识均起到了很大的作用，但网络电视和学校教育仍然是传播消防知识的主渠道，社区教育培训也是重要渠道之一，但所占的比例不很高。

表4－10　　　　　　　**公众认识自然灾害及其预防措施的渠道**

选项	回答人数	比例
网络电视	1012	82.95%
报刊书籍	704	57.70%
社区教育培训	584	47.87%
学校	828	67.87%
其他	20	1.64%
本次有效填写人数	1220	

公民对日常关于应急知识的培训效果的看法，1220名被调查者中，有192名公民认为很全面，占比15.74%；772名公民认为基本能够满足应急需求，占比63.28%；220名公民认为内容缺乏，实用性不强，占比18.03%；还有36名公民没参加过，占比2.95%。从表4－11所示被调查者的文字描述来看，公众对防灾、减灾、救灾教育培训的重要性认识

不足，参与程度低；应急知识的教育培训内容仍然不够全面，针对性不强，不能满足公众参与灾害风险治理实际的需求；培训效果不理想，应急演练参与更少（调查问卷 A75；A939）。

表 4-11　　　　　　　被调查者对公众参与行动的典型描述

主范畴	副范畴	代表性原始语句
公众参与行动	B1 防灾、减灾、救灾教育培训	A38 逃生技能低下，需要加强练习，增强安全意识； A54 公民的自我防范意识不强，对灾难的防范意识不强，建议：加强灾难防范宣传； A62 对安全问题还不够重视； A63 大多数公民不在意。我建议政府多宣传安全措施加强公民的安全意识，并多举行一些活动，加强宣传教育，提高公民重视程度； A75 只接受了理论教育，实践运用能力不足； A93 安全意识差，从小培养，多普及安全方面的知识； A204 没有正确意识到水灾、火灾的严重性，建议社区多讲解培训逃生方法； A232 不够团结，建议多看看如何自我防范的视频、多互相帮助； A278 公民安全意识不强，应急知识欠缺。建议社区多组织相关内容的讲座； A348 没有正确意识到火灾、水灾的严重性，建议社区多讲解培训逃生方法； A392 对水灾、火灾等安全意识没有引起重视，多培训安全方面的知识； A804 没有对社会人群进行教学，可每周去一个社区进行教学； A939 目前居民安全意识不够高、不够充足，建议多举办消防演练，多举办大型讲座吧； A1136 我觉得安全意识一定要做到位，学校应该发一些关于安全的书籍。
	B2 防灾、减灾、救灾行为	A143 遇到灾难知道怎么救助，心里却不能冷静； A149 家里未放置灭火的东西，给家中放一罐小型灭火器； A182 现在的公民都是拥有个人主义较多，并且很多起事故都因为公民的私人利益导致沟通不当，遇灾难应有序冷静，以公共利益为主； A197 就是家电问题，现在这个社会都有了手机，然后对于电镀的自身存在的问题会减少，我希望他们可以多了解； A317 比如过马路是不能斜穿马路的，但是为赶时间有好多人斜穿马路，比较危险，建议社区多宣传，家人多提醒，交警多管制； A324 平时生活中的一些小问题不太注意，容易造成安全隐患，政府社区应有针对性地宣讲，及时排除隐患； A402 在公共场所密闭的地下商场还会有抽烟、将烟头随地乱扔的现象； A417 有些大人会将插座、电线放在小孩容易接触到的地方，很容易造成触电； A500 用火、用电、用气缺乏安全措施，容易发生事故。建议有关部门加强防范和宣传教育；

续表

主范畴	副范畴	代表性原始语句
		A616 家中不备应急用品，安全通道堵塞，疏通安全通道，以备不时之需； A636 灾难发生时只顾自己逃生，秩序较差，建议提高公民互助礼让意识； A936 有些人容易对陌生人的几句乞求以及花言巧语起同情心，被坏人拐卖，我觉得公民应该增强安全意识，树立国防观念，培养爱国热情，比如多在广播以及媒体网络宣传类似事件，以提高公民的防范意识。

6. 参与效果

应急设施设备是公众灾时自救互救的工具和手段。调查表明，在消防器具的操作技能方面，大部分公民对这类常见和常用的消防器具具备初步基本的操作能力。如楼道里的消防用具，我们对常见的楼道里的消防用具使用熟练情况展开了调查，当问及："您知道楼道里的消防用具怎么使用吗？"结果表明，360 名被调查者认为知道，我练习过，占比29.51%；692 名被调查者认为知道，我接受过指导，但没有实际操作，占比 56.72%；128 名不知道怎么用，占比 10.49%；还有 40 名公民不知道哪里有消防用具，占比 3.28%。可见，公民的自救互救知识，特别是自救互救技能方面还不够，练习过这些常见的消防用具的公民比较少，约占 1/3，而超过半数的公民虽然接受过指导，但并没有实际操作过，还有部分公民不知道这些消防用具的用法，这说明公民的知识和技能还比较低下，许多公众对于应急设施设备实际操作不熟练，操作能力比较低，势必影响灾时公众自救互救能力。

关于消防设施设备分布方面，公众准确掌握消防设施设备分布情况有利于公众在灾时及时便捷地利用设施设备进行救护和逃生。我们选择"当地灾害避难处的位置"这一问题来调查公众对于消防设施设备的了解程度。调查结果表明，48.85% 的公民表示知道消防设施设备的位置；有 31.15% 的公民表示可能知道其位置，但不知道是不是准确；20% 的公民表示不知道其位置。可见，知道消防设施设备正确位置的公众不到 5 成，大部分公众不知道或者不能准确判断其位置。表 4-12中被调查者的回答也表明，目前公众对于消防器材的操作还不够正确和熟练（调查问卷 A105；A228），救护方法没有很好掌握，因而影响公众参与效果。

表 4 - 12　　　　　　　　　被调查者对公众参与效果的典型描述

主范畴	副范畴	代表性原始语句
公众参与效果	B1 防灾、减灾、救灾技能	A29 不知逃生路线； A53 逃生技能低下，需要加强练习，增强安全意识； A75 只接受了理论教育，实践运用能力不足； A78 不知如何自救，应加强安全意识教育，提高个人安全意识和自救能力； A65 好多公民其实是不了解在发生火灾或者灾难时如何有效地应对，希望政府及相关部门要多多宣传，以多种方式进行安全教育； A105 实际操作不熟练，不到位； A143 遇到灾难知道怎么救助，心里却不能冷静； A169 很多人对逃生方法不了解，逃生技能不高，需要加强训练； A228 很多人只接受过防灾指导，没有参加过实际的防灾演练，建议社区多多组织防灾演练，并让公民都上手操作防灾工具； A350 逃生方法不了解，建议社区多讲解培训逃生方法； A500 用火、用电、用气缺乏安全措施，容易发生事故，建议有关部门加强防范和宣传教育； A748 对于应急措施不灵活，希望社区和政府多举行安全讲座，让公民的安全防患意识得以加强
	B2 教育培训演练效果	A57 没有相关的培训或者书面通知； A89 宣传力度不够，组织能力不够，社区要加强应急管理的宣传力度，增强社区在应急管理方面的组织能力； A126 不主动，领导有安排才会宣传，逢场作戏，需重视； A216 宣传力度不够； A506 不组织讲座、预防演练，应加强安全讲座学习和演练； A945 应该加强社区管理和居民的安全意识学习； A1144 我觉得应该定期宣传和培训社区居民的安全防范

（二）调查结论与建议

第一，公众参与意识理念总体向好，但仍需进一步提高参与意识和转变参与理念。

随着近年来灾害风险的日趋复杂、频繁和严重，公众面对日益严峻的灾害风险挑战和考验，公众危机防范和应对意识有所增强。调查结果表明，大部分公民的危机意识"还可以"。然而，调查结果同样也表明，当今仍然有相当一部分人危机意识淡薄，防灾减灾理念落后，对政府的依赖心理严重，仍然秉持过度依赖政府公助的偏颇的思想观念，认为防灾、减灾、救灾是公安、消防等政府部门的职责。正确的理念是我国将来进一步推动公众参与灾害风险治理的行动导向。因此，在以后的灾害风险治理改革中，继续改变部分公众在灾害风险治理中对政府公助的过度依赖心理，提高公众参与意识，树立主要依靠自救互救的正确防灾减灾理念。

第二，公众参与意愿较强，但参与能力较低。

调查表明，公众对应急活动有着较强的参与意愿，无论是参与灾害风险治理相关教育培训，还是参加防灾减灾志愿者队伍，公众对灾害风险治理教育、演练等活动的重要性、必要性有着高度一致的认识，均能认识到应急管理活动的必要性和重要意义，并且认为能力允许，愿意以实际行动参加防灾减灾志愿者队伍。

通过调查我们也发现，尽管公民对火灾的逃脱方式有一定的了解，但掌握心肺复苏、一氧化碳中毒、逃生方法和路线等基本知识和技能的人比例仍然不高。这说明公众对自救互救知识和方法的了解和掌握不全面，公众自救互救知识和技能总体上还比较差，导致自救互救能力比较低，势必会影响防灾、减灾、救灾效果。社区层面公众参与能力提升仍是我们今后应急管理的重要任务之一。因此，当前迫切需要采取制度建设、政策引导和激励措施推动社区公众广泛参与风险治理，切实提高公众在灾害风险治理中的地位，发挥其应有作用，以提升公众防灾减灾能力。

第三，公众参与程度较低，当务之急仍是推进应急管理模式的转型，实现风险治理重心下移、主体外移和标准下沉。

调查发现，公众参与灾害风险治理程度比较低，如半数以上（58.03%）公众对于有关应急活动也只是偶尔参加，这说明，我国当前公众参与灾害风险治理程度仍然比较低。究其原因，这与我国目前的应急管理模式、机制和政策体系有着密切的关系[①]。长期以来，我国实行以政府为中心的应急管理模式，政府在应急管理中处于主体地位，发挥

---

① 洪毅：《"十三五"时期我国应急体系建设的几个重点问题》，《行政管理改革》2015年第8期。

主体作用，而公众在灾害风险治理中处于从属地位，发挥协助作用，因而造成政府公共部门在应急管理中采取"大包大揽"的方式①，而公众在灾害风险来临时长期"等、靠、要"政府公共部门的救援。因而，公众在灾害风险治理中参与程度低。今后，国家和地方政府应切实推进应急管理模式的转型，以实现风险治理重心下移、主体外移和标准下沉，并采取政策引导、物质和精神激励等有效措施，提高社会公众参与程度。

第四，公众参与应急活动效果不佳，增强教育培训的实效性仍是未来提升公众参与效果的重要途径。

调查表明，当今，社区应急宣传、教育培训、应急演练等应急活动存在着诸多问题亟待解决，主要有应急宣传、教育培训、应急演练等，应急活动没有实现常态化和制度化；应急活动公众参与积极性和程度均不高；应急知识的宣传、教育培训内容仍然不够全面，不能满足公众参与灾害风险治理实际的需求；培训内容针对性不强；应急活动实施效果不佳等。根据种种角度的调查我们可以推断，当前社区的应急教育培训甚至应急演练，仍然停留在理论教育宣传层面，实际操练比较少，导致公众的实际操作能力低下，公众一旦遇到灾害风险仍然不知道如何正确应对。当前相当部分社区相关部门对于防灾、减灾、救灾教育培训、应急演练仍然是应付任务，流于形式，而忽视实际效果。

不同角度的调查结果为我们今后加强应急活动提供了许多启示：应急活动教育培训内容方面，要充实其内容，针对当地主要的、常见的灾害风险应急准备、应对等方法和措施强化教育培训，并注重教育培训内容的针对性和实用性；应急活动形式方面，要发挥社区和学校教育的主渠道作用，同时发挥网络电视、报刊书籍等媒体宣传的作用，采用新颖的教育培训方式，实现灾害风险治理教育培训手段和形式的多样化；应急活动的参与对象方面，要加强教育培训参与对象的广泛性，应采取有效引导和激励措施，充分发动包括社区范围内企业、学校、医院、NGOs、NPOs、CBOs 等基层单位和公民等公众积极参与，特别是要注重对老人、青少年、儿童、外来人口等特殊群体的教育培训；应急活动效

---

① 薛澜、刘冰：《应急管理体系新挑战及其顶层设计》，《国家行政学院学报》2013 年第1 期。

果方面，要加强对社区应急管理教育培训实际效果的监督评价，切实提高社区宣传、教育培训和应急演练等应急活动的实际效果。需要强调的是，应补充完善社区应急活动的考核评价方案和具体的实施细则，并强化监督和考评，把应急活动的效果作为社区等基层单位及相关上级部门和官员工作绩效和晋升考核的重要评价标准。

第五章　基于社区的灾害风险
网络治理理念

　　灾害风险治理理念是人们对灾害风险治理的看法、思想、理论或观念，对灾害风险治理行动起着引领作用。在不同的灾害风险管理模式、国情和制度体制下，人们关于灾害风险治理的看法和思想观念各异，由此也使得人们作出不同的灾害风险治理行为选择和带来不同的灾害风险治理绩效。

　　日本基于社区的灾害风险管理理念比较科学，如倡导公民自助互助重于政府公助的理念等；美国全社区应急管理理念也较先进，如关于防灾减灾资源的理念，认为政府的公共资源不足以应对日益严峻的灾害风险，而社区有着丰富的资源，需要加以重视、挖掘和充分利用，以弥补政府公共资源的不足，等等。日本、美国以社区治理为中心的理念值得借鉴。中国目前实行传统的应急管理模式，由此形成的应急管理理念是以政府为中心的应急理念。该理念下，注重政府公助而对社会公众自救、互救重视不够。

　　理念是行动的先导。推进灾害风险治理模式的转型，转变灾害风险治理理念是前提。本章首先厘清了理念的概念、内涵及其作用，在借鉴以社区为中心的灾害风险治理理念基础上，得出经验和启示，并基于中国案例分析提出了基于社区的灾害风险治理理念，并探讨了培育基于社区的灾害风险治理理念的路径。

一　灾害风险治理理念概述

（一）灾害风险治理理念的概念与内涵

　　"理念"一词源于希腊文，是西方哲学史的一个重要范畴，其原义是"见得到的东西",即形象。《新编汉语词典》对"理念"一词的解释是:"指有系统的、较专门的、理论性较强的学问";《中文大词典》对其的定义是:"统指一切学问而言";《辞海》对其的解释有两条:一是"看法、思想。思维活动的结果",二是"理论,观念。通常指思想"。综合以上关于理念一词的解释,我们可以将理念理解为人们对人、事、物的看法、思想,或人们对人、事、物的观念,或形成的理论。简言之,理念即看法、观念、思想和理论。

灾害风险治理理念即人们关于灾害风险治理的人、事、物的看法、观念或思想,以及人们关于灾害风险治理的人、事、物抽象、升华而形成的理论。比如,人们对灾害风险治理的主体的看法或思想观念,在不同的灾害风险治理模式、国情和不同的体制制度下可能有所不同。比如,关于灾害风险治理主体,在传统的应急管理模式下,人们倾向于认为政府公共部门是应急管理的主体,应急管理是政府的职责,而社会公众的责任意识比较薄弱;而在基于社区的灾害风险治理模式下,我们倡导"防灾减灾,人人有责"的理念,认为灾害风险治理不仅是政府公共部门的职责,也是社会公众的职责,政府公共部门和社会公众均是灾害风险治理的主体。

(二) 灾害风险治理理念的作用

1. 灾害风险治理理念影响灾害风险治理模式的选取

灾害风险治理理念是灾害风险治理模式的主要组成部分之一,是模式构建的理论基础。不同的灾害风险治理理念引导人们选取不同的灾害风险治理模式。一方面,灾害风险治理理念影响着人们选择何种性质、规模、构成的灾害风险治理模式的组织机构。另一方面,灾害风险治理理念也影响着灾害风险治理机制。在强政府、弱社会的体制下,人们普遍持有应急管理中"应以政府为中心""政府是应急管理的主体""万能政府"等理念,因而,政府和社会公众比较倾向于实行以政府为中心的科层制应急管理模式。随着灾害风险治理实践的深入发展,人们认识到传统应急管理模式下有关灾害风险治理主体、资源、能力和绩效等方面理念存在诸多不足,而社会公众在灾害风险治理中起着愈加重要的作用,社会公众有其独特的、政府不可比拟的防灾减灾资源和能力优势。在这些灾害风险治理理念下，政府和社会公众更加倾向于实行以社区为中心的灾害风险治理模式。

2. 灾害风险治理理念引导防灾减灾行为

理念是行动的先导，不同的灾害风险治理理念会引导人们选取不同的防灾减灾行为。传统的应急管理理念下，人们认为政府是应急管理的主体，政府公共部门的资源与能力足以应对一切灾害风险。社会公众风险意识薄弱、风险认知和应对能力均较低下。在这种情势下，政府公共部门势必包揽一切防灾减灾事务。社会公众习惯性寄希望于政府公共部门的公助，理所当然地认为政府应包揽一切应急事务。由此，社会公众应急管理事务参与不足，下级政府部门则按照上级政府部门的指示接受任务和命令，消极被动应对。在基于社区的灾害风险治理理念下，政府公共部门和社会公众关于灾害风险治理的理念发生了很大的改变，普遍认识到灾害风险治理的主体不仅包括政府公共部门，社会公众同样也是灾害风险治理的重要主体，而且社会公众有着丰富的物质和社会资源，能发挥政府公共部门所不具有的独特优势。在这种理念的指导下，社会公众能最大限度地发挥其资源和能力优势，积极主动参与灾害风险治理，在应对灾害风险中，其自救、互救作用能发挥至极限。

3. 灾害风险治理理念影响灾害风险治理绩效

不同的灾害风险治理理念引导灾害风险治理主体选取不同的灾害风险治理模式和机制，也会引导人们对灾害风险治理持有不同的态度认知和采取不同的行动。在科学的灾害风险治理理念下，由于组织机构更加合理，运行机制更加高效，社会公众对灾害风险治理能持有正确的、积极的态度，公众参与程度、能力和效果显著提高，政府和社会公众能充分利用各自的资源和能力优势，充分发挥各自优势，共同应对灾害风险。特别是在灾害风险的灾前预警和灾时应对阶段，基层单位和公民等社会公众由于其具有政府部门不可比拟的广泛性、灵活性、多样性和专业性，能发挥比政府更加独特和重要的作用，如能及时发现灾情、上报灾情，以及及时应对灾情，并将灾害风险的影响控制在初始阶段。相对于程序化和官僚化的科层制的运作方式，其反应更快、效率更高，因此能最大限度地削减灾害风险的影响程度，获得最佳的灾害风险治理绩效。

二　日本、美国社区灾害风险治理理念

日本、美国是世界上实行以社区为中心的灾害风险管理模式的典型代表，它们的灾害风险治理理念比较科学，具有很大的借鉴意义。

（一）日本基于社区的灾害风险管理理念

日本在灾害风险治理中，社区（邻里）居民、家庭、社区组织等作为灾害风险的第一反应者、主要受害者和主要应对者，在防灾减灾中起着至关重要的作用。阪神大地震后，日本灾害风险管理模式逐渐由基于政府的应急管理模式向基于社区的灾害风险管理模式转型，更加注重基层防灾减灾。基于社区的灾害风险治理模式必须动员最广大的社区公众积极主动参与到灾害风险应对活动中来，这样才能更好地发挥社区公众防灾减灾的主动性，充分利用社区各种资源，提高居民的自助、互助意识与能力，最终提升社区防灾减灾能力。

阪神大地震使得日本改变了灾害风险治理的理念。阪神大地震以来，日本提出了"自助·共助·公助"的防灾减灾理念。东京认为要防止灾害的发生和减少灾害损失，必须建设一个抗御灾害风险能力强的社区[1]。公民的自助、社会团体组织的互助和政府的公助有机结合，才能极大提高灾害风险应对能力[2]。

在日本基于社区的灾害风险管理模式中，"自助"是指灾民依靠自己和家人的力量在灾害风险中保全自己，在灾害发生时的原则就是"自己保护自己"。"共助"是指借助邻居、民间组织、志愿者团体等的力量，互相帮助，共同从事救助和救援活动。为了做到"自己的社区自己守护"，居住在同一社区的人们，不仅在平时共同解决社区遇到的问题，在灾害发生时更是齐心协力共同将损失减小到最低程度。当地居民与本地企业、志愿者、专家与行政部门之间也开展充分的相互合作。日本民

---

① 赵成根、尹海涛、顾林生：《国外大城市危机管理模式研究》，北京大学出版社 2007 年版，第 181 页。

② Rajib Shaw, *Community Practices for Disaster Risk Reduction in Japan*, *Disaster Risk Reduction*, DOI 10. 1007/978 – 4 – 431 – 54246 – 9, 1, Springer Japan, 2014.

间力量十分成熟，其社区志愿者活动已经社会化、常规化。家庭妇女、公司职员、在校学生、离退休人员等经常自发地到社区的一些公益组织和社团中做义工，提供防灾减灾义务服务。在进行互助时，人们特别注意主动帮助周围老、弱、病、残群体。"公助"是指国家和地方行政等公共机关的援助、救援活动。国家和地方政府，负有在灾害发生时实施一定对策，以保护公民生命和财产安全的责任，同时还负有支援个人自助、支持社区居民等之间进行互助的责任。总之，公民个人的自助，公民、企业、志愿者、专家、行政人员的互助，以及由行政部门组织的公助，三者的有机结合，在灾害风险治理中发挥了巨大的作用。

在基于政府的应急管理模式下，公民社会和非政府组织是政府灾害风险管理的守夜人，对政府活动起监督作用。而在基于社区的灾害风险管理模式下，NGOs（非政府组织）、NPOs（非利益组织）、CBOs（社区组织）、志愿者、公民等是政府的重要合作者，是社区灾害风险治理成功和实现可持续发展的重要力量。无论是发达国家还是发展中国家，没有一个政府能仅仅依靠自身的力量取得防灾减灾的胜利，必须与各方面通力合作，共同应对[1]。在灾害风险治理实践中，公民社会在政府和社区之间应起到非常重要的桥梁作用，公民社会组织为当地团体组织和居民提供的各个专业领域的帮助和支持对于防灾减灾有着十分重要的作用。

2011年"3·11"大地震后，日本进一步提出应对灾害风险必须从"防灾"到"减灾"的灾害风险治理理念，从尊重生命的角度出发，应该树立起将灾害风险损失降低到最小的"减灾"理念[2]。基于社区的灾害风险管理模式不仅是"战时"一种有效的救灾模式，也是"平时"一种有效的防灾减灾模式。该模式下，能动员最广大的社区公众积极主动参与到灾害风险应对活动中来，能更好地发挥社区公众防灾减灾的主动性和充分利用社区各种资源，提高公民的自助、互助意识与能力，能培育市民社会，发展防灾救灾文化和摆脱对政府的过度依赖。总之，日本在注重公助的同时，更加注重自助、互助，实现"平战结合"，最终提

---

① Rajib Shaw, *Community Practices for Disaster Risk Reduction in Japan*, *Disaster Risk Reduction*, DOI 10.1007/978 - 4 - 431 - 54246 - 9, 1, Springer Japan, 2014.

② 王德迅：《日本危机管理体制研究》，中国社会科学出版社2013年版，第313页。

升社区防灾减灾能力，实现社区的可持续发展。

（二）美国全社区应急管理理念

相对于以往传统的以政府为中心的应急管理理念而言，FEMA 关于全社区应急管理模式中政府与社区的地位与关系、社区资源利用、公众参与以及社区防灾减灾目标等都形成了新的理念。

第一，关于政府与社区的关系，改变了以往应急管理以政府为单一中心的理念，提出政府、社区多中心，社区"领导"应急管理的理念。FEMA 敏锐地觉察到政府应对灾害风险的资源和能力的局限性，政府不能包揽灾害风险应对的一切事务，在应急管理中应该起到主导、指挥、协调作用，而不是"领导"作用。FEMA 认为社区公众有效参与应急管理是提高防灾减灾效果的关键，要运用多种途径提高社区公众在灾害风险应对中的地位和作用；社区公众作为灾害风险的直接受害者和主要应对者，在灾害风险管理中应该起"领导"作用，而不能被动"响应"。

第二，关于社区资源，FEMA 认识到社区有着丰富的人力、物力、社会关系网络等资源，在灾害风险应对中应当充分利用和进一步加强，以弥补政府在应急管理中的资源的不足。社区范围内的广大居民中，有技术人员、教师、医生、专家学者等，他们各有各的知识和技能，能在防灾减灾中发挥着独特的作用。灾害风险来临时，他们能利用一些小技能、小工具等在应对灾害风险时发挥重要的作用。特别是社区居民中有比较稳定和密切的人际关系、社交网络，这是政府公助所不可比拟的独特优势。

第三，关于公众参与和网络治理，提出社区公众有效参与对于防灾减灾起着关键作用，要运用各种途径倡导社区公众参与应急管理，树立"防灾减灾、人人有责"的理念，如此提高社区公众在灾害风险应对中的地位，发挥其作用，并推动形成良好的政府与社区公众之间的社会关系网络，实现应急管理的网络化。

第四，关于社区防灾减灾目标，其目标不应仅仅着眼于防灾减灾短期目标和显性绩效，而应以不断提高社区灾害风险复原力、促进社区可持续发展为终极目标。在传统的应急管理模式下，政府公共部门往往比较注重当前的应急管理绩效和短期防灾减灾目标。全社区应急管理模式下，由于社区"领导"应急事务，社区公众往往着眼于长远和未来，将防灾减灾作为一项常规和长期的任务，将社区复原力的提升作为重要任务，并将防灾减灾的终极目标定位为社区的可持续发展，而不仅仅是社区在灾害风险来临时的应对能力和效果。

三　中国应急管理理念

（一）中国应急管理概况

长期以来，中国市民社会发展相对滞后，在应急管理理念方面，我国政府部门、NGOs、NPOs、企业、医院、学校、公民等社会公众均认为应对灾害风险是政府和专业人员的职责，公众危机意识、风险防范意识、主动参与意识薄弱，自救、互救知识和能力均较低下。一旦灾害风险发生，社会公众把危机应对主要希望寄托在政府、公共部门的"公助"上。

> 社区居民的应急意识、知识掌握得比较少。其实老百姓如果能够掌握应急知识的话，可以避免很多灾难，应急自救只要掌握一个本领，遇到这样的事情，他就能够避免，就可以减少人员的伤亡、财产的损失。（访谈资料 CS160504）
>
> 基层这一块应急管理确实应该加强，老百姓遇到灾害风险，不知道应该怎么自保，该怎么去互救，该怎么去救援，救别人，老百姓遇到灾害风险，真的不知道怎么去做，怎么去配合好专业的救援部队和救援队伍，其实这一块真的还是很薄弱的。（访谈资料 SD160108）
>
> 公众为什么不愿意参与应急管理，都是事不关己、高高挂起的思想？居民一般不关注公共问题，一旦涉及自己的事情，他就要命了，他就把自己的事情推到政府去。（访谈资料 CS160922）

以上访谈可以看出，社会公众应急理念存在的一些问题，主要是风险意识淡薄，应急知识缺乏，自救互救知识和能力均较低下；在灾害风险应对中，社会公众之间、社会公众与政府部门、社会团体组织之间配合不密切。究其原因，是社会公众参与意愿不强，"事不关己、高高挂起"的思想比较严重。遇到灾害风险，通常表现出隔岸观火、漠不关心的态度。

（二）案例研究

近几年的社区范围内基层单位火灾、爆炸等事故的调查也反映了我国社会公众在应急理念方面存在着诸多问题。以下十大案例分布在全国十个省份，包括北京、上海等大城市，也包括天津、广东、四川、江西等东部、中部和西部的一线、二线和三线城市，灾害风险种类主要是基层单位发生频率较高的火灾事故和爆炸事故。

表 5－1 基层单位应急理念案例

事故	调查报告摘录
1．（上海）绍兴上虞舜欣劳务有限公司"9·20"中毒和窒息较大事故（2018 年 9 月 20 日）	舜欣劳务公司从业人员缺乏安全意识，对现场存在的作业风险辨识不足，未向从业人员告知有限空间作业的危险因素、防范措施和事故应急措施。从业人员安全意识缺乏，应急处置能力薄弱，发生事故后盲目施救。隧道工程公司及虹桥污水处理厂项目部对新建工程中存在的有限空间和缺氧作业认识不足，隧道股份公司未按照相关规程规范和有关通报要求，督促下属企业开展有限空间和缺氧作业的风险辨识和隐患排查工作；建科管理公司项目监理工作不到位，对现场存在从业人员无证上岗的情况失察，对劳务公司在拆模令尚未开具的情况下开展拆模作业的情况失管、失察①
2．（安徽）蚌埠市禹会区"7·21"火灾事故（2017 年 7 月 21 日）	当事人安全意识淡薄，未经许可擅自收集、贮存、处置、经营危险废物，对存在火灾隐患视而不见，疏于防范，违规使用非防爆电气设备。孟诚违反合同约定，擅自将厂房出租给不具备安全生产条件的韩克站，定期进行安全检查不力②
3．（广东）清远市清城区"2·16"较大火灾事故（2018 年 2 月 16 日）	垃圾清运的实际承包人、垃圾清运收集点的直接管理者邓某重生产、重利益，要钱不要安全，为了自己的利益而无视员工生命，违规搭建阁楼供员工居住；从未组织开展过安全宣传教育，从未对员工进行安全知识培训，导致员工缺乏消防安全常识和逃避初期火灾的能力。刘钟健违反《安全生产法》有关生产经营单位安全生产保障的规定，违规让邓桂江挂靠公司资质生产经营，只管收取挂靠费，对挂靠人的生产经营行为不闻不问，从未到挂靠人的生产经营场所进行检查，致使事故垃圾清运收集点的消防安全隐患长期存在。碧桂园物业清远分公司存在"客大欺店"现象，对当地政府有关职能部门的监管有抵触心理，有"门难进、脸难看、话难听"的行为。正是由于碧桂园物业清远分公司高层管理人员收取了好处费，才纵容了事故垃圾清运收集点分拣垃圾并储存、搭建阁楼并住人的违规行为长期存在。碧桂园物业清远分公司工程维修服务部有销毁垃圾清运收集点水、电表抄表纸质记录的行为③

续表

事故	调查报告摘录
4.（河南）长垣县皇冠歌厅"12·15"重大火灾事故调查报告（2014 年 12 月 15 日）	皇冠歌厅消防安全意识淡薄，歌厅管理人员及其员工缺乏对空气清新剂化学危险性的认知，将其靠近电暖器放置，直接导致了空气清新剂的爆炸燃烧。火灾发生时吧台内共放置了 60 瓶 18L 的空气清新剂，存放量较大，爆炸起火后的 1 分钟内接连发生多次爆炸燃烧，造成火势迅速蔓延。第一次爆炸燃烧发生后，尹军伟只顾查看自身衣物受损情况，未立即扑救火灾。孔维凯到场后，用脚踹、踩起火物，未能有效控制火势。现场工作人员未能第一时间正确处置初期火灾，贻误了最佳灭火时机。二、三层包间内人员没有得到发生火灾和疏散的通知，待热烟气充斥走道，已经错过了最佳逃生时机④
5.（河北）张家口中国化工集团盛华化工公司"11·28"重大爆燃事故（2018 年 11 月 28 日）	公司对高风险装置设施重视不够，风险管控措施不足；多数人员不了解氯乙烯气柜泄漏的应急救援预案，对环境改变带来的安全风险认识不够，意识淡薄，管控能力差。主要负责人及重要部门负责人长期不在公司，劳动纪律涣散，员工在上班时间玩手机、脱岗、睡岗现象普遍存在，不能对生产装置实施有效监控；工艺管理形同虚设，操作规程过于简单，没有详细的操作步骤和调控要求，不具有操作性；操作记录流于形式，装置参数记录简单；设备设施管理缺失。部分操作人员不了解工艺指标设定的意义，不清楚岗位安全风险，处理异常情况能力差⑤
6. 天津市河西区君谊大厦 1 号楼"12·1"重大火灾事故（2017 年 12 月 1 日）	家具有限公司 3 人先后到 38 层消防电梯前室内吸烟，烟蒂等遗留火源引燃室内存放的可燃物是造成事故发生的直接原因。泰禾锦辉公司违反规定，未取得施工许可证擅自组织施工；在未竣工的建筑物内安排施工人员集体住宿；未办理房屋安全鉴定手续，擅自委托施工单位拆除 38 层至 39 层之间楼板，形成共享空间；擅自要求消防施工单位拆改楼内消防设施、排放楼内消防水箱内的消防用水，致使消防设施失效。消防设施施工完成后，有关公司提示事故公司加压试水，但涉事公司未予理睬。楼内消防水箱始终没有注水⑥
7.（北京）大兴区"11·18"重大事故（2017 年 11 月 18 日）	事故发生的直接原因是：电缆连接和敷设不规范；电缆未采取可靠的防火措施，被覆盖在聚氨酯材料内，安全载流量不能满足负载功率的要求；电缆与断路器不匹配，发生电气故障时断路器未能有效动作，综合因素引发电缆电气故障造成短路。高温引燃周围可燃物，形成的燃烧不断扩大并向上蔓延，导致上方并行敷设的铜芯电缆相继发生电气故障短路。在冷库建设过程中，采用不符合标准的聚氨酯材料作为内绝热层。未按照建筑防火设计和冷库建设相关标准要求，在民用建筑内建设冷库；冷库楼梯间与穿堂之间未设置乙级防火门；地下冷库与地上建筑之间未采取防火分隔措施，未分别独立设置安全出口和疏散楼梯；通道上有影响逃生和灭火救援的障碍物。 事故的间接原因是：（1）违法建设、违规施工、违规出租，安全隐患长期存在。当事人在未取得有关部门审批许可的情况下，持续多年实施违法建设。康特木业公司在无设计的情况下，在违法建筑内违规建造冷库；将违法建筑用于出租，且未与承租单位签订专门的安全生产管理协议；未按照消防技术标准对事发建筑进行防火防烟分区，未对住宅部分与非

事故	调查报告摘录
7.（北京）大兴区"11·18"重大事故（2017年11月18日）	住宅部分分别设置独立的安全出口和疏散楼梯；未按照国家标准、行业标准在事发建筑内设置消防控制室、室内消火栓系统、自动喷水灭火系统和排烟设施；未落实消防安全责任制，未制定消防安全操作规程、灭火和应急疏散预案；未对承租单位定期进行安全检查；冷库建设过程中违规使用不合标准的旧铝芯电缆，安装不匹配的断路器；未对冷间南墙上电缆采取可靠的防火措施。（2）科辰公司在冷库保温材料喷涂过程中，违反冷库安全规程相关要求，违规施工作业，将未穿管保护的电气线路直接喷涂于保温材料内部，未采取可靠的防火措施；擅自降低施工标准，使用不符合标准的建筑保温材料。（3）工美装饰公司将违法建筑用于出租；未落实消防安全责任制，未制定消防安全操作规程以及灭火和应急疏散预案；从事房屋集中出租经营，未建立相应的管理制度，日常消防管理和人口流动登记管理缺失；未对公寓管理员进行安全教育和培训。（4）村党支部、村委会对拆违控违、消防安全、流动人口和出租房屋管理不到位。村党支部、村委会未能及时制止违法建设行为，并向镇政府相关部门上报，致使违法建设一直延续，安全隐患长期存在；新建二村未按要求对本村内企业进行安全检查，未对事发建筑进行安全检查，检查记录及管理台账不健全，工作流于形式；在对出租房屋安全隐患排查治理工作中，未形成安全检查记录，未建立管理台账，管理失职[7]
8.（黑龙江）哈尔滨北龙汤泉休闲酒店有限公司"8·25"重大火灾事故（2018年8月25日）	（1）北龙汤泉酒店法律意识缺失、安全意识淡漠，自酒店开始建设直至投入使用，始终存在违法违规行为，消防安全管理极为混乱，最终导致事故发生。（2）管理人员法律意识淡薄，在违法投入使用后，未履行消防安全职责，火灾发生时，值班员吕永胜在消控室睡觉。火灾发生后，现场人员没有第一时间报警，没能及时疏散顾客。现场人员不懂得消防器材使用方法，未能成功扑救初期火灾。（3）消防设施管理不到位，消防管网无压力水、自动灭火系统瘫痪。北龙汤泉酒店消防水池储水量不足，补水控制阀被关闭，消防补水阀备用。消防增压泵组电气控制柜处于"停止"模式。增压罐一个被挪作他用，一个无压力。室内外消火栓系统控制阀处于关闭状态，消火栓系统管网无压力水。自动灭火系统压力开关输出线未接入喷淋泵组电气控制柜和火灾自动报警系统。连接延时器、压力开关、水力警铃的管路控制阀被关闭。过火区域大多数洒水喷头感温元件动作，但无水喷出。（4）未及时整改火灾隐患、未定期对消防设施进行检测、维护、保养。北龙汤泉酒店消防控制柜、电气线路、消防管网等存在诸多隐患，大量使用易燃可燃材料进行装饰装修，虽然消防监管部门多次下达行政整改指令，但该单位拒不整改，且未对消防设施定期进行检测维修。（5）酒店违法建筑结构不符合消防安全要求。北龙汤泉酒店建筑违建部分属于违法工程，没有通过相关部门批准、验收。其建筑结构不符合人员密集场所的安全需要，内部格局复杂，疏散通道混乱，各功能区间未设置有效防火分隔，存在重大消防隐患。（6）燕达宾馆违法组织改扩建和装修施工。燕达宾馆租赁房屋后，未经批准违法组织改扩建和装修施工，未将消防设计报公安机关消防机构审核。在原始建筑基础上，用彩钢板进行加高接层，并将各单体建筑采用钢结构进行连接，违建面积11136.56平方米，将改扩建和装修工程分解，发包给不具备施工资质的个人。燕达宾馆违规建设过程中大量使用易燃可燃材料进行装饰装修，电路敷设和电气设备选型不符合规范要求，电气线路没有穿管保护，起火过程中电气线路发生多次短路，设置的短路保护装置未有效动作[8]

续表

事故	调查报告摘录
9. 江西樟江化工有限公司"4·25"较大爆燃事故（2016年4月25日）	企业在进行紧急停车后，员工对其危险性认识不足，处理时判断不全面，企图回收利用不合格工作液，酸性储槽中的双氧水在碱性条件下迅速分解并放热，产生高温和助燃气体氧气，引起密闭的储槽容器压力骤升而爆炸，同时，引燃了氧化工作液，造成爆燃事故。企业违章指挥、违章作业。负有安全生产监督管理责任的樟树市工业园区管委会对试生产企业安全生产危险危害的防范意识不够强⑨
10.（四川）宜宾恒达科技有限公司"7·12"重大爆炸着火事故（2018年7月12日）	操作人员普遍不清楚本岗位生产过程中存在的安全风险，不能严格执行工艺指标，不能有效处置生产异常情况，不能满足化工生产基本需要。操作人员资质不符合规定要求。事故车间绝大部分操作工均为初中及以下文化水平，不符合国家对涉及"两重点一重大"装置的操作人员必须具备高中以上文化程度的强制要求，特种作业人员未持证上岗，不能满足企业安全生产的要求。消防设施不到位，车间内无消火栓、灭火器材、消防标识等消防设施，防雷设施未经具备相关资质的专业部门检测验收。江安县工业园区管委会坚持"发展决不能以牺牲安全为代价"的红线意识不强，没有始终绷紧安全生产这根弦，没有坚持把安全生产摆在首要位置，对安全生产工作重视不够，属地监管责任落实不力，是事故发生的重要原因⑩

资料来源：①上海应急管理局：《绍兴上虞舜欣劳务有限公司"9·20"中毒和窒息较大事故调查报告》，http://www.shsafety.gov.cn/gk/xxgk/xxgkml/sgcc/dcbg/32193.htm，2019.4.1。

②蚌埠市人民政府：《蚌埠市禹会区"2017.7.21"火灾事故调查报告》，http://zwgk.bengbu.gov.cn/com_content.jsp? XxId=1614099129,2019.3.28。

③清远市应急管理局：《清远市清城区"2·16"较大火灾事故调查报告》，http://www.gdqy.gov.cn/0129/402/201807/6f658b87f1944be4a60c1e0f9aafcc3e.shtml，2019.4.19。

④河南省应急管理厅：《长垣县皇冠歌厅"12·15"重大火灾事故调查报告》，http://www.hnsaqscw.gov.cn/sitesources/hnsajj/page _ pc/zwgk/xxgkml/sgxx/sgdccl/article99fa67fe927e455bab68e4d444f26f0f.html,2019.4.1。

⑤河北省应急管理厅：《河北张家口中国化工集团盛华化工公司"11·28"重大爆燃事故调查报告》，http://yjgl.hebei.gov.cn/portal/index/toInfoNewsList? categoryid=3a9d0375-6937-4730-bf52-febb997d8b48，2019.4.1。

⑥国务院天津港"8·12"瑞海公司危险品仓库特别重大火灾爆炸事故调查组：《天津港"8·12"瑞海公司危险品仓库特别重大火灾爆炸事故调查报告》，http://www.jxsafety.gov.cn/aspx/news_show.aspx? id=14262,2019.3.31。

⑦北京市应急管理局：《北京市大兴区"11·18"重大事故调查报告》，http://yjglj.beijing.gov.cn/col/col708/index.html,2019.3.31。

⑧黑龙江省应急管理厅：《哈尔滨北龙汤泉休闲酒店有限公司"8·25"重大火灾事故调查报告》，http://www.hlsafety.gov.cn/zwgk/xzcf/20190329/52395.html,2019.4.19。

⑨江西省应急管理厅:《江西樟江化工有限公司"4·25"较大爆燃事故调查报告》,http://www.jxsafety.gov.cn/aspx/news_show.aspx?id=15600,2018.4.24。

⑩四川省应急管理厅:《宜宾恒达科技有限公司"7·12"重大爆炸着火事故调查报告》,http://yjt.sc.gov.cn/Detail_64dfcb70-d527-4a4a-8e64-899de4c9e8cc,2019.4.1。

以上摘录是各事故案例调研报告对引起灾害事故在应急理念和意识方面的原因的总结。《北京市大兴区"11·18"重大事故调查报告》虽然没有直接指出事故在灾害风险治理理念方面的原因,但事故发生的直接和间接原因主要是采用不符合标准的材料、违法建设出租、违规施工作业、消防安全管理不到位等,这些违规违法现象都折射出涉事单位和个人在应急理念方面的存在危机意识淡薄等问题。

其余9份灾害事故调查报告均直接指出了基层单位、员工或者居民等社会公众在应急理念和意识方面的问题,主要是"缺乏安全意识""风险辨识不足""从业人员安全意识缺乏""工作人员消防安全意识淡薄""当事人安全意识淡薄""疏于防范""重生产、重利益,要钱不要安全""缺乏对危险性的认知""对高风险装置设施重视不够""对环境改变带来的安全风险认识不够,意识淡薄""法律意识缺失、安全意识淡薄""员工对其危险性认识不足""工业园区管委会对试生产企业安全生产危险危害的防范意识不够强""操作人员普遍不清楚本岗位生产过程中存在的安全风险""工业园区管委会坚持'发展决不能以牺牲安全为代价'的红线意识不强,没有始终绷紧安全生产这根弦,没有坚持把安全生产摆在首要位置,对安全生产工作重视不够"等。

灾害事故案例表明,我国基层单位、公民等社会公众普遍存在风险认知水平低、危机意识薄弱、防范意识不强、理念比较落后等问题。

近年来,政府和社会对上述问题已有所认识和重视,但一时仍然难以改变现状。应急管理过程中,政府过度以公助程度来衡量应急管理政绩,媒体过度宣传公助,而对公民自助、互助的引导和宣传不够。政府动用大量的公共资源或募集大量的社会资源,而忽视挖掘和利用社区丰富的已有防灾减灾资源。社区层面,社区居委会工作人员仍然持消极被动的应急理念,仍将应急管理视为一项行政任务与负担,其工作重点在于听任区政府、街道办的指示开展响应的消防工作,按照市、区、街道办的要求制定相应的应急预案、应急演练与应急宣传。社区等基层单位应急管理重应对处置、轻灾害的预防与预警①。

四 治理理念比较及启示

(一) 比较分析

日本提出了"自助·共助·公助"有机结合，更加注重自助、共助，应对灾害风险必须从"防灾"到"减灾"的理念，实现"平战结合"，最终提升社区防灾减灾能力，实现社区的可持续发展。美国实施全社区应急管理模式以来，FEMA 提出政府主导、社区"领导"、全社区参与灾害风险管理，充分挖掘利用社区资源，推动灾害风险网络治理，提高社区复原力，实现社区可持续发展的理念。

我国政府与社会仍然认为灾害风险治理是政府的职责，社会公众在灾害风险应对中"等、靠、要"政府公共部门的"公助"思想比较严重。社会公众仍然将应急管理视为一项"任务与负担"，其职责是听从命令，被动执行任务。应急管理过程中，政府往往注重公助的宣传而对自助的宣传不够，政府注重公共资源的运用和社会资源的募集，而忽视充分挖掘和利用社区已有资源。

可见，在治理理念上，日、美比较重视社区公众的地位、职责和作用，注重促进形成良好的政社网络关系，管理目标上也更加注重灾害风险治理的长期绩效和社区的可持续发展。而我国仍然侧重于政府公共部门的公助，忽视社会公众在灾害风险治理中的地位、职责和作用，对政社关系、社区的地位与作用重视不够。社会公众危机意识比较薄弱，自救互救意识不强，自救互救能力也比较低下。

(二) 启示

在灾害风险治理中，灾害风险治理理念对于灾害风险治理行为有着重要导向作用。在基于政府的应急管理模式下，传统的应急管理理念具有较大的局限性，主要是关于灾害风险应对主体、应急资源、自救互救

---

① 李菲菲、庞素琳：《基于治理理论视角的我国社区应急管理建设模式分析》，《管理评论》2015 年第 2 期。

和公救的关系、应急管理目标等理念都与应急管理绩效的提升有着一定的差距。因此，要加快推进由以政府为中心的应急管理理念向基于社区的灾害风险网络治理理念转变。

实际上，灾害风险治理不仅是政府的职责，也是社区公众的职责，政府在灾害风险治理中起到主导作用，社区公众是灾害风险治理的主体，灾害风险治理是社区公众的应有职责，社区公众积极主动预防和协同应对才能取得良好的治理绩效。因此，要培养自助、互助的灾害风险治理理念，树立正确的应急管理政绩观，推进形成良好的社会网络化治理形态，注重灾害风险治理的长期绩效和社区的可持续发展。

五　基于社区的灾害风险网络治理理念

理念是人们对人、事、物的看法、思想、观念，对人们的行动有着导向作用。正确科学的理念对人们的行动有着积极的推动作用，相反，偏颇甚至错误的理念则对人们的行动产生阻碍作用。灾害风险治理理念作为灾害风险治理模式的重要组成部分，理念的转变对于灾害风险治理模式的转型有着积极的促进作用。

在基于社区的灾害风险网络治理模式下，关于灾害风险治理主体、多主体的地位与关系、社区资源利用、公众参与、治理途径和社区防灾减灾目标等均须促成新的理念。

一是治理主体。政府公共部门和社区公众均为灾害风险治理主体，两者缺一不可。政府作为行政管理部门，行使行政职权，是灾害风险事务的管理主体，在灾害风险治理中起主导、指挥、协调作用。社区公众作为灾害风险的第一受害者和直接应对者，是不可或缺的治理主体，在灾害风险治理中发挥着重要作用。社会公众的自救互救作用的充分发挥，以及与政府公共部门在灾害风险治理中的协同应对，是有效应对灾害风险的关键。

二是政府与社区的关系。政府公共部门应实行部分权力和职能下放，在灾害风险治理中应该起主导、指挥、协调作用，而避免包揽灾害风险治理中的一切事务。社区公众作为灾害风险的直接受害者和主要应对者，在灾害风险治理中应该发挥主要作用，而不是被动"响应"。政府公共部门与社区公众之间要形成高效沟通、密切配合、通力协作、协同应对的良好合作关系。

三是社会资源。政府公共部门虽然有着各类丰富的公共资源，但面对日益严峻的灾害风险，其资源的局限性仍然十分明显。社区有着丰富的人力、物力、社会关系网络等资源，特别是社区的社会关系网络这些资源是政府公共部门所不具有的，但在救灾中发挥着特殊的、重要的作用。因此，在灾害风险应对中应当充分挖掘、利用和进一步加强社会资源，以弥补公共资源的不足，实现公共资源与社会资源的互补。

四是公众参与。社区公众有效参与对于提升灾害风险治理绩效起着关键作用。无论是在平时还是灾时，公民的自救互救对于将灾害风险影响程度降到最低，最大限度地减少生命伤亡和财产损失起着至关重要的作用。特别是在平时，社会公众可以起到"天罗地网"的作用，能及时发现和处置灾害风险，并可能将灾害风险控制在初始阶段，避免灾害事故影响进一步扩散、扩大。因此，要运用宣传、教育、演练等途径提高社会公众对于自身重要性的认识，推动社区公众广泛参与灾害风险治理，提高社区公众在灾害风险应对中的自救、互救能力。

五是网络治理。网络治理是灾害风险的一种全新的治理形态，有利于实现治理主体的多元化、治理结构的扁平化、治理权力的均衡化、治理手段的多样化、治理过程的持续化。网络治理模式通过优化治理机制、改善治理手段、提升行政效能、提高公众参与程度，极大地提高应对灾害风险的能力。在未来的灾害风险治理中，要注重推动形成良好的政府、社区公众等灾害风险治理主体之间的复杂而有序的社会关系网络，实现灾害风险网络化治理，这样才能有效提高灾害风险治理效率和绩效。

六是治理目标。社区灾害风险治理中，其短期目标主要包括灾害风险治理模式的改革、平台的建设、预案法制体系的建设等。社区灾害风险治理的长期目标主要有社会公众的科学的灾害风险治理理念的树立、公众参与程度与自救互救能力的提升、社区防灾减灾能力的全面提升、韧性社区建设、社区可持续发展等。在灾害风险治理工作中，我们不应仅着眼于防灾减灾短期目标和绩效，而应同时注重灾害风险治理的短期目标和长期目标的结合，最终应以不断提高社区灾害风险治理能力和社区复原力、建设韧性社区、促进社区可持续发展为终极目标。

六 基于社区的灾害风险网络治理理念的培育

理念的树立是一个长期的过程。基于社区的灾害风险治理理念的培育要从灾害风险治理模式的转型、政策体系的改善和防灾减灾实践深入中逐步加以培育。

（一）推动应急管理模式的转型，促进向基于社区的灾害风险治理理念的转变

管理模式是应急管理理念形成的基础。我国历来实行科层制的应急管理模式，该模式下，政府应急管理相关部门是灾害风险应对的主体，社会公众处于从属和次要地位，由此政府和社会公众均认为防灾减灾是政府的职责，认为政府应该包揽一切防灾减灾事务，而社会公众则抱着"等、靠、要"的观念，突发事件来临时等闲视之，导致公众危机意识薄弱，自救互救意识不强。

近十多年来，尽管我国应急管理体系不断完善，防灾减灾综合能力不断提高，民众危机意识和自救互救意识有所提高。但是，由于城镇化、信息化的飞速发展，以及环境的急剧恶化等因素，灾害风险呈现种类多、不确定性和不可控性增大的特点，以上传统的应急管理模式下形成的应急管理理念已经越来越不适应防灾减灾的新要求。

因此，要推动应急管理模式的转型，实现科层制的应急管理模式向基于社区的灾害风险网络治理模式的转型，建立基于社区的灾害风险网络治理组织机构和运行机制，实现灾害风险治理主体的多元化、治理结构的扁平化、治理机制的优化，实现灾害风险治理主体外移、治理重心下移和管理标准的下沉，充分发动社区公众的广泛参与，提高公众参与的积极性、主动性和创造性，以此逐步培育公众危机意识和提高自救互救能力，最终促进由应急管理理念向基于社区的灾害风险网络治理理念的转变。

（二）完善灾害风险治理预案法制体系，保障基于社区的灾害风险治理理念的形成

灾害风险治理预案法制体系包括应急预案、应急相关法律规范、办法、指南、条例等，这些预案法制体系是灾害风险治理的政策性文件，是灾害风险治理的行动指南，也是人们灾害风险治理理念形成的政策依据，灾害风险预案法制体系的完善对人们传统的应急管理理念的转变和新的灾害风险治理理念的形成有着十分重要的保障作用。

以国家、地方层面，特别是社区层面的灾害风险治理预案法制体系建设推进基于社区的灾害风险治理理念的形成，首先要注重社区层面应急预案法制体系的建设与完善，在相关灾害风险治理预案法制中强化社区公众的主体地位和作用。首先，在应急管理相关预案法制体系中，要明确和强化 NGOs、NPOs、CBOs、企业、学校、志愿者组织、公民等社会公众的地位、职责和权力，推动公众广泛、积极参与灾害风险治理，逐步加强社会公众在灾害风险治理中的危机意识、责任意识、担当意识；其次，在应急管理相关预案法制体系中，要将防灾减灾行动制度化、常态化，为防灾减灾实践活动提供政策依据和法规保障，以此促进社会公众逐步提高对自救、互救的必要性和重要性的认识，并逐渐树立和形成基于社区的灾害风险治理理念。

（三）加强应急演练实践和防灾减灾科普教育，助推树立基于社区的灾害风险治理理念

要以"全国防灾减灾日""防灾减灾宣传周"等主题活动为契机，通过新闻媒体、网络平台、宣传资料等多种形式，整合科普宣传、法规工作宣传和新闻宣传等，宣传防灾减灾知识和技术，提高自救互救知识在社会公众中的认知度和普及率，营造全社会了解防灾减灾知识、参与防灾减灾活动的良好社会氛围。

要引进和培养防灾减灾专业人才，以及发展兼职人才，优化人才队伍结构，加强防灾减灾科普宣传研究，为防灾减灾科普教育工作提供人才保障和智力支撑。要建立志愿者队伍，定期举办应急演练活动，让公众通过演练掌握防灾减灾知识和提高自救互救能力。要发挥报刊、电视、网络等媒体的宣传作用，做好舆情和新闻宣传工作。

七 小结

理念是人们对事物的看法、观念或者理论，对人们的行为有着导向作用。灾害风险治理理念对防灾减灾行为起着引导作用，并最终导致不同的防灾减灾结果。传统的应急管理模式下，社会公众普遍认为防灾减灾是政府公共部门的职责，与社会公众关系不大，因而"等、靠、要"思想比较严重，防灾减灾效果也较低。基于社区的灾害风险治理模式下，社会公众危机意识、自救互救意识得以提升，灾害风险治理绩效显著提高。

日本基于社区的灾害风险管理模式和美国的全社区应急管理模式是以社区为中心的灾害风险治理典型模式。两国近年来的灾害风险治理实践表明，以社区为中心的灾害风险治理模式下，社会公众的自救互救意识较强，公众参与程度和能力都得以明显提升，因而提升了灾害风险治理绩效。相对而言，我国以政府为中心的应急管理模式下，社会公众的危机意识普遍比较薄弱，自救互救意识和能力不高，公众参与程度和能力都较低。所以，我国推进以政府为中心的应急管理模式向基于社区的灾害风险网络治理模式转型是十分必要和重要的。

在推进应急管理模式转型中，应急管理理念的转变是前提。但应急管理模式的改革也有助于应急管理理念的转变。所以，推动应急管理模式的转型，以此促进应急管理理念的转变，这是培育基于社区的灾害风险治理理念的重要途径之一。加强应急演练实践和防灾减灾科普教育，完善灾害风险治理预案法制体系建设，也是促进基于社区的灾害风险治理理念形成的主要途径。

第六章 基于社区的灾害风险
网络治理组织机构

　　组织机构是灾害风险治理的组织保障。建立完善科学、合理和高效的组织机构,明确各组织机构的地位、职责、权利,理顺它们之间的关系,实现组织机构高效有序运行,才能实现灾害风险治理组织机构的组织效能最优化。传统的应急管理是由各个应急管理相关政府职能部门和人员所实现的。灾害风险治理也是由各级灾害风险治理的组织机构按照各个组织机构的岗位职责来推动。譬如,纽约市设立纽约市危机管理办公室,作为纽约市实施灾害风险管理的常设机构,并且以该办公室为核心,形成了一个组织网络。这个组织网络中,纽约市危机管理办公室是纽约市最高的协调机构,与纽约市警察局、消防局、医疗机构等,以及与其他州和联邦一级的政府部门都形成了密切的合作关系,它们共同应对灾害风险①。

　　本章对组织机构的概念、内涵进行了概述,对日本基于社区的灾害风险管理组织机构、美国全社区应急管理组织机构以及中国应急管理组织机构进行比较分析,并结合中国应急管理实地访谈、问卷调查及案例分析的结果,得出结论和启示,最后提出基于社区的灾害风险网络治理组织机构及其实施路径。

---

　　① 赵成根、尹海涛、顾林生:《国外大城市危机管理模式研究》,北京大学出版社 2007 年版,第 36 页。

一 组织机构概述

（一）组织机构的概念与类型

1. 组织机构的概念

组织机构是指组织发展到一定程度，在其内部形成的结构严密、相对独立，并彼此传递或转换能量、物质和信息的系统。组织机构的任务是协调各种关系，有效地运用各组织成员的职能，充分发挥组织系统的力量，达成单位或团体的目标。

行政组织机构是组织机构的主要类型之一，是依法建立的国家公务机构，是为了执行一定的方针政策而提供公共服务的社会单位或团体。应急管理模式下，应急管理行政组织机构主要有应急管理部、厅、局、办等，以及有关应急管理的相关社会组织、团体，如应急管理志愿者组织、协会、社团等。

社区是城镇居民的自治组织，其组织机构虽然不是国家行政组织机构的一部分，但其性质、职责、功能与国家行政组织有着很多相似之处，可以说，社区组织机构在很大程度上是依照国家行政组织的职责和功能而设立的。社区是街道社会管理和公共服务职能的延伸，承载了政府职能部门在社区开展的党建服务、劳动保障、民政优抚、社会治理、计划生育、城管环卫、文明创建、禁违拆违治违以及应急管理等工作。其中，应急管理是社区的重要职责任务之一。

2. 组织机构的类型

组织机构的类型从结构上大体上可分为垂直型组织机构和扁平型组织机构。

垂直型组织机构是指各级单位从上到下实行垂直领导，上级单位对下级单位实行命令控制、发出指令；下级服从上级单位领导，执行上级单位的指令。这种类型组织机构下，各级主管负责人对所属单位的所有行政事务负责。

垂直型组织机构的特点是结构相对简单，权责明确，令行禁止。具体而言，垂直型组织机构特点是：（1）上级主管单位对其下属单位拥有绝对权力；（2）下级单位直接对上级单位负责或报告工作；（3）主管单位在其管辖范围内，拥有绝对的职权或完全职权，主要是主管人员对所管辖的单位的所有业务活动拥有决策权、指挥权和监督权。

相对垂直型组织机构而言，扁平化组织机构是一种组织形式呈扁平形状的组织机构形式。扁平化组织结构通过减少管理层次和职能部门，增加管理幅度，使得机构由垂直型的组织形式变成扁平状组织形式。扁平化组织机构减少了中间管理层级，精简了职能部门，而扩大了横向单位部门。组织机构扁平化的目的是提高组织的管理效率。

较之垂直型组织机构，扁平化组织机构的特点有：（1）具有较强的灵活性和适应性，能够对管理需求变化作出快速反应；[1]（2）增强了横向单位部门之间的联系，有利于发挥横向单位部门的积极性，并强化它们之间的沟通与协作。

（二）基于社区的灾害风险网络治理组织机构

社区应急管理组织机构是社区组织机构的重要组成部分。传统的应急管理组织结构属于垂直型组织结构，实行垂直型自上而下的管理方式，其优点是有利于统一命令和行动，高效率地执行任务。然而，其弊端也比较明显，主要是横向单位部门之间的联系不够、沟通不畅，社会公众参与的积极性和程度不高。

扁平化的组织结构能弥补垂直型管理机构的不足。基于社区的灾害风险网络治理组织机构实现组织机构的扁平化，并减少应急管理组织机构的层级，增加管理幅度。因而，扁平型的灾害风险网络治理组织机构有利于加强灾害风险基层单位部门之间的联系、沟通和实现信息共享，也能推动社会公众广泛参与灾害风险治理，提高公众参与的积极性与程度，最终提升灾害风险治理绩效。

二　日本、美国基于社区的灾害风险治理组织机构

（一）日本基于社区的灾害风险管理组织机构

在日本基于社区的灾害风险管理模式下，灾害风险管理组织机构是

一个多元主体共同参与、多中心协同应对的扁平化的管理组织机构。日本灾害风险管理主体主要包括政府和社区两个层面。政府层面的管理主体分为三级：中央政府、地方政府和役所（场）。社区层面管理主体包括基层政府的役所（场）、NGOs、NPOs、CBOs、志愿者等社区组织和专业组织、居民委员会及公民。

日本《灾害对策基本法》中，对政府和社区公众的职责作出了明确规定。中央政府和都道府县的主要职责功能是全面组织防灾减灾、制定计划、综合协调、安排经费、推进防灾业务实施、指导建议等；市町村、地方公共团体、指定（地方）公共机关等社区公众的主要职责功能是建立完善防灾减灾组织机构，开展业务防灾减灾；社区居民的职责是履行责任、进行自救、参与防灾。可见，政府部门的主要功能是综合协调，而社区公众则是防灾救灾的行为主体。公共部门和私人部门既合理分工、各负其责，又相互配合，协调统一（如表6－1所示）。

表6－1　　　　日本基于社区的灾害风险管理组织结构及其职责

管理主体		职责
政府层面	国家	全面组织防灾减灾； 制定灾害预防、应对和恢复计划； 推进地方政府、团体防灾业务实施，对其进行综合协调； 安排灾害经费； 对都道府县或市町村进行劝告、指导、建议等
	都道府县	制定和实施本地防灾计划； 帮助所属市町村、公共机关处理防灾事务； 对所属市町村、公共机关进行综合协调； 促进都道府县机关之间相互合作
政府/社区层面	市町村（社区）	与有关的机关及其他的地方公共团体共同协作，制订和实施该市町村的防灾计划； 完善消防机关、防洪团等组织，充实公共团体等的防灾组织； 依据居民邻里合作精神建立自发性防灾组织，发挥市町村所有机能； 开展消防机关、防洪团等市町村机关之间的相互协作

续表

管理主体		职责
社区层面	地方公共团体	协助都道府县制定和实施本地防灾计划； 帮助当地市町村、公共机关处理防灾事务； 对当地市町村、公共机关进行综合协调； 促进地方公共团体之间相互合作
	指定（地方）公共机关	制定和实施与其业务有关的防灾计划； 就其业务与都道府县或市町村共同合作； 通过各自的业务来推动防灾工作
	公民	防灾责任者按照法令或防灾计划规定履行自己的责任； 采取手段自行防备灾害； 必须努力参加自发的防灾活动，为防灾工作作出贡献

资料来源：根据日本《灾害对策基本法》（2012 年 6 月 27 日修订）绘制。

（二）美国全社区应急管理模式组织机构

美国全社区应急管理模式力图扩大合作伙伴，将社区范围内所有的利益相关者纳入灾害风险治理行动，建立和维持多元伙伴关系，促进社区成员广泛参与灾害风险管理，开展集体应急行动（如表 6 - 2 所示）。

表 6 - 2 　　　　　　　美国政府与社区应急管理的主要合作伙伴

公民	市民
	社区领袖
	社区议事代表
	特殊群体（老年人、少数民族人口和母语为非英语的人）
公共部门	社区委员会
	志愿者组织（如地方减灾志愿组织，社区应急活动小组，志愿者中心，州、县动物救援组织，等）
	宗教组织
	残疾服务组织
	学校董事会

续表

	教育机构
	当地合作推广系统办公室
	动物控制机构
	动物福利组织
	家政服务中心
	医疗机构
	基层政府机关
公共部门	地方规划委员会（如公民团体委员会，当地应急规划委员会）
	非营利组织
	宣传组织
	媒体
	车站、机场
	公共运输系统
	使馆
	商会
	商场
	五金商店
	廉价商店
私人组织	零售商
	供应方（包括生产商、经销商、供应商）物流商
	公用事业供应商
	其他

资料来源：根据 FEMA，"A Whole Community Approach to Emergency Management：Principles，Themes，and Pathways for Action"，December 2011 绘制。

　　该模式下，政府、公共机构只是灾害风险应对的成员之一，社区层面的各个主体，包括 NGOs、NPOs、CBOs、企事业单位、志愿者组织、社区居民等公众是灾害风险应对的主体。灾害风险应对不仅仅是政府的职责，也是社区公众的重要职责。FEMA 认为政府在应对灾害风险的资源和能力方面具有较大的局限性，提出政府不能包揽灾害风险应对的一切事务，而社区是灾害风险的直接受害者和主要应对者，社区公众应

"领导"应急行动[1]，而不应只是被动响应。

三　中国应急管理组织机构

（一）政府应急管理组织机构

在长期的应急工作实践中，中国形成了自上而下的、行政命令型的以政府为中心的应急管理模式，也即政府统一领导，分类别、分部门应对灾害风险的应急管理体制。SARS事件后，我国开始重视建立完善应急管理组织机构。我国政府应急管理组织机构可分为日常性应急管理组织机构和临时性应急管理组织机构。

1. 日常性应急管理组织机构

国家层面，2006年4月，国务院办公厅设置国务院应急管理办公室（国务院总值班室），承担国务院应急管理的日常工作和国务院总值班工作，履行值守应急、信息汇总和综合协调等职能。2018年3月，中华人民共和国应急管理部设立。我国应急管理部的主要职责是，组织编制国家应急总体预案和规划，指导各地区、各部门应对突发事件工作，推动应急预案体系建设和预案演练。建立灾情报告系统并统一发布灾情，统筹应急力量建设和物资储备并在救灾时统一调度，组织灾害救助体系建设，指导安全生产类、自然灾害类应急救援，承担国家应对特别重大灾害指挥部工作。指导火灾、水旱灾害、地质灾害等防治工作。负责安全生产综合监督管理和工矿商贸行业安全生产监督管理等。公安、消防部队及武警森林部队转制后，与安全生产等应急救援队伍一并作为综合性常备应急骨干力量，由应急管理部管理，实行专门管理和政策保障，采取符合其自身特点的职务职级序列和管理办法，提高职业荣誉感，保持有生力量。应急管理部要处理好防灾和救灾的关系，明确与相关部门和地方各自职责分工，建立协调配合机制[2]。2018年9月，国务院办公厅应急管理职责划入应急管理部。

地方层面，地方各级人民政府、各公共事业企业单位也逐步建立了

---

[1]　CDC & CDC Foundation, "Building a Learning Community & Body of Knowledge: Implementing a Whole Community Approach to Emergency Management", 2013, 10.

[2]　中华人民共和国应急管理部，http://www.chinasafety.gov.cn/jg/，2019.6.2。

应急管理办公室（各级人民政府总值班室）。2018年机构改革后，各省设立应急管理厅，原来省应急管理办公室（省政府总值班室）应急管理职责划入应急管理厅。以湖南为例，湖南省办公厅于2005年设置湖南省应急管理办公室（省政府总值班室）。湖南各市（地、州）、区（县）也相应建立应急管理办公室。截至2009年底，湖南省14个市州，全部成立了突发事件应急委员会及应急管理办公室，配备专职工作人员。地方各级应急管理办公室（各级人民政府总值班室）负责各级政府值班工作，及时报告重要情况，传达和督促落实各级政府领导同志指示；组织开展应急预案体系建设，协助各级政府领导做好有关应急处置工作；承办各级政府应急管理的文电、会务以及督查调研工作；承办各级突发事件应急委员会交办的其他事项。

经过13年的组织机构建设，无论是国家层面还是地方层面，我国日常性应急管理组织机构得以初步建立和完善。

2．临时性应急管理组织机构

重大灾害风险发生时，我国通常成立临时性应急机构，统一协调抗灾救灾工作，通常情况下起着辅助协调作用。临时性应急机构是非常设应急组织机构，主要有：由政府主要领导任总指挥的临时性应急机构；公安、消防、医疗、交通、防洪、防震、供水、供电、供气、城管、环保等专业应急机构及救援中心；防洪、防火、防震、公安、卫生、交通、安全生产、海事等专业协调委员会或指挥部。

（二）社区应急组织机构

1．组织机构概况

我国基层单位如镇（乡、街道）、社区（村）、企事业单位等一般尚未设置专门的应急管理组织机构和专职应急管理人员，通常由基层单位主要领导和行业部门共同成立应急管理领导小组。应急管理办公室问卷调查和访谈均表明，乡镇街道等基层政府、社区仍由于重经济建设、轻公共安全治理，或由于经费、编制等困难，缺乏应急管理的专门机构和人员，一般由镇（乡、街道）、社区（村）、企事业单位等主要领导兼职担任"应急专干"。社区范围内的NGOs、NPOs、志愿者组织、社区组织与团体的应急组织机构不健全、不完善，基层单位、居民等公众参与程度低，积极性不高。

> 社区这一块机构几乎完全没有，没有相应的人员来做这个事。个别的社区有兼职人员做一下，一般的社区没有专门的人去做这个事，很多事情就到不了位。社区这一块，整个应急方面还是比较薄弱。不用说社区，我们区、县的应急办都不健全。（访谈资料 CS16050401）

> 在街道、社区层面，成立专业的应急管理机构、职能和专业的培训，没有时间精力去搞。政府职能这一块去搞专业的应急，基本上也拿不出时间去搞，但有这个想法也是对的。街道作为区级人民政府的派出机构，它的职能定位必须清楚。你要把应急管理划归公共服务范畴，或者叫公共安全范畴，但是目前来讲，街道政府的职能绝对是不规范的。街道的城市建设的职能、经济发展的职能比较重，反而公共管理、公共服务、公共安全的职能比较弱。（访谈资料 CS160922）

> 村、社区这一级基层的单位，我们原来要求每个社区、村要有一个灾害信息员，无论是兼职还是专职。但是现在村、社区基层这一块的力量非常的薄弱。一是人员队伍不稳定，人员变动大，因为经费没有保障，全力搞你那事（应急管理）搞不了。我们每年都对村、社区进行灾害信息员的培训，但是因为人员变动大，培训效果不理想。二是他们工作都是义务性的，没有报酬的，你只是要他做事。这样一些信息员都是尽义务一样。然而信息员责任比较大，灾害发生时要负责报灾，但是我们政府在工作经费方面没么子（什么）投入。（访谈资料 CS16050402）

> 街道、乡镇、社区均无专职机构、人员，虽然很有必要建立机构，配备人员，省里也下发了文件（意见稿），要求街道设置应急办，但落实不了。社区建立应急办可能性不大，因为社区是一个事业性机构，不是公务员编制。社区是几块牌子，一套人马。几块牌子，一套人马也可行。上级政府对下级政府不能提机构设置要求，下级政府自己决定，报上级政府编办。街道有应急专干，属兼职。社区、行政村没有机构，少数社区、村有兼职应急管理人员。（访谈资料 CS16050401）。

2. 案例研究

社区范围内近年来频频发生的灾害风险事故同样表明当前我国社区等基层单位应急组织机构尚不完善，应急管理职责功能履行不到位，没有发挥基层单位应有的防灾减灾作用（见表 6-3）。

表 6-3　　　　　　　　　　　基层单位应急组织机构

事故	调查报告摘录
1. （北京）大兴区"11·18"重大事故（2017 年 11 月 18 日）	（1）康特木业公司未落实消防安全责任制，未制定消防安全操作规程、灭火和应急疏散预案；（2）工美装饰公司未落实消防安全责任制，未制定消防安全操作规程以及灭火和应急疏散预案；未建立相应的管理制度，日常消防管理和人口流动登记管理缺失；未对公寓管理员进行安全教育和培训①
2. （上海）绍兴上虞舜欣劳务有限公司"9·20"中毒和窒息较大事故（2018 年 9 月 20 日）	（1）舜欣劳务公司管理人员安全生产责任制不落实，作业前未有效开展事故隐患排查和安全技术交底；未配备相应的劳动防护用品；未对从业人员开展有针对性的安全教育和应急演练；作业过程中存在从业人员无证上岗的情况。安全生产管理制度缺失。未按照相关规程规范的要求，组织制定有限空间和缺氧作业相应的规章制度、操作规程及应急救援预案；未能督促从业人员严格遵守安全生产管理制度。（2）隧道工程公司及虹桥污水处理厂项目部安全生产责任制不落实。未按照相关规程规范的要求组织制定和完善相应的安全管理规章制度、操作规程及应急救援预案；未设置相应的安全警示标志，配备通风、检测、救援等设备。未能及时发现并制止从业人员无证上岗。未按照现场的实际情况，有针对性地编制、审核施工方案②
3. （安徽）蚌埠市禹会区"7·21"火灾事故（2017 年 7 月 21 日）	（1）禹会区大庆社区落实属地监管责任不到位，组织开展安全生产隐患排查、消防安全检查和查处违建工作不力。（2）禹会区长征派出所落实消防安全检查职责不到位，对辖区的火灾隐患没有认真全面排查，对非重点的消防区域检查和管理不力。（3）蚌埠市城市投资控股有限公司落实企业安全生产主体不到位，公司安全生产责任制不健全，没有认真履行对承包、承租单位安全生产工作进行统一协调、管理和定期进行安全检查的职责③

①　北京市应急管理局：《北京市大兴区"11·18"重大事故调查报告》，http://yjglj.beijing.gov.cn/col/col708/index.html，2019，3，31。

②　上海市应急管理局：《绍兴上虞舜欣劳务有限公司"9·20"中毒和窒息较大事故调查报告》，http://www.shsafety.gov.cn/gk/xxgk/xxgkml/sgcc/dcbg/32193.htm，2019，4，1。

③　蚌埠市人民政府：《蚌埠市禹会区"2017.7.21"火灾事故调查报告》，http://zwgk.bengbu.gov.cn/com_content.jsp？XxId=1614099129，2019，3，28。

续表

事故	调查报告摘录
4.（广东）清远市清城区"2·16"较大火灾事故（2018年2月16日）	（1）垃圾清运收集点管理人员邓桂江夫妇安全生产主体责任不落实。从未组织开展过安全宣传教育，从未对员工进行安全知识培训，导致员工缺乏消防安全常识和逃避初期火灾的能力。（2）翔鸿公司安全生产主体责任不落实。刘钟健违反《安全生产法》有关生产经营单位安全生产保障的规定，对挂靠人的生产经营行为不闻不问，从未到挂靠人的生产经营场所进行检查，致使事故垃圾清运收集点的消防安全隐患长期存在。（3）碧桂园物业清远分公司安全生产主体责任不落实，疏于管理。公司经理和下设相关部门负责人却称事故垃圾清运收集点不在各分片小区的规划红线范围内所以未去检查管理，导致事故垃圾清运收集点分拣垃圾并储存、搭建阁楼并住人的违规行为长期存在①
5.（河南）长垣县皇冠歌厅"12·15"重大火灾事故调查报告（2014年12月15日）	（1）消防职责不明确。皇冠歌厅未设立消防安全管理机构，未明确消防安全管理人员，未明确各岗位消防安全职责。（2）安全管理制度未得到有效落实。皇冠歌厅一直未履行消防安全教育培训、防火巡查检查、消防设施器材维护、用火用电管理、灭火和应急疏散预案演练、消防安全工作奖惩等消防安全制度和消防安全操作规程。（3）蒲东办事处落实消防安全监管职责不到位，未及时督促皇冠歌厅明确消防管理人员；明确部门职责措施不力，未与办事处各职能部门签订目标责任书②
6.（河北）张家口中国化工集团盛华化工公司"11·28"重大爆燃事故（2018年11月28日）	（1）中国化工集团有限公司未设置负责安全生产监督管理工作的独立职能部门，对下属企业长期存在的安全生产问题管理指导不力。（2）新材料公司未设置负责安全生产监督管理工作的独立职能部门，下属盛华化工公司主要负责人及部分重要部门负责人长期不在公司，安全生产管理混乱、隐患排查治理不到位、安全管理缺失等问题失察失管。（3）盛华化工公司生产组织机构设置不合理。化工公司撤销了专门的生产技术部门、设备管理部门，相关管理职责不明确，职能弱化，专业技术管理差。盛华化工公司未认真落实隐患排查治理制度，工作开展不到位、不彻底，同类型、重复性隐患长期存在，"大排查、大整治"攻坚行动落实不到位，致使上述问题不能及时发现并消除。安全教育培训走过场，生产操作技能培训不深入，部分操作人员岗位技能差③

① 清远市应急管理局：《清远市清城区"2·16"较大火灾事故调查报告》，http://www.gdqy.gov.cn/0129/402/201807/6f658b87f1944be4a60c1e0f9aafcc3e.shtml，2019，4，19。

② 河南省应急管理厅：《长垣县皇冠歌厅"12·15"重大火灾事故调查报告》，http://www.hnsaqscw.gov.cn/sitesources/hnsajj/page_pc/zwgk/xxgkml/sgxx/sgdccl/article99fa67fe927e455bab68e4d444f26f0f.html，2019，4，1。

③ 河北省应急管理厅：《河北张家口中国化工集团盛华化工公司"11·28"重大爆燃事故调查报告》，http://yjgl.hebei.gov.cn/portal/index/toInfoNewsList? categoryid = 3a9d0375 - 6937 - 4730 - bf52 - febb997d8b48，2019.4.1。

事故	调查报告摘录
7. 天津市河西区君谊大厦1号楼"12·1"重大火灾事故（2017年12月1日）	（1）泰禾锦辉公司未认真履行建设工程施工管理和消防安全主体责任。一是违反《建筑工程施工许可管理办法》的规定，开工建设前，未取得施工许可证擅自组织施工；二是违反《天津市消防条例》等规定，在未竣工的建筑物内安排施工人员集体住宿；三是违反《天津市房屋安全使用管理条例》的规定，未办理房屋安全鉴定手续，擅自委托施工单位拆除38层至39层之间楼板，形成共享空间；四是违反《中华人民共和国消防法》的规定，擅自要求消防施工单位拆改楼内消防设施、排放楼内消防水箱内的消防用水，致使消防设施失效。（2）友谊路街办事处。贯彻落实区委区政府部署要求不到位，在消防安全大排查工作中存在履职不到位、火灾隐患排查整治不力问题；对事故单位排查零隐患上报；对市民反映的消防安全隐患整改情况监管及后续跟进、督察检查不到位，也未按相关要求向有关职能部门反映和转办；对泰禾锦辉公司未按规定委托房屋安全鉴定机构进行鉴定的违法行为失察①
8. （黑龙江）哈尔滨北龙汤泉休闲酒店有限公司"8·25"重大火灾事故（2018年8月25日）	北龙汤泉酒店消防安全管理混乱，消防安全主体责任不落实。（1）消防安全责任和制度不落实。北龙汤泉酒店未明确消防安全管理人、消防安全责任人。消防安全管理制度不健全。北龙汤泉酒店规定的巡查内容不符合防火巡查要求，且每天后半夜只有保安在凌晨3时巡查一次，不符合国家关于公众聚集场所在营业期间应当至少每两小时进行一次防火巡查要求。消控室值班工作不符合《建筑自动消防设施及消防控制室规范化管理标准》规定，不能满足每班至少设置2名值班员的要求。该酒店只有2名消控室值班员，每班仅设1人，连续值守24小时，且承担巡查任务，巡查时消防控制室处于无人值守状态。（2）未制定应急预案和开展应急演练，未对员工进行消防安全教育培训，员工不具备引导顾客逃生疏散和扑救初期火灾能力。（3）吉林建银实业有限责任公司对产权房屋安全管理职责落实不到位。公司未依法依规履行产权方安全管理责任，对产权房屋安全管理缺失。在发现燕达宾馆对房屋进行改扩建未能提供改造方案和审批手续后，既未制止也未向有关部门进行报告。（4）太阳岛风景区资产经营有限公司对产权房屋安全管理职责落实不到位。未依法依规履行产权方安全管理责任，对产权房屋安全管理缺失。未与燕达宾馆签订专门的安全生产管理协议明确安全管理职责。发现燕达宾馆违法建设行为，既未制止也未向有关部门进行报告，且违反规定为燕达宾馆违法建设提供便利②

① 国务院天津港"8·12"瑞海公司危险品仓库特别重大火灾爆炸事故调查组：《天津港"8·12"瑞海公司危险品仓库特别重大火灾爆炸事故调查报告》，http://www.jxsafety.gov.cn/aspx/news_show.aspx? id=14262，2019.3.31。

② 黑龙江省应急管理厅：《哈尔滨北龙汤泉休闲酒店有限公司"8·25"重大火灾事故调查报告》，http://www.hlsafety.gov.cn/zwgk/xzcf/20190329/52395.html，2019.4.19。

续表

事故	调查报告摘录
9. 江西樟江化工有限公司"4·25"较大爆燃事故（2016年4月25日）	（1）企业安全生产主体责任不落实。企业安全管理机构不完善，未设置安全生产管理机构；主要负责人及安全管理人员未参加安监部门举办的安全生产知识和管理能力培训考核，企业安全技术人员及操作员工安全培训教育不到位，对安全生产危险危害的防范意识不强；江西蓝恒达化工有限公司与事故企业签订土地租赁协议，租赁企业未对承租企业的安全生产工作进行统一协调、管理，定期进行安全检查。这是导致此次事故发生的重要原因。（2）安全生产监督管理不细致。负有安全生产监督管理责任的樟树市工业园区管委会，对园区内危险化学品企业隐患排查不够彻底；未及时发现企业违章指挥和强令他人冒险作业，未及时督促企业进行事故应急救援演练，督促企业落实企业主体责任不彻底，这是导致此次事故发生的次要原因。（3）相关职能部门履职不到位。截止事故发生，樟江公司仅取得宜春市消防支队出具的消防设计审核申请受理凭证，在没有取得消防验收合格意见书的情况下进行试生产，消防部门对该企业这一阶段的消防管理工作职责不清，疏于管理，对该企业违反《中华人民共和国消防法》的行为没有及时发现和制止①
10.（四川）宜宾恒达科技有限公司"7·12"重大爆炸着火事故（2018年7月12日）	安全生产责任制不落实，安全生产职责不清，规章制度不健全，未制定岗位安全操作规程，未建立危险化学品及化学原料采购、出入库登记管理制度。未配齐专职安全管理人员，未开展安全风险评估，未认真组织开展安全隐患排查治理，风险管控措施缺失，违规在办公楼设置职工倒班宿舍，应急处置能力严重不足。安全生产教育和培训不到位。主要负责人和安全管理人员未经安全生产知识和管理能力培训考核，未按规定开展新员工入厂三级教育培训，日常安全教育培训流于形式，培训时间不足，内容缺乏针对性，无安全生产教育和培训档案，操作人员普遍缺乏化工安全生产基本常识和基本操作技能②

3．存在的问题

实地访谈以及十大案例反映出社区、企业等基层单位在应急管理组织机构方面存在以下一些问题。

第一，组织机构不完善，责任主体不落实。正如访谈时某市应急办领导所说："社区这一块机构几乎完全没有，没有相应的人员来做这个

① 江西省应急管理厅：《江西樟江化工有限公司"4·25"较大爆燃事故调查报告》，http://www.jxsafety.gov.cn/aspx/news_show.aspx? id＝15600，2018/4/24 18：06：22。
② 四川省应急管理厅：《宜宾恒达科技有限公司"7·12"重大爆炸着火事故调查报告》，http://yjt.sc.gov.cn/Detail_64dfcb70－d527－4a4a－8e64－899d4c9e8cc，2019.4.1。

事"。案例同样表明社区层面组织机构存在同样的问题。例如，天津市河西区君谊大厦1号楼"12·1"重大火灾事故中，从12月1日3时55分开始后的7分钟内，38层、39层消防电梯前室感烟探测器有16处以上部位烟感探测器火警连续报警，但未有相关管理人员发现和采取措施控制火势。不难得知，涉事公司组织机构不完善，没有相应的消防管理人员及时进行消防管理；其他事故中，事故调查报告均直接指出了这些单位尚未设置应急管理机构或设置不合理、主体责任不到位，譬如，皇冠歌厅未设立消防安全管理机构；中国化工集团有限公司未设置负责安全生产监督管理工作的独立职能部门；新材料公司未设置负责安全生产监督管理工作的独立职能部门；盛华化工公司生产组织机构设置不合理，撤销了专门的生产技术部门、设备管理部门，相关管理职责不明确，职能弱化，专业技术管理差。

第二，应急管理权责不明确，人员分工不合理。访谈中提到，街道、社区由于重城市建设、经济发展等工作，而缺乏时间和精力去从事应急管理、公共服务等，因而没有安排专门的应急管理人员。案例也表明基层单位应急管理人员缺乏，权责不明。如：康特木业公司、舜欣劳务公司、工美装饰公司、禹会区大庆社区、禹会区长征派出所、蚌埠市城市投资控股有限公司、垃圾清运收集点管理人员、翔鸿公司、碧桂园物业清远分公司、皇冠歌厅、北龙汤泉酒店、吉林建银实业有限责任公司、江西樟江化工有限公司、宜宾恒达科技有限公司均存在安全生产责任制不落实、未明确消防安全管理人员、未明确各岗位消防安全职责、监管责任不到位、未组织开展安全生产隐患排查、消防安全检查和查处违建工作不力等现象。

第三，应急管理制度不健全、预案不完善。康特木业公司、工美装饰公司、舜欣劳务公司均未制定消防安全操作规程、灭火和应急疏散预案；隧道工程公司、虹桥污水处理厂项目部、蚌埠市城市投资控股有限公司安全生产责任制不健全，等等。可见，基层单位在应急管理制度、预案和相关法制方面欠账较多，不能满足应急管理实际需求。

第四，应急宣传、教育培训和演练缺失。如工美装饰公司未对公寓管理员进行安全教育和培训，未对从业人员开展有针对性的安全教育和应急演练；垃圾清运收集点管理人员从未组织开展过安全宣传教育，从未对员工进行过安全知识培训；皇冠歌厅一直未履行消防安全教育培训、防火巡查检查、消防设施器材维护、用火用电管理、灭火和应急疏散预案演练、消防安全工作奖惩等消防安全制度和消防安全操作规程；盛华化工公司安全教育培训走过场，生产操作技能培训不深入，部分操作人员岗位技能差；北龙汤泉酒店未制定应急预案和开展应急演练，未对员工进行消防安全教育培训，员工不具备引导顾客逃生疏散和扑救初期火灾能力；江西樟江化工有限公司未及时督促企业进行事故应急救援演练；宜宾恒达科技有限公司主要负责人和安全管理人员未经安全生产知识和管理能力培训考核，未按规定开展新员工入厂三级教育培训，日常安全教育培训流于形式，培训时间不足，内容缺乏针对性，等等。

总之，组织机构缺失，或者虽然已经建立但不完善；应急管理人员权责不清，分工不合理；应急管理规章制度不健全，特别是应急预案不完善，导致应急宣传、教育培训和演练不到位，等等，造成管理人员或者从业人员危机意识淡薄，应急能力低下，从而加大了灾害风险发生的可能性，以及加大了灾时财产损失和人员伤亡的程度。

四　组织机构比较及启示

（一）比较分析

在日本基于社区的灾害风险管理模式下，灾害风险应对主体不仅包括政府公共部门，主要还包括社区范围内所有公私部门、团体组织和公民等公众。日本政府部门的主要功能是综合协调，而社区公众则是防灾减灾的行为主体。

在美国全社区应急管理模式下，政府将社区范围内所有的利益相关者纳入合作伙伴范围，力图建立和维持多元伙伴关系。应急管理主体职责明确，政府在应急管理中起到主导、指挥、协调作用，政府授权地方行动，促使社区公众"领导"应急行动。

可见，日、美已经实现应急管理模式的转型，由基于政府的应急管理模式向基于社区的灾害风险管理模式转变，灾害风险管理组织机构重心逐步实现从政府层面到社区基层的下移，主体逐步实现由政府部门到社区公众的外移。

我国目前的灾害风险管理模式是传统的垂直型应急管理模式。该模式下，政府应急管理部门是应急管理的主体，也是防灾减灾的主体，政府在应急管理中占主体地位，在灾害风险应对中发挥主体作用[①]。社区等基层单位因为编制和经费紧张、专业人员缺乏等问题，组织机构不健全，甚至尚未设置。包括基层单位和居民在内的社区公众危机意识薄弱，防灾减灾能力低下，参与明显不足。即使在有限的参与情况下，也仅仅处于从属地位，发挥次要作用。社区公众的参与意识薄弱，防灾减灾能力低下，是影响当前我国灾害风险治理绩效的重要因素。

（二）启示：构建基于社区的灾害风险网络治理组织机构

组织机构是灾害风险治理模式的组织保障。日本基于社区的灾害风险治理模式和美国全社区应急管理模式均注重加强社区等基层单位的组织机构的作用，将社区范围内的公私部门、团体组织和公民均纳入防灾减灾行动，实现防灾减灾主体的多元化，充分利用社区资源，大力推动公众参与，提高公众自救互救能力，共同致力防灾减灾，全力提升治理绩效，促进社区可持续发展。

针对中国应急管理主体仍然是政府，且是县（区）级以上政府部门的现实情况，应将应急管理重心下移到街道、社区、企事业单位等基层单位，危机应对主体外移到社区公众，逐步建立完善社区等基层单位组织机构，并明确各个主体的职责。其中，政府在灾害风险管理中应该起到主导、指挥、协调作用，减少政府行政干预并释放资源，提高公众的参与程度与能力，充分发挥社区基层单位和公民在灾害风险应对中的主体作用[②]。

[①] Peijun Shi, "On the Role of Government in Integrated Disaster risk Governance—based on Practices in China", *International Journal of Disaster Risk Science*, 2012, 9（3-3）, pp. 139-146.

[②] CDC & CDC Foundation, "Building a Learning Community & Body of Knowledge: Implementing a Whole Community Approach to Emergency Management", 2013, 10.

五　基于社区的灾害风险网络治理的组织机构的构建

基于社区的灾害风险网络治理模式是一个以社区为中心的多元主体共同参与、协同应对的网络化治理模式。该模式的组织机构实现治理重心的下移，由政府下移到社区，治理主体实现了外移，由政府公共部门外移到社区公众。

（一）组织机构的构成

基于社区的灾害风险网络治理主体主要由政府公共部门和社区公众两类构成。政府公共部门包括中央政府、地方政府和基层政府灾害风险综合治理部门和专业管理部门。各级政府综合管理组织机构主要是党政主要领导人、应急办等，专业管理组织机构主要是各专业职能政府部门，包括20多个应急专业机构及救援中心。其中，应急专业机构主要有公安、消防、医疗、交通、防洪、防震、供水、供电、供气、城管、环保等，以及防洪、防震、防火、交通、卫生、海事、公安、安全生产等10个左右专业协调委员会或指挥部。

社区公众是灾害风险的治理主体，包括社区范围内各个利益相关者，主要分为两类，一类是基层单位，包括社区范围内的公私部门，主要有居委会（村委会）、企业、学校、NPOs、NGOs、CBOs等；另一类是个体，即社区公民。

（二）组织机构的职责功能

基于社区的灾害风险治理模式下，各治理主体职责明确、分工合理、配合密切、沟通高效，协同应对灾害风险。

政府公共部门作为管理主体，其主要职责功能是全面组织防灾减灾、制订计划、综合协调、安排经费、推进防灾业务实施、指导建议等。社区公众是灾害风险治理主体，在灾害风险治理中发挥着主要作用，其主要职责是建立完善防灾减灾组织机构、开展防灾减灾业务、促进防灾减灾协作；社区公民的职责是积极主动参与防灾减灾活动，履行防灾减灾责任，进行自救互救（见表6-4）。

表6-4　　　　基于社区的灾害风险治理组织机构及其职责与功能

	组织机构	职责	功能
政府	中央政府	全面组织防灾减灾活动； 制订灾害预防、应对和恢复计划； 推进地方政府、团体防灾减灾业务实施，对其进行综合协调； 安排防灾减灾经费； 对地方政府进行监督、指导、建议	全面组织； 制订实施计划； 综合协调； 安排经费； 指导建议
政府	地方政府	制订和实施本地防灾减灾计划； 协助所属公共部门处理防灾减灾事务； 对所属公共机关进行综合协调； 开展省、区、市（州）、县机关之间相互合作	制订实施计划； 协助防灾减灾； 综合协调； 开展合作
政府/社区	基层政府（社区）	与有关的机关及其他的地方公共团体共同协作，制订和实施本乡镇、街道的防灾减灾计划； 建立完善消防机关等组织机构； 建立自发性防灾减灾组织机构，履行防灾减灾职能； 开展消防部门、团体等乡镇、街道机关之间的相互协作	制订实施计划； 建立完善组织； 开展协作
社区	社区各类团体组织	协助上级政府部门制订和实施本地防灾减灾计划； 协助当地乡镇、街道、公共机关等基层单位处理防灾减灾事务； 对当地乡镇、街道、公共部门等基层单位进行综合协调； 开展地方公共团体、组织之间相互合作	协助制订实施计划； 综合协调； 开展合作
社区	社区公共机关	制订和实施与其业务有关的防灾减灾计划； 就其业务与地方政府或基层政府共同合作； 履行各自的业务来推动防灾减灾工作	制订实施计划； 开展协作； 业务防灾减灾
社区	公民	按照防灾减灾法规或计划规定履行责任； 进行自救互救； 积极参加自发的防灾减灾活动	履行责任； 进行自救互救； 参与防灾减灾

六　中国建立完善基于社区的灾害风险网络治理组织机构的途径

（一）建立基于社区的灾害风险网络治理组织机构存在的主要问题

中国应急管理机构是一种垂直型的传统应急管理组织机构，有着科层制行政管理组织机构的弊端，又因我国应急管理体系建设起步晚，组织机构不完善，实地调研和案例研究均表明，我国未来建立基于社区的灾害风险网络治理的组织机构存在一些问题。

第一，组织机构的设置重心偏高，基层单位组织机构不完善。

应急办是应急管理的常设机构，但我国当前一般在区、县以上政府才设立应急办，甚至某些区、县政府尚未设置应急办。如调查的某市政府应急办主任说，该市下面的某些区都没有应急办。区、县以下政府部门，如街道、社区更未设置应急办。可见，我国应急管理部门设置主要集中在区、县以上政府部门，而区、县以下政府部门缺乏常设应急管理部门，这导致我国应急管理重心偏高。社区等基层单位作为灾害风险应对的主要阵地和前沿哨口，近年来虽然迅速完善了应急管理预案，建立了以兼职人员为主的应急管理组织机构，但应急管理预案和组织机构还不完善，不能适应灾害风险就近、快速应对的实际需求。

第二，组织机构主体比较单一，社区公众参与不足。

在我国现有应急管理模式下，无论是我国的常设应急管理机构应急办，还是临时性应急机构，如应急专业机构和救援中心，以及专业协调委员会或指挥部，这些应急机构主要由政府公共部门及其主要领导组成。社区、学校、企业、医院、NGOs、NPOs、志愿者组织等基层单位及公民在应急工作中的地位不高，权责不明确，在灾害风险应对中实际处于从属地位和发挥次要作用。因此，我国应急组织机构主体比较单一，主要由政府公共部门组成，这为建立健全基于社区的灾害风险网络治理的组织机构也带来较大的障碍。

第三，基层单位灾害风险治理组织机构不完善，力量薄弱。

当前，我国社区、学校、企业、医院、NGOs、NPOs、志愿者组织等基层单位虽然陆续建立了应急组织机构，但这些组织机构一般是由单位领导和职员兼职担任，部分基层单位甚至没有应急组织机构。这些兼职应急管理人员在基层单位的本职工作本来就比较繁忙，时间和精力十分有限，因而缺乏应有的时间和精力应对应急管理工作。特别是在平时的应急管理预防、预警方面无暇顾及，大多只是在突发事件发生后才将工作重心转移到应急管理事务中来。兼职应急管理人员不仅在时间精力方面难以应付应急管理日常工作，其专业知识和防灾减灾技能更是难以满足应急管理工作的要求。因此，基层单位灾害风险治理组织机构不完善，以及组织力量比较薄弱也给我国推进基于社区的灾害风险网络治理组织机构的建立完善带来了一定的障碍。

第四，经费不足，组织机构运行困难。

社区等基层单位应急组织机构的设立、人员的聘用、平台建设、教育培训等均需要一定的经费。目前，上级部门下拨给基层单位的用于应急管理的经费十分有限，而基层单位自己筹集应急管理资金又比较困难，导致基层单位的应急管理经费难以维持应急组织机构的正常运行。特别是信息化条件下，应急管理网站、微信、微博等平台的建设和维护，需要较多的资金，而社区等基层单位自身难有足够的经费投入这些平台建设，使得应急管理网站、微信、微博等平台的建设比较滞后，从而致使应急组织机构、设施设备、网络平台难以适应信息时代应急管理的实际需求。

（二）中国建立基于社区的灾害风险网络治理组织机构的途径

第一，加强基层单位灾害风险治理组织机构建设，提升社区灾害风险治理能力。

加大力度推进社区、企业、学校、医院、厂矿、NPOs、NGOs、志愿者组织等基层单位的组织机构队伍建设，选优配强应急管理治理班子，明确其地位和职责。逐步扩大社区等基层单位灾害风险治理组织机构中专职灾害风险治理人员的比例。加强对灾害风险治理领导班子的教育培训，提高其危机意识、重视程度、应急管理专业知识和防灾减灾技能。

第二，壮大基层单位灾害风险治理组织机构主体，实现治理主体多元化。

将社区、学校、企业、医院、NGOs、NPOs、志愿者组织等基层单位以及公民等利益相关者纳入灾害风险治理主体范畴，促进社区基层单位和公民从现有的应急管理模式下的从属地位逐步转变为灾害风险治理模式中的主体地位，其作用逐步从其发挥次要作用转变为发挥主体作用。通过组织机构的主体从以政府公共部门为主逐步外移到以社区等基层单位为主，实现组织机构主体的多元化。

第三，加强基层单位灾害风险治理预案法制建设，为建立社区灾害风险治理组织机构提供政策保障。

预案法制体系是社区等基层单位组织机构建设的政策依据。在相关预案法制中，要注重推动以政府为中心的应急管理组织机构设置模式向以社区为中心的灾害风险治理组织机构设置模式转型，切实改变当前应急管理组织机构设置主要集中在区、县以上政府部门的现状，推动组织机构设置的重心由区、县以上政府部门下移到社区等基层单位。逐步提高社区等基层单位对灾害风险治理组织机构建设的重视程度，逐步实行应急管理权力下放，加大社区等基层单位在灾害风险治理中的自主权，明确其职权，提高其地位，提升社区公众的危机意识以及灾害风险治理知识和能力。

第四，加大经费支持力度，扩大经费来源渠道。

建立以财政投入为引导、市场化运作为补充的经费筹集和使用机制。一方面政府部门要把灾害风险治理工作经费纳入财政预算，各行业主管部门要将灾害风险治理工作经费纳入部门预算，逐步加大对灾害风险治理工作经费的支持力度。政府部门要安排专项经费，用于灾害风险治理组织机构建设、人员聘用等。另一方面，要建立优化灾害风险治理工作经费筹措机制，扩大经费来源渠道，鼓励企业、社会多渠道筹措资金，实现灾害风险治理工作经费投入的多元化。

七　小结

组织机构是灾害风险治理的物质基础，组织机构的类型对组织机构的组织效能有着重要的影响。传统的应急管理模式的组织机构是垂直型组织机构，实行命令—控制型的科层制管理，这种类型的管理方式有利于统一行动，做到令行禁止，能实现集中力量办大事的优势。然而，这种类型组织机构在行政过程中的弊端也比较明显，如造成条块分割、多头领导、沟通不畅等。

基于社区的灾害风险网络治理模式试图建立扁平化的组织机构，以提高灾害风险治理组织机构的效能。日、美两国的以社区为中心的灾害风险治理模式的实践表明，由于建立以社区为中心的灾害风险治理组织机构，实现了传统的应急管理组织机构的扁平化转型，推动了应急管理重心的下移，进而实现了应急管理主体的外移，因而灾害风险治理绩效得以明显提升。

　　我国长期以来实行自上而下的科层制应急管理模式，其独特的政治体制优势比较明显，但其不足之处也日益显现。未来，推动实现应急管理模式的转型，实现现有的垂直型的应急管理组织机构向扁平化的灾害风险网络治理组织机构转型是应对日益严峻的灾害风险治理形势的客观要求。

　　我国现有应急管理模式下组织机构的主要问题是应急管理组织机构的设置重心偏高，组织机构主体比较单一，而基层单位灾害风险治理组织机构尚不完善。此外，当前基层单位应急管理经费不足也是导致组织机构运行困难的主要原因之一。因此，我国未来要加强基层单位灾害风险治理组织机构队伍建设，为基层单位实现有效的灾害风险治理提供坚强的组织保障；发展壮大基层单位灾害风险治理组织机构主体，实现组织机构主体多元化；要强化基层单位基于社区的灾害风险治理预案法制建设，加快基层单位灾害风险治理组织机构的建立完善，切实推动灾害风险治理重心下移到社区等基层单位；要加大经费投入，推动防灾减灾经费来源的多渠道化，为基层单位组织机构运行与发展提供物质保障。

第七章　基于社区的灾害风险
网络治理机制

治理机制是治理系统的结构及运行机理。灾害风险治理机制是灾害风险治理系统在遇到灾害风险时发挥作用的运行制度，是灾害风险治理全过程中各种系统化、程序化、规范化、制度化和理论化的方法与措施。灾害风险治理机制以灾害风险治理全过程为主线，涵盖了灾害风险事前、事发、事中和事后四个阶段，包括灾害风险的预防与准备、监测与预警、应急处置与救援、恢复与重建四个环节。

灾害风险治理机制对提升灾害风险治理绩效起着关键作用。因此，在灾害风险治理预案、体制、机制和法制中，治理机制是国内外相关灾害风险治理研究中备受关注的研究重点[1][2]。在日本基于社区的灾害风险管理模式和美国的全社区应急管理模式下，两国均将灾害风险管理的重心下移到社区等基层单位，主体外移到社会公众，并建立了基于社区的灾害风险管理机制，提升了社会公众的参与程度与效果，并能充分利用社区资源，因此灾害风险管理绩效得以显著提升。

本章对日本基于社区的灾害风险管理机制、美国全社区应急管理机制以及中国应急管理机制进行比较分析，并结合中国应急管理实地访谈、问卷调查和案例分析的结果，得出结论和启示，最后提出基于社区的灾害风险网络治理机制及其实现途径。

---

① 曾宇航：《大数据背景下的政府应急管理协同机制构建》，《中国行政管理》2017 年第10 期。

② Barry A. Cumbie, Chetan S. Sankar, "Choice of Governance Mechanisms to Promote Information Sharing via Boundary Objects in the Disaster Recovery Process", *Information Systems Frontiers*, 2012, 12 (14 – 5), pp. 1079 – 1094.

一 灾害风险网络治理机制的概念与内涵

(一) 灾害风险网络治理机制的概念

各类工具书对机制一词作出了不同但相近的定义，其中《现代汉语用法词典》对机制一词作出的定义比较全面，其定义有三条：一是机器的构造和工作原理；二是有机体的构造、功能和相互关系；三是泛指一个复杂的工作系统及其内部的结构、规律等。百度百科对机制作出的定义是：指各要素之间的结构关系和运行方式，指有机体的构造、功能及其相互关系；机器的构造和工作原理。

目前学界对灾害风险治理机制作出界定的学者不多，我国少数学者对应急管理机制作出界定，如闪淳昌等认为，应急管理机制可被定义为：涵盖了事前、事发、事中和事后的突发事件应对全过程中各种系统化、制度化、程序化、规范化和理论化的方法与措施[①]。网络治理作为一种新的治理理念和治理形态，是通过公私部门合作，非营利组织、营利组织等多主体广泛参与提供公共服务的治理模式[②]。

根据机制、应急管理机制和网络治理的概念，灾害风险网络治理机制可理解为灾害风险治理系统的网络结构及其各子系统或各组成部分之间的网络关系和运行方式。

(二) 灾害风险网络治理机制的内涵

灾害风险网络治理机制作为一个全新独立的概念，有着与其他应急管理概念不同的独特要素。灾害风险网络治理机制的内涵可以从以下几个关键要点加以理解：目标定位、基本性质、基本特征、利益相关者、运行方式。

目标定位是灾害风险网络治理机制构建的根本原因，灾害风险网络治理机制与应急管理机制的目标有相同之处，都是为了削减灾害风险的

[①] 闪淳昌、周玲、钟开斌：《对我国应急管理机制建设的总体思考》，《国家行政学院学报》2011 年第 1 期。

[②] Goldsmith, S., Eggers, W., *Governing by Network: The New Shape of the Public Sector*, Brookings Institution Press and John F Kennedy School of Government at Harvard University, 2004, 3–5.

影响和危害，旨在将灾害风险的影响和危害程度降到最小，保护人民财产和生命安全。但灾害风险网络治理机制相对传统的应急管理机制而言，更加注重灾害风险治理利益相关者之间，特别是横向公私部门、个人之间，包括公私部门、个人之间的高效沟通和交流，以实现资源和信息共享，提高灾害风险治理的长期绩效。

基本性质是指灾害风险网络治理机制的基本属性，以及灾害风险治理机制的特性和本质。其基本性质是调整和优化灾害风险治理系统中各子系统和组成部分之间的关系，实现各子系统和组成部分之间沟通顺畅、配合密切、关系协调，提升灾害风险治理的效率。

基本特征是通过强化和优化灾害风险治理主体之间的关系，打破传统应急管理机制的部门割裂、各自为政、条块化管理和多头管理的局面，实现了灾害风险主体的网络化、社会化，最终提升灾害风险治理效率和绩效。

利益相关者方面，基于社区的灾害风险网络治理机制实现了治理主体的多元化，最大限度地将灾害风险利益相关者纳入灾害风险治理范围，实现灾害风险治理多主体参与。具体来说，灾害风险治理利益相关者不仅包括传统应急管理模式的主体——政府公共部门，还包括社会公众，如企业、医院、学校、NGOs、NPOs、CBOs、志愿者组织、公民等主体。

运行方式方面，基于社区的灾害风险网络治理机制实现传统手段与现代信息手段相结合，尽量避免传统应急管理机制中的命令—控制型垂直管理，主要采用现代信息技术等手段，运用合作、对话、协商、沟通、疏浚等方式，促使各主体之间有效沟通、相互妥协、达成共识、形成合力、相互协作和协同应对风险。

二 日本、美国社区灾害风险治理机制

（一）日本基于社区的灾害风险管理机制

日本实施基于社区的灾害风险管理模式以来，形成了灾害风险管理多主体、多中心有效互动的管理体系。在该管理体系中，政府与社区公众各主体之间形成直接或间接的有机社会网络关系。政府与社区在灾害

风险管理中权责明确、分工合理、沟通顺畅、相互协作。在公私各主体构成的灾害风险管理组织体系中，町内会、自治会是防灾减灾社会关系网络的核心，它在社区组织和专业组织的协助下，成为政府和社区公众之间的重要桥梁。

日本基于社区的灾害风险管理机制可以从政府各部门之间、社区各主体之间及政府与社区之间三个维度的相互关系及其运行机理进行分析。

一是政府各部门之间的关系。上级政府对下级政府负责资金的划拨和权力的分配，下级政府向上级政府汇报防灾减灾情况，并提出需求。此外，日本的中央政府与地方政府还需为社区组织和专业组织提供支持，主要是资金、人力和物力等方面的支持。

二是社区各主体的关系。社区主体主要包括基层政府役所（场）、町内会、自治会、其他社区团体组织和公民。社区各类主体之间相互配合，形成了复杂的防灾减灾网络。基层政府役所（场）既是政府部门，也是社区组织的主要组成部分，是社区与地方政府、中央政府和团体组织联系的纽带，与町内会、自治会、社区组织和专业组织保持着密切的联系。役所（场）作为社区防灾减灾的主体之一，为町内会、自治会提供决策咨询，同时也为社区组织和专业组织提供社区服务；志愿者等社区组织和专业组织是社区防灾减灾的主要力量，这些团体组织性质、层级各异，其成员来自社会各界，他们在职业、知识、技能、社会地位、人际关系等方面复杂多样。因此，他们除与役所（场）基层政府能形成密切联系外，与地方政府和中央政府也有着密切关系。同时，他们也与町内会、自治会和居民之间保持着千丝万缕的联系。其主要作用是为中央政府、地方政府和基层政府提出建议，为役所（场）提供建议和提出需求，通力协助町内会、自治会防灾救灾，为社区居民提供社区服务，并监督政府防灾减灾政策的实施；町内会、自治会在社区灾害风险管理系统中处于核心地位，其主要职责是为基层政府役所（场）提供建议，支持社区组织和专业组织开展防灾减灾活动；社区公民是防灾减灾的主要力量，他们与町内会、自治会、社区组织和专业组织紧密配合，实施充分的自救和互救，及主动参与、充分利用已有资源进行防灾减灾活动，这是日本社区灾害风险管理取得良好绩效的关键。

三是政府公共部门和社区各主体的关系。日本灾害风险管理组织系统中，町内会、自治会是防灾减灾社会关系网络的核心，是政府和社区的重要桥梁。町内会、自治会在整合各方意见、决策，代表社区提出建议和需求方面发挥重要的作用。该模式下，灾害风险管理各主体之间能实现有效沟通、密切协作。

（二）美国全社区应急管理机制

随着美国全社区应急管理模式的推行和实践的深入，FEMA 提出了系列策略，以建立和优化公私、政社合作的应急管理运行机制。

一是沟通协商机制。一方面加强政府部门与私营组织和非营利组织等社区公众的沟通与协商，以达成对社区应急管理实际需求的共识；另一方面建立和加强与社区领导的关系，促进合作，以此加强应急管理部门在社区内建立和维系更广泛的信任。

二是合作机制。应急管理部门首先确定社区应急管理利益相关者，通过寻求利益相关者之间的共同利益，并采取有效的伙伴合作途径，建立和维持多元合作伙伴关系。

三是资源共享机制。FEMA 认为，社区在资金、物质、人力资源等方面都有着极其丰富的资源，应急管理部门一方面加强社区应急管理设施、网络和资产的利用和建设，另一方面要充分利用社区已有社会、经济和政治资源，并将这些资源运用于应急管理活动。

四是信息共享机制。应急管理部门充分运用现代通信手段和信息技术，建立双向信息交流机制，及时报道和跟进应急管理消息，并做好信息交流、沟通和宣传工作。

五是公众参与机制。FEMA 提出了系列促进公众参与应急管理的途径，主要有：与公民委员会合作，共同提高公众的危机意识；推动社区各类组织在社区应急活动中担任正式角色，以提高各类组织的地位和发挥其作用；雇用具有代表性的社区居民，组成多元化应急队伍；运用社区各类主体能理解和接受的交流方式，保持与社会各群体的良好沟通；充分考虑老、弱、病、残等弱势群体的需求，加强对这些弱势群体的应急管理教育和与之的互动；加强社区公众与社区组织对话，激发公众参与应急管理活动的兴趣；应急管理部门通过主办市民会议或参与社区常规工作会议，并实行应急管理运行中心部分职能的对外开放，邀请社区公众对中心进行实地考察，以此加强与社区公众的交流与信任；加强公众与社区组织的对话，促使公众和社区组织参与应急规划过程；掌握社区公众参与应急管理活动的兴趣点，促进公众参与提升社区复原力的讨论。

三 中国应急管理机制

（一）应急管理机制概况

中华人民共和国成立以来，我国经历了两代应急管理系统，第一代应急管理体系始于中华人民共和国成立后，延至 2003 年"非典"事件。第一代应急管理体系的特点是高度集中的管理体系，主要通过政治动员来开展应急工作①。这一阶段，我国应急管理体系尚不完善，社区层面公众参与应急管理的程度明显不足。

第二代应急管理体系始于 2003 年"非典"事件后，第二代应急管理体系的特点是以"一案三制"为代表，"一案"即应急预案，"三制"即应急法制、体制和机制。这一阶段，我国不仅在国家层面，在地方层面也逐步建立完善了各类应急预案。较之第一代应急管理体系，第二代应急管理体系逐步实现管理标准下沉、重心下移和关口前移，这是第二代应急管理体系的一大进步。

近十多年来，我国应急管理机制建设取得较大的进展，初步建立了比较全面的应急管理机制，主要有预测预警机制、信息报告机制、应急响应机制、应急处置机制、调查评估机制、恢复重建机制、社会动员机制、应急资源配置与征用机制、政府与公众联动机制、国际协调机制等。我国应急管理机制是一种自上而下、"命令—控制"的应急管理机制，其优势是能发挥统一行动，集中力量办大事的优势。

但是，我国应急管理工作历史较短，目前应急管理机制仍然不优，主要表现在以下几方面。

第一，从政府层面看，应急管理机制仍然是以政府为中心的行政命

---

① 薛澜：《中国应急管理系统的演变》，《行政管理改革》2010 年第 8 期。

令型的科层制应急管理机制。现行应急管理机制下，政府公共部门在应急管理各个主体中处于绝对的优势地位，政府部门运用自身权威，采取行政手段，实行自上而下的命令—控制型的管理。一般情况下，临时应急管理机构部门，如应急管理领导小组、应急专业机构、救援中心、专业协调委员会、指挥部中心等政府主体担任综合协调、指挥命令的角色。下级各级应急管理组织机构服从上级命令，被动执行完成任务。该机制下，容易出现条块分割、多头领导，部门之间、政府与社区之间沟通不畅等弊端。

> 事前监管涉及职能部门的问题了，就要探讨政府机构职能交叉的问题了。各个部门之间就是这种情况，一个和尚挑水喝，两个和尚抬水喝，三个和尚没水喝。如果是三个职能部门，共管一个事情，问题就出来了。但是我们中国大多数的政府部门的职能都是交叉的，多头管理，交叉领导。在涉及应急与之前的预警，问题就来了。要把这样一些机构下移到社区，只需要把这个职能问题解决好，权责是否对等的问题解决好。（访谈资料 CS160922）

第二，从社区层面看，我国应急管理机制主要集中在政府层面，社区等基层单位灾害风险治理机制的建设滞后。由政府、NGOs、CBOs、社区企事业单位和居民等代表共同组成的居民委员会缺乏应有的应急管理主体地位、职权以及积极性和主动性。

> 问题主要是一些基础工作不到位，要加强基层一些基础工作。一是基础设施的建设，二是基层的机制制度建设，要真正落实到位。一些灾情要从每个乡镇、每个村报上来，所以这样一些机制一定要到位。但是往往这些东西在具体操作中，就有好多人到不了位。比如说有些负责任的信息员，他就报了，不负责的（信息员）就没有报。所以这样一些东西要真正落实到具体的每一件事情、每一个人，每一个人对着一个事物的。（访谈资料 CS16050402）

第三，从政府与社区之间的关系层面看，政府与社会之间协作关系不强，尚未形成应急管理联动机制。政府应急管理部门与社区公众等受灾主体沟通不畅、协调困难，很难反映社区公众防灾减灾真实需求。在这种情况下，作为灾害风险应对主体的政府，难免反应迟缓、延误最佳防救时机。

> 应急管理人员工作方法、工作方式不一样。（灾情）有的及时报了，有的过一两天才报过来。这还是与没有专职人员有关系。他本身只是做一些义务工作，他又没有报酬，所以他的积极性也就那样。我以前也打过报告，希望给每个村的灾害信息员一个月发几十块钱。但是政府最终没有答复。村里灾害信息员一般由村干部兼职，他们通过打电话或者上传图片。从市里到县里，到镇、街道，到村里面都有一个系统，都有一个网络，一个灾情报送系统，他们可以通过系统上传图片信息什么的。（访谈资料 CS16050402）

以上调研访谈表明，由于应急人员配备不齐、基础设施设备不完善、资金不足、制度缺失等原因，当前社区的应急管理机制存在着沟通不畅、效率低下等问题。

（二）案例研究

近年来，我国社区层面灾害风险频频发生，给人们造成了巨大的生命和财产损失。社区范围内，最常见的灾害风险是火灾、爆炸事故等。这些火灾、爆炸事故的应急响应过程，反映出我国当前社区等基层单位应急管理机制存在着一些不足。

下面以 2017 年 12 月 9 日发生的汕尾市海丰县公平"12·9"较大火灾事故和 2016 年 8 月 16 日发生的甘肃酒钢集团宏兴钢铁"8·16"重大火灾事故为例，进一步分析我国社区应急管理中应急机制存在的问题。

案例 1

汕尾市海丰县公平"12·9"较大火灾事故

2017 年 12 月 9 日凌晨 3 时 20 分许，海丰县公平镇日升路 9 号一栋两层建筑发生一起较大火灾事故。火灾过火面积120平方米，造成8名人员死亡，直接经济损失约270万元。

汕尾市海丰县公平"12·9"较大火灾事故是一起责任事故。汕尾市政府成立的汕尾市海丰县公平"12·9"较大火灾事故调查组调查表明，火灾事故的直接原因是建筑物一楼楼梯口上方供生活使用的电气线路过负荷短路，引燃下方可燃物所致。起火建筑物线路电气短路引发火灾与相关设施的维护管理不力有着密切关系。如起火建筑物线路布置不规范，部分线路裸露敷设；起火建筑物线路无漏电保护开关装置保护，只采用传统保险丝进行过载保护；起火建筑物的总电表箱保险采用铜丝连接，紧急情况铜丝未能断开；电气线路下方堆放可燃物。

汕尾市海丰县公平镇"12·9"较大火灾事故中，第一个群众发现火势，叫人没有回应。并没有意识到向居委会等基层单位报告。随后周边群众被吵醒后，周边群众对此也没有做出反应。半小时后，有人大呼"着火"，但并没有向社区居委会和相关公安消防部门报警。一邻居听到"着火"呼叫后，才向镇派出所报警。3分钟后，镇派出所才出警；6分钟后，县公安消防大队接到市公安消防支队指挥中心调度。50分钟后，公平镇专职消防队到达火灾现场，这离群众报警有20分钟。58分钟后，县消防一中队、二中队5辆消防车同时到达火灾现场。县消防一中队、二中队两个队，5辆消防车经过32分钟，火势才得到有效控制。

火灾事故的应急响应过程如表7-1所示。

表7-1　汕尾市海丰县公平"12·9"较大火灾事故应急响应过程

时间	应急响应过程
3：00	有群众见屋内火光，火势蔓延，便对该房屋二楼大声呼叫"你家着火"，但没有回应，随后周边群众被吵醒
3：30	邻居听到有人大声呼叫"着火"，随后看到9号房屋杂货店没有灯光，一楼冒浓烟，火势蔓延，没有听到房内有呼叫声，便向公平派出所及110报警
3：33	海丰县公安局公平派出所接警后立即出警，并报告公平镇政府
3：39	海丰县公安消防大队接到市公安消防支队指挥中心调度
3：50	公平镇专职消防队到达火灾现场，并立即利用车载水炮对建筑外围进行控火，防止火势进一步蔓延，同时疏散劝解围观群众

续表

时间	应急响应过程
3：58	海丰县消防一中队、二中队5辆消防车同时到达火灾现场
4：30	火势得到有效控制
5：30	火灾被扑灭
4：15－5：30	陆续搜救出伤者6人，立即送海丰澎湃医院抢救
6：12	起火建筑物内死伤者8人全部被搜救出
7：30	火灾现场清理完毕，1辆消防车继续留守现场，防止复燃

资料来源：汕尾市海丰县公平"12·9"较大火灾事故调查报告。陆丰市人民政府：《汕尾市海丰县公平"12·9"较大火灾事故调查报告》，http：//www.lufengshi.gov.cn/html/2018/sgdcbg_0420/5424.html，2019.4.19。

案例 2

甘肃酒钢集团宏兴钢铁"8·16"重大火灾事故

2016年8月16日，甘肃酒钢集团宏兴钢铁股份有限公司西沟矿发生一起重大火灾事故，造成12人死亡、17人受伤，直接经济损失1970万元。

调查认定，甘肃酒钢集团宏兴钢铁股份有限公司西沟矿"8·16"火灾事故是一起重大生产安全责任事故。事故发生的直接原因是该矿员工在使用氧炔焰切割钢拱架上方的钢板时，氧炔焰将钢板后面的草垫、竹架板、原木等填充物引燃起火，着火产生的一氧化碳等有毒有害气体经斜坡道进入其他硐室和运输平巷，导致其他作业员工被困。

火灾事故的应急响应过程如表7-2所示。

表7-2　甘肃酒钢集团宏兴钢铁"8·16"重大火灾事故应急响应过程

时间	应急响应过程
	（一）企业事故报告情况
10时50分	中金公司作业人员在斜坡道冒落区使用氧炔焰切割钢拱架上方钢板时，引燃钢板后面的草垫、竹架板、原木等充填物后着火，未向西沟矿报告

续表

时间	应急响应过程
11 时 30 分左右	刘超向西沟矿集控室值班员翟亮电话报告："硐室里有烟味，疑似有什么东西着了，烟味从斜坡道传来"，翟亮向崔荣进行了汇报
11 时 40 分左右	中金公司维修支护生产负责人刘德会在斜坡道口电话报告崔荣："冒落区填充物着火了"。崔荣电话通知刘超"井下斜坡道塌方点充填物着火，施工人员已经灭火，若味道重，组织人员赶快撤离"
12 时 20 分左右	崔荣再次接到刘德会电话报告："火已熄灭"，经电话向生产技术科斜坡道冒落区维修支护工程项目管理人员李永龙确认后，安排翟亮通知 3 号破碎硐室作业人员："火已经灭了"
12 时 35 分左右	崔荣在打饭途中向生产技术科科长任振华汇报："斜坡道塌方位置着火了，刘德会和李永龙确认火灭了"
14 时 20 分左右	刘超再次报告崔荣："烟太大，人员被困"
14 时 25 分左右	崔荣将斜坡道着火及硐室人员被困情况告知罗鑫，随后罗鑫向郭雄进行了汇报，郭雄向同车前往腰泉工业场地的张磊、任振华作了汇报。郭雄、张磊先后返回，赶往事故现场组织救援
15 时 20 分左右	崔荣向副矿长史佩新进行了电话报告
16 时 02 分左右	被困人员张军向嘉峪关市急救中心 120 求救
16 时 07 分 28 秒	被困人员负锴向嘉峪关市公安局 110 指挥中心报警
16 时 16 分	宏兴公司副总经理刘国胜、生产调度处副处长王嘉、安全环保处副处长吴高生在腰泉工业场地环保检查结束后，王嘉给史佩新打电话询问张磊去向，得知张磊前往斜坡道救火后，刘国胜、王嘉、吴高生三人遂赶往矿区，在矿部接上史佩新一同赶往回风平硐组织救援，并通知酒钢集团气体防护站救援
16 时 49 分	刘国胜向酒钢集团安全环保部部长桂国华电话汇报了事故情况，16 时 59 分向宏兴公司总经理阮强电话汇报了事故情况
17 时左右	桂国华向酒钢集团副总经理朱爱炳电话汇报了事故情况
17 时 20 分左右	阮强向酒钢集团总经理魏志斌报告了事故情况
17 时 30 分左右	朱爱炳在前往事故现场途中向魏志斌电话汇报了事故情况
18 时 50 分左右	魏志斌向酒钢集团董事长陈春明当面汇报了事故情况
19 时左右	阮强向正在休假的宏兴公司董事长、党委书记程子建电话报告了事故情况
（二）企业先期处置情况	
13 时 30 分左右	刘超电话告知碎矿运输作业区巡检班班长何建飞，3 号破碎硐室烟味大，派人打开风机

时间	应急响应过程
14 时左右	碎矿运输作业区作业长王辉带领巡检班班长何建飞、电工郝元祥、钳工宋光文进入回风平硐打开风机后返回硐口
14 时 20 分左右	刘超电话报告西沟矿集控室值班组长崔荣，说烟太大，人员被困
14 时 25 分左右	崔荣电话通知安全环保科安全主办罗鑫组织人员前往回风平硐救人。罗鑫向安全环保科科长郭雄报告后，与安全环保科安全主管王积臻乘车赶往斜坡道。郭雄向同车前往腰泉工业场地的西沟矿副矿长张磊、生产技术科长任振华汇报后，赶往回风平硐组织救援
15 时 20 分左右	王辉、王积臻、罗鑫、何健飞佩戴防毒口罩、防护眼镜，携带 9 个氧气袋从回风平硐进入施救。何健飞行至 A1 胶带机头平台呕吐不适，返回回风平硐口。罗鑫行至 A2 胶带机尾距 A2 减速箱约 2 米处昏迷倒地。王积臻行至 A1 胶带机头约 20 米处昏迷倒地。王辉行至 A1 胶带机头约 30 米处昏迷倒地
15 时 37 分左右	设备管理科科长程岱山、资材主管谈啸、能源主管侯福臣从 A2 胶带运输巷进入施救
15 时 45 分左右	郭雄和破碎作业区电工杜超、巡检工高红文、钳工王军伟等人从 A2 胶带运输巷进入施救
15 时 50 分左右	张磊到达转运站，带领安全环保科安全环保主办袁盼宁及采矿技术区作业员任毅从 A2 胶带运输斜井进入转运站组织施救
16 时左右	宋光文、郝元祥从回风平硐进入转运站，将罗鑫通过 A2 胶带运出
16 时 09 分	酒钢集团保卫处消防大队接到酒钢急救中心报警，保卫处副处长贾永军、消防大队长刘燕新带领 13 名队员赶赴事故现场
16 时 20 分左右	宋光文、郝元祥在转运站见到张磊等人，一同前往救援王积臻，行至 A1 胶带运输巷 5 米处，宋光文、侯福臣先后昏迷倒地，张磊判断烟气中一氧化碳含量过大，只能将侯福臣拉出并撤到转运站，通过 A2 胶带将出现中毒症状的侯福臣、郝元祥、杜超、高红文、王军伟送出
17 时 25 分至 23 时 50 分	酒钢集团保卫处消防大队救援人员先后将王积臻、王辉、李玉成、刘超救出，四人经抢救无效死亡
（三）嘉峪关市政府应急救援情况	
16 日 16 时 11 分	嘉峪关消防支队指挥中心接到 110 转警，立即调派 2 台抢险救援车、1 台水罐消防车、21 名官兵赶赴现场。16 时 56 分到达现场，将 A1 胶带运输巷内的宋光文救出，经抢救无效死亡

续表

时间	应急响应过程
16 时 15 分	市政府应急办接到市 120 急救中心报告，立即向市 119 指挥中心、市 110 指挥中心、市安监局核实有关情况，并编报值班信息。市委书记柳鹏，代市长王砚对事故应急和处置工作作出安排。17 时 01 分，市政府向省政府应急办书面报告。李亦军副市长带领相关单位于 17 时 50 分左右到达现场，协助酒钢集团开展人员搜救、伤员救治、舆情应对工作
（四）张掖市政府应急救援情况	
8 月 16 日 16 时 47 分	张掖市安监局接嘉峪关市安监局危化科科长贺忠海微信转报，市安监局立即向西沟矿、宏兴公司及在酒钢集团镜铁山矿检查的肃南县安监局副局长索国徽核实事故情况。同时，市安监局负责同志反复向酒钢宏兴公司和西沟矿了解情况。18 时 3 分索国徽向张掖市安监局报告了火灾情况。市安监局将初步核实情况立即向市委、市政府汇报，市委书记毛生武、市长黄泽元分别作出批示和要求，张掖市启动《金属非金属矿山生产安全事故应急预案》，王方太副市长带领相关部门人员及 5 名专家赶赴现场，调集市矿山救护大队前往救援。17 日 0 时黄泽元市长到达事故现场，6 时在兰州开会的书记毛生武连夜赶赴现场。张掖市矿山救护大队两支救护小队分别从驻地张掖市甘州区、山丹县花草滩煤矿出发，先后于 22 时 53 分、23 时 23 分到达事故现场开展救援，截至 17 日 3 时 55 分，先后从 3 号破碎硐室将姜宏、负错、闫向东、郭亮、朱晓峰、杨嘉红、张军救出，7 名被困人员经抢救无效死亡。现场救援工作结束

资料来源：中共中央党校应急管理培训中心：《应急管理典型案例研究报告》，社会科学文献出版社 2018 年版，第 132—160 页。

仔细研究以上两案例的应急响应过程，可以发现我国基层单位应急管理机制存在着以下不足。

第一，应急管理机制不完善，应对主体单一。由于没有形成信息沟通网络机制，信息沟通不畅，形成信息孤岛，一些基层单位未能及时行动、主动救灾。汕尾市海丰县公平"12·9"较大火灾事故中，自群众发现火灾时到火灾被消防队扑灭，整个过程有 4 个半小时，社区居委会、门店、社区卫生院等基层单位本是最近的救灾主体，但整个过程中基层单位、公民这些重要的救灾主体却没有及时出现和积极救灾。事实上，基层单位、公民等基层单位"嗅觉"最灵敏，在预防、预警灾害风险方面最能起到"天罗地网"的作用，在救灾阶段也是距离事发现场最近和最能灵活应对的救灾主体，但实际防灾、救灾、减灾实践中，却是处于缺位状态，致使灾害风险未能防患于未然，将火灾控制在初始阶段。甘肃酒钢集团宏兴钢铁"8·16"重大火灾事故中，宏兴公司未与下属厂矿监测监控平台联网，出现信息孤岛。酒钢集团未构建集团、子（分）公司、厂矿多层级互联互通、信息共享的安全监测监控系统，事故企业也未及时向政府部门报告灾情[①]。

第二，信息报告机制不优。案例表明，突发事件发生时，信息报告不及时、报告内容失误、报告渠道单一。汕尾市海丰县公平"12·9"较大火灾事故中，第一位群众发现火灾后，只是大呼"着火"，而未向居委会或者公安、消防部门报告。这可以看出我国公民遇到灾害风险时，缺乏应有的责任，采取漠不关心、等闲视之的态度。半小时后，邻居发现着火才向派出所报警。可见，一些群众发现灾情后，并不知道需要向社区居委会或者公安、消防部门报警。部分公民即使想到向相关部门报告，首先想到的是派出所，而不是最近的居委会等基层单位，甚至不是火警。甘肃酒钢集团宏兴钢铁"8·16"重大火灾事故中，中金公司作业人员作业不慎，引燃钢板后面的草垫、竹架板、原木等填充物后，也未向西沟矿报告。40分钟后，工作人员才向西沟矿集控室值班员电话报告。事发后50分钟、1小时30分钟和1小时45分钟时，工作人员均报告火已经熄灭。然而，事实上火并没有熄灭。两起火灾事故中，火灾之所以没有在初期得到有效控制，与信息报送不及时、信息误报有着很大关系。

第三，应急管理机制运行效率不高。汕尾市海丰县公平"12·9"较大火灾事故中，距离较近的县级消防大队并没有直接接到镇政府、公民的报警而立即行动救灾，而是由市公安消防支队指挥中心对其进行调度，这势必耽误一定时间。在灾害风险紧急情况下，需要争分夺秒地进行救灾，分分秒秒都关乎生命和财产安全。在一个小镇的集镇内，镇专职消防队从接到群众报警到到达本镇集镇上社区的火灾现场，时间达20分钟。甘肃酒钢集团宏兴钢铁"8·16"重大火灾事故中，着火后40分钟，工作人员才向西沟矿集控室值班员电话报告。5小时12分钟后，被困人员张军向嘉峪关市急救中心120求救以及向公安局110指挥中心

---

① 中共中央党校应急管理培训中心：《应急管理典型案例研究报告》，社会科学文献出版社2018年版，第144—145页。

报警。

可见，居委会等基层单位、政府公共部门和公民之间沟通效率不高，行动迟缓，延误了救灾的最佳时机，一定程度上影响了救灾抢险的绩效。从发现火灾到救灾结束整个过程，暴露出当今我国应急管理机制尚存在的一些不足，主要是灾害风险治理机制不优，网络治理机制不完善，救灾主体参与不足甚至缺位，各主体之间沟通不畅、配合不够，导致应对灾害风险效率低下。

四　治理机制比较及启示

（一）比较分析

日本以町内会、自治会为核心，与社区范围内其他公众建立密切的社会网络关系，并且通过市、町、村组织，NGOs，NPOs，CBOs，社区企事业单位等基层单位、团体组织的中介作用，建立了社区居民、各类团体组织等公众与各级政府良好的灾害风险治理机制，运作有序高效，取得良好的灾害风险管理绩效。

美国通过系列措施和途径，建立与优化公私、政社的应急管理沟通协商机制、合作机制、资源共享机制、信息共享机制、公众参与机制，以协调与加强政府与社区各类公众的伙伴关系，推进全社区应急管理。

我国应急管理模式属于以政府为中心的应急管理模式，实行自上而下的科层制管理方式，政府在应急管理中占主导地位，应急管理机制主要集中在区、县以上政府部门。政府相关部门之间沟通、协调、合作关系不强，政府与社区的关系在很大程度上是上下级行政关系，即命令—控制关系，而社区公众之间的协作关系也尚不密切，社会网络尚未建立。

（二）启示：构建基于社区的灾害风险网络治理机制

日、美社区灾害风险治理机制的优化实践表明，推进基于社区的灾害风险网络治理模式机制须根据社区特点，探索以地方政府、NGOs、NPOs、CBOs、企业、专家、公民等社区公众多方共同参与、有序协作的社区灾害风险治理机制，明确各利益相关者在灾害风险治理全过程中的地位、职责、功能和协作关系，建立可操作的运作机制与风险承担机制，充分发挥地方政府、NGOs、NPOs、CBOs、企业、专家、公民等社区层面的公众在风险应对中的作用，促进各治理主体高效沟通、密切配合、有序参与，实现国家、地方和社区各种防灾减灾资源的有效整合和利用。

优化灾害风险治理各主体间沟通、协调、合作机制是提高各主体间协作效果的客观需要。在未来的灾害风险治理中，亟须建立形成包括公私组织在内的政府推动、社会参与、部门联动的全方位、多层次、综合性的基于社区的灾害风险社会网络化治理机制，提高社区灾害风险治理绩效。

五 基于社区的灾害风险网络治理机制的设计

治理机制本质上是治理系统的内在联系、功能及运行原理，是决定治理绩效高低的关键问题。基于社区的灾害风险网络治理结构体系中，治理主体主要有政府应急管理部门和社区公众两类。政府与社区两类治理主体在灾害风险治理中既要求权责明确、分工合理，又相互协作、沟通顺畅。政府与社区之间及其内部主体间形成直接或间接的有机社会网络关系（如图7-1所示）。

基于社区的灾害风险管理治理机制的系统构成及其运行机理可以从以下三个层面进行分析。

（一）政府层面

从政府层面看，政府主要发挥指挥、协调作用。上级政府对下级政府负责防灾减灾资金的分配，以及权力和职责的确定。下级政府向上级政府汇报灾害风险治理情况，并提出防灾减灾需求。中央政府与地方政府的各级政府除了为下级政府负责防灾减灾资金的分配，以及权力和职责的安排外，还需为 NGOs、NPOs、CBOs、企业和志愿者等社区组织和专业组织提供防灾减灾资金、人力、物力和信息等方面的支持和帮助。

（二）社区层面

社区范围内灾害风险治理主体众多，主要有基层政府、企业、居委会（村委会）、NGOs、NPOs 和志愿者等社区组织以及公民。在灾害风险

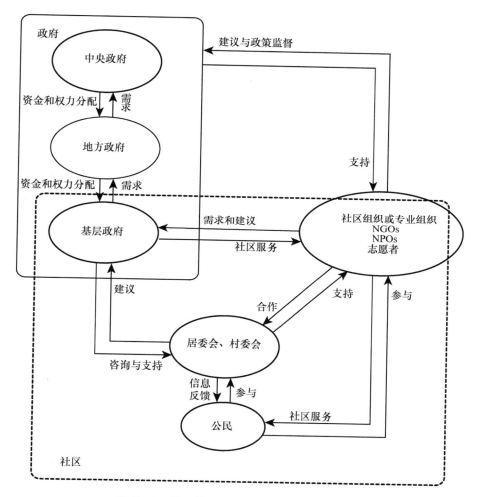

图 7 - 1　基于社区的灾害风险网络治理机制

治理系统中，社区各类主体之间形成复杂而有序的灾害风险治理社会网络，它们既明确分工，又密切协作。社区各主体在灾害风险治理系统中的主要职责功能和关系如下。

一是街道办（镇政府、乡政府）基层政府。街道办（镇政府、乡政府）基层政府既属于政府部门，同时也是社区的组成部分。街道办（镇政府、乡政府）作为社区灾害风险治理主体之一，是联系社区与政府、社会组织的纽带，与社区居委会（村委会）、企业、NGOs、NPOs、CBOs 和志愿者等社区组织和专业组织保持着密切的联系。其职责主要是为社区居委会（村委会）提供决策咨询，同时也为 NGOs、NPOs、CBOs 和志愿者等社区组织和专业组织提供社区服务。

二是社区组织和专业组织。企业、NGOs、NPOs、CBOs 和志愿者等社区组织和专业组织是社区灾害风险治理的重要力量，这些团体组织性质、功能各不相同，其成员来自社会各界，他们的职业、社会地位、社会关系多样，拥有丰富的知识、技能、经验等。这些团体组织除与街道办、镇政府、乡政府等基层政府能形成密切联系外，与各级政府部门也有着密切关系。同时，他们也与社区居委会（村委会）和公民之间保持着密切的联系。其主要作用是为各级政府提出建议，以及向街道办、镇政府（乡政府）提出需求，通力协作居委会（村委会）防灾救灾，为社区公民提供社区服务，并监督政府防灾减灾政策的实施。

三是社区居委会（村委会）。社区居委会（村委会）是社区灾害风险治理体系中的核心，是联系政府、组织团体和公民的桥梁，为基层政府——街道办、镇政府（乡政府）提供建议，支持 NGOs、NPOs、CBOs 和志愿者等社区组织和专业组织，并将信息反馈给社区公民。

四是社区公民。社区公民是灾害风险治理的主要力量，他们在社区居委会（村委会）、NGOs、NPOs、CBOs 和志愿者等社区组织和专业组织的协助下，主动参与并充分利用自身资源进行防灾减灾活动，实施自救与互救。

（三）政社层面

从政府和社区关系层面看，在政府层面和社区层面各主体构成的灾害风险治理组织体系中，社区居委会（村委会）是防灾减灾社会关系网络的最基层的组织，它在社区组织和专业组织的协助下，成为连接政府部门和社区公众的重要纽带。社区居委会（村委会）的功能职责是整合各方意见和方案，代表社区提出防灾减灾建议和需求。

在基于社区的灾害风险网络治理机制下，灾害风险治理各主体——公私部门、公民之间能实现有效沟通、密切配合和通力合作，能充分挖掘和利用社区丰富的人力、物力和社会资源，特别是能发动社会公众有效参与，提高社会公众的参与积极性和主动性，以及能提高公众自救互救的能力和效果。因而，灾害风险治理取得良好的绩效，并能促进社区灾害风险治理可持续发展。

六　基于社区的灾害风险网络治理机制的实现途径

建立和优化基于社区的灾害风险网络治理机制是提升灾害风险网络治理绩效的重要路径。建立健全基于社区的灾害风险网络治理机制，增强社区与政府职能部门之间的沟通、协调能力和合作效果，对于社会提高灾害风险治理能力意义十分重大。

基于社区的灾害风险网络治理机制是灾害风险网络治理环境和行为有机结合的综合体，其构建是一项系统工程，需考虑全局、着眼长远、突出重点、抓住关键。当前，需加强应急预案法制体系、综合协调组织体系、治理标准体系、治理信息系统、治理信息平台的建设，并加强对基于社区的灾害风险网络治理机制的运行和效果的评估与监督。

第一，建立健全基于社区的灾害风险网络治理机制的预案法制体系。

预案法制体系是灾害风险治理机制建设的前提和依据，是基于社区的灾害风险网络治理机制运行的技术支撑。为此，建立完善相关预案法制，规定政府及其社会公众在应对灾害风险中的地位、权力和职责，为政府公共部门和社区公众依法、有序和有效应对灾害风险提供政策依据和法制保障。

当前，建立优化基于社区的灾害风险网络治理机制，需要进一步制修订应急预案法制，打破政府部门之间条块分割、各自为政的局面，克服政社沟通不畅、机制运行效率低下等弊端。未来，须根据我国应急管理预案法制的现状，借鉴国外的灾害风险治理经验和相关的机制，结合国内处理各种灾害风险的经验，通过制修订相关预案法制体系，特别是社区等基层单位的应急预案法制体系，促进社区层面的灾害风险治理主体充分参与、高效沟通、相互配合、协同应对，建立由政府应急管理部门主导、社会公众有序参与、多元主体有效联动的灾害风险网络治理机制。

第二，构建基于社区的灾害风险网络治理综合协调组织体系。

灾害风险治理机制要能顺畅和高效运行，建立具有决策功能的灾害风险综合协调部门和综合协调组织体系势在必行，其职责是为各灾害风险治理主体划分权责和监督权责执行，以便加强各地区、各部门、各级政府之间以及社会公众的相互协调能力和灾害风险处置能力。在各组织部门和整个组织体系中，社区组织应处于灾害风险治理的中枢位置，主要发挥桥梁和纽带作用。一般要由熟悉灾害风险治理的管理人员或专业人员组成。在必要的情况下，还需国内相关部门和相关国际机构建立协作机制，推动国内和国外灾害风险综合治理协调组织部门合作，由此形成一个由多地区、多类型、多层次的组织机构和体系，形成职责分工明确、组织体系完备、纵横沟通顺畅的综合协调组织体系。

第三，建立完善基于社区的灾害风险网络治理标准体系。

基于社区的灾害风险网络治理模式实现了灾害风险治理主体的外移，由政府公共部门外移到社区公众，灾害风险治理主体实现多元化。因此，在灾害风险治理过程中，从治理主体上看，往往涉及众多政府公共部门、社会组织、私人部门以及公民；从地区上看，不仅涉及本地区、本社区，还涉及周边甚至国内国际诸多地区；从应急资源上看，不仅涉及本地区和社区有限的物力和财力资源，还涉及其他地区丰富的资源。因此，要让这些多主体、多地区和多资源能快速、有序和高效投入灾害风险治理中，客观上需要一套公众熟悉和容易掌握的灾害风险治理术语、组织结构、行动计划、工作程序等。因此，有必要建立标准化的基于社区的灾害风险网络治理系统、多机构联动系统、公共信息沟通系统、应急资源管理系统和治理能力监督评估系统等。

第四，建立完善基于社区的灾害风险网络治理信息系统。

在今天这个高速发展的信息时代，灾害风险治理的信息化是实现灾害风险高效治理的前提和必要条件。随着信息技术的飞速发展，信息技术逐步应用到灾害风险治理领域。灾害风险治理信息系统是为灾害风险的预防、准备、响应和恢复等阶段提供信息服务的综合系统，其构成部分主要有基础设施、信息资源以及相关服务体系，如信息技术标准体系、信息应用服务系统及信息安全保障体系。灾害风险治理信息系统服务于灾害风险治理的全过程，贯穿于灾害风险治理的预防、准备、响应和恢复等阶段。

统一的标准和规范是灾害风险治理信息系统建设的政策依据和技术支撑，是开展灾害风险治理信息系统建设的前提条件。灾害风险治理信息系统的各类规范、指南和法规建立和完善，才能促进灾害风险治理信息系统建设有法可依和有序推进。因此，要结合信息技术、电子政务及其他风险管理标准化工作，加紧推进灾害风险治理信息系统标准体系建设。

第五，建立完善基于社区的灾害风险网络治理信息平台。

信息平台是灾害风险网络治理的基础。因此，要依据灾害风险治理相关信息系统标准，设计、优化和规范基于社区的灾害风险网络治理信息系统的体系结构、软件平台、硬件设施、数据库、应用系统等。为此，要建立完善统一的信息系统建设程序标准，指导和规范基于社区的灾害风险网络治理信息系统的开发和建设，以实现基于社区的灾害风险网络治理信息系统的互联互通、信息和资源共享，实现灾害风险治理信息化和高效率。

第六，加强对基于社区的灾害风险网络治理机制的运行和效果的评估与监督。

基于社区的灾害风险网络治理机制运行过程中，其治理主体来自多个部门、组织。众多治理主体针对灾害风险情况，执行各自在实际灾害风险治理工作中应承担的灾害风险治理任务。因此，有必要制定科学、规范的评价指标体系，对各灾害风险治理主体的灾害风险治理情况进行评价与监督。

对公私部门或公民的地位关系、权责分工与合作、沟通协调情况以及治理绩效进行评估，其作用主要有：一是了解灾害风险网络治理机制状况，发现并及时修改灾害风险网络治理机制和执行程序中的缺陷和不足；二是评估在该机制下各级政府部门及其他社会公众的灾害风险治理能力，澄清相关组织机构和人员的职责，促进不同组织机构和人员之间的协调沟通问题；三是检验社会公众对应急预案、执行程序的掌握情况和操作能力，不断提升公众应对灾害风险的素质和能力。如此，通过各个角度的评价，也可以发现治理机制存在不足和问题，确定今后改善优化机制的方向和重点。

七　小结

灾害风险网络治理机制是灾害风险治理系统的网络结构及其各子系统或各组成部分之间的网络关系和运行方式。建立和优化机制的目标是实现组织机构的效能最优。在传统的应急管理模式下，应急管理机制的局限性日益显现，如沟通不畅、条块分割、各自为政、协调困难等。灾害风险治理机制不优极大地影响了应急管理的绩效。因此，推进应急管理机制的优化是应对日益严峻的灾害风险形势的客观要求。

日、美两国实施以社区为中心的灾害风险治理机制表明，推进由基于政府的应急管理机制向基于社区的灾害风险治理机制的改革能促进各灾害风险治理主体之间的沟通和协调，促进公众提升自救互救能力，最终提升灾害风险治理绩效。

本研究设计的基于社区的灾害风险治理机制着眼于从政府层面、社区层面以及政府和社区层面之间的关系，着力加强政府、社区内部及其政府与社区之间的社会网络关系，促进灾害风险治理各主体之间既能做到合理分工，又能实现相互协作，并且能实现有效沟通，各主体之间形成一种高效的网络治理形态。

建立健全基于社区的灾害风险网络治理机制要从各方面着手，主要包括预案法制体系的完善、综合协调体系的构建、网络治理系统的建立和完善，网络治理信息系统和平台的建设，以及机制运行管理和监督体系的建立和完善，以及强化灾害风险治理的评估、监督和管理。

第八章　基于社区的灾害风险
网络治理模式的实施

　　模式是行为主体在实践过程中长期固化下来的一套操作系统，也是主体行为的一般方式。模式主要包括行为理念、系统结构和操作方法三部分，模式可以用公式表述为：模式＝理念＋结构＋方法。我们结合模式的定义和内容，构建基于社区的灾害风险网络治理模式的基本框架，即基于社区的灾害风险治理模式主要包括治理理念、组织机构和治理机制。

　　本书中的第五、六、七章分别对治理理念、组织机构和治理机制进行了探讨，本章进一步从总体上分析基于社区的灾害风险网络治理模式的特点及该模式的创新性，并结合我国具体国情和防灾减灾情景，分析我国实施基于社区的灾害风险网络治理模式的必要性和可行性，最后探讨了从应急管理模式到基于社区的灾害风险网络治理模式的转型途径。

一　基于社区的灾害风险网络治理模式的特点

　　传统的以政府为中心的应急管理模式是一种以政府为中心的垂直型管理模式，科层制特征明显，基于社区的灾害风险网络治理模式是一种以社区为中心的扁平化的网络治理模式，其特点是实现了以政府为应急管理重心下移到以社区为灾害风险治理重心，并实现了治理机制的网络化和社会化，最终推动灾害风险从政府"管理"到社区"治理"。

　　相对于传统的应急管理模式而言，基于社区的灾害风险网络治理模式在治理主体、结构、手段、权力和目标方面都具有与以往传统应急管理模式不同的特点。

第一，治理主体多元化。科层式应急管理模式下，应急管理主体单一，管理主体主要是政府公共部门，这从我国应急管理相关预案法制中可以得知，如我国《国家突发公共事件总体应急预案》等相关政府文件对应急管理的定义中就界定了我国应急管理主体：政府和公共机构，而企业、非政府组织、志愿者团体和公众等作为灾害风险第一受害者和主要应对者，相关文件对其规定较少、权责不明。在实际应急工作中，这些主体也处于从属地位和发挥次要作用。

基于社区的灾害风险网络治理模式实现了治理主体多元化。该模式下，灾害风险治理主体不仅包括政府等公共部门，也包括私人部门、社会团体组织、个体等多种治理主体，如社区、企业、学校、医院、NGOs、NPOs、CBOs 等基层单位和公民。而且，该模式下，社区、企业、学校、医院、NGOs、NPOs、CBOs 等基层单位和公民是灾害风险治理的重要主体。

第二，治理结构网络化。科层式应急管理模式实行自上而下的垂直型管理方式。如我国应急管理模式实行以政府为中心的垂直管理方式，《国家突发公共事件总体应急预案》规定，国务院是全国应急管理工作的最高行政领导机关，地方各级人民政府是本行政区域应急管理工作的行政领导机关。基于社区的灾害风险网络治理模式实现扁平化网络治理。网络治理改变了科层制管理中政府自上而下依靠行政权威的科层管理模式，治理主体通过平等合作方式，构建社会灾害风险治理网络，实现灾害风险协同治理。

第三，治理手段多样化。科层式应急管理模式管理手段比较单一，一般采取行政命令手段，实行"命令—控制"型管理方式，上级对下级实施行政命令和进行统一指挥，下级服从上级，下级执行上级任务。基于社区的灾害风险网络治理模式的实现治理手段多样化，不仅有行政手段，还有市场手段和社会手段等，实现多种手段的综合运用。譬如，政府从社会市场购买部分防灾减灾业务，部分防灾减灾业务实行外包等市场化方式。

第四，治理权力均衡化。科层式应急管理模式管理权力十分集中，管理权力主要集中在政府公共部门，而私人部门和个体等社会公众缺乏权力；基于社区的灾害风险网络治理模式实现治理权力均衡化。根据网络治理理论，网络治理的实质在于均衡的分权，灾害风险网络治理通过网络组织机构的构建及治理权力的分配，根据多元治理主体职能的定位，实现对灾害风险治理权力的均衡和合理分配。

第五，治理目标明确化。科层式应急管理模式下，管理层和社会公众的目标出现不同程度的异化。管理者在较大程度上为了创造政绩、履行职责而执行上级交代的应急管理任务，而社区公众为了执行任务而作出不同程度的消极被动应对。因此，各个主体的目标均出现一定程度的偏差，其目的未必指向防灾减灾，而在一定程度上是为了政绩和任务。基于社区的灾害风险网络治理模式下，由于灾害风险治理主体不仅是政府部门，还包括社区等基层单位和个人，且社会公众是防灾减灾的主体力量。该模式下，灾害风险治理目标相对比较明确，且各主体间目标容易达成一致，其目标旨在提高防灾减灾的质量和效率，满足公众防灾减灾需求，减少灾害风险的危害程度，增进灾害风险治理中的公共利益，提升灾害风险治理的绩效，最终促进社区可持续发展。

二　中国实施基于社区的灾害风险网络
治理模式的必要性和可行性

我国现行的应急管理模式起步较晚，且至今尚不完善。随着近年来灾害风险的日益严峻，我国应急管理模式的不足愈加显现。结合国内外灾害风险治理实践以及我国的国情，我国推进传统的应急管理模式向基于社区的灾害风险治理模式的转型有其必要性，也有其可行性。

（一）必要性

我国应急管理体系可以概括为"一案三制"，即应急管理预案、应急管理体制、应急管理机制和应急管理法制。2003年"非典"事件以来，我国已初步建立完善了以"一案三制"为基本框架的应急管理体系，中国以"一案三制"为核心的应急管理体系建设取得了重大的历史性进步：全国的应急预案体系已经基本完成，应急管理体制初步建立，应急管理机制不断完善，应急队伍体系初步形成。

然而，总的来说，我国现行应急管理模式是一种以政府为中心的科层制管理模式，在应急管理理念、组织机构和运行机制方面都存在较大的局限性。比如，在应急管理主体方面，该模式以政府为中心，注重政府公共部门在应急管理中的作用，而忽视了灾害风险重要的应对主体——社会公众的作用。实践表明，我国现行应急管理模式操作性差、效率低、协调困难、应急能力低①。

第一，应急管理理念落后，自救互救意识和能力低下。

我国应急管理体系建设起步较晚，且体系不完善。此外，我国一直以来实行科层制应急管理模式，采取命令—控制型应急管理方式。因此，无论是政府应急管理部门还是社会公众，普遍认为应急管理是政府的事务。灾害风险来临时，政府认为依靠公共资源和自身能力能应对一切灾害风险，在防灾救灾中往往采取"大包大揽"的做法；社会公众认为应对灾害风险是政府部门的职责，认为自己在灾害风险面前无能为力，往往"等、靠、要"政府公共部门的救助。由此，造成社会公众危机意识比较薄弱，且自救互救意识和能力均较低下。

第二，应急管理组织机构不健全，管理重心偏高。

目前我国应急管理模式下，应急管理重心仍然在政府公共部门，而基层单位，如乡镇街道、社区等应急管理的专门机构和专职人员缺乏，一般由乡镇街道、社区主要领导兼职担任"应急专干"，社区楼栋长、党员等担任"信息员"。目前在动员社会力量，特别是受灾群众参加防灾、抗灾、救灾工作方面，发动工作开展得不全面，发动范围不够广泛，发动程序不够健全，公众力量没有得到充分调动和发挥。在社会捐赠方面，相关优惠政策不够健全，救灾应急捐助机制不完善，社区公众如NGOs、NPOs、志愿者组织、社区组织与团体、居民等参与积极性不高，参与程度极低。公众参与不足客观上影响了灾害救助的社会动员工作。

第三，管理机制不优，应对效率低下。

由于我国应急管理机制以政府为中心，应急管理运行机制具有自上而下、"命令—控制"的特点，尚未形成有效的应急管理联动机制。在灾害风险应对工作中，临时应急管理机构部门如应急管理领导小组、专

---

① 范维澄、翁文国、张志：《国家公共安全和应急管理科技支撑体系建设的思考和建议》，《中国应急管理》2008 年第 4 期；薛澜、周海雷、陶鹏：《我国公众应急能力影响因素及培育路径研究》，《中国应急管理》2014 年第 5 期。

业应急机构、救援中心、专业协调委员会、指挥部中心等政府主体担任综合协调、指挥命令的角色。各级政府及相关部门虽能及时向灾区派遣救灾工作组，有利于应急处置决策和指导地方抗灾救灾工作。但有时工作组数量过多，工作内容和时间存在交叉，相互之间协调沟通不够，造成地方政府在应急期间反复接待、多次汇报，一定程度上分散了基层政府抗灾救灾工作的精力，影响了应急工作效果。同时，部门之间的灾害风险监测、预警、信息共享机制不完善，交换传递效率低下。

在应急管理实践中，我国应急管理总体协调机制不优，导致部门条块分割，协调联动不够。保险、社会捐赠等方面参与、支持应急管理工作的机制尚不完善，以及突发公共事件预测预警、信息报告、应急响应、恢复重建及调查评估等机制不完善，造成各地区、各部门以及各级各类应急管理机构的协调联动不够，条块分割，资源不能有效整合和实现信息共享。

总之，我国传统的以政府为中心的应急管理模式在管理理念、组织机构和运行机制方面的局限性日益显现，难以适应日益严峻的灾害风险形势，实现应急管理模式的转型势在必行。

（二）可行性

日本、美国是实施基于社区的灾害风险管理模式比较典型的国家。日本的基于社区的灾害风险治理模式和美国的全社区应急管理模式均是在以往以政府为中心的应急管理模式的基础上转型而来，是一种成功的灾害风险治理模式，其灾害风险治理绩效显著。尽管日本、美国与中国的国情和灾害风险形势、情景有所不同，但日本、美国的灾害风险管理模式仍然有很多地方值得我们借鉴。

基于社区的灾害风险网络治理模式是在借鉴日本、美国基于社区的灾害风险治理模式经验的基础上，结合应急管理相关理论提出的一种全新的灾害风险治理模式，从我国政策环境，以及模式本身（治理理念、组织机构和治理机制）来看，均具有可行性。

第一，政策环境可行。

2003年SARS事件以来，我国经历多次重大的灾害风险，我国党和政府以及社会各界均十分重视应急管理工作，从国家层面到地方层面再到社区层面，均制订了相关的预案法制，在这些预案法制中均对社区等基层单位应急管理的职责和义务有所规定，大力推动社区等基层单位、公民等社会公众积极参与应急管理工作。

从国家层面的预案法制看，《国家突发公共事件总体应急预案》《国务院关于全面加强应急管理工作的意见》《国务院办公厅关于加强基层应急管理工作的意见》《中华人民共和国突发事件应对法》《国家减灾委员会关于加强城乡社区综合减灾工作的指导意见》《国务院办公厅关于加强基层应急队伍建设的意见》等都强调"要加强以社区为单位的公众应急能力建设，发挥其在应对突发公共事件中的重要作用"，要"明确社区、乡村行政负责人、法定代表人、社区或村级组织负责人在应急管理中的职责，确定专（兼）职的工作人员或机构"，并明确提出要加大投入，强化社区等基层单位应急管理演练、基础设施建设、应急教育培训和宣传、志愿者队伍建设。

从地方层面的预案法制看，地方党和政府均十分重视社区应急管理工作，根据国家层面的相关政策，出台了符合地方实际的应急管理预案法制和实施方案等。以湖南省长沙市为例，《湖南省突发公共事件总体应急预案》《湖南省实施〈中华人民共和国突发事件应对法〉办法》《湖南省人民政府办公厅关于加强基层应急管理工作的实施意见》《长沙市突发事件总体应急预案》《长沙市岳麓区突发事件总体应急预案》《岳麓街道突发群体性事件应急预案》等应急管理预案和法制均对社区应急管理作出了规定，并较之国家层面的预案法制来说，对社区应急管理的规定更加明确和具体。如"要加强以社区为单位的公众应急能力建设，建立各类群众性的应急救援队伍，发挥其在应对突发公共事件中的重要作用"；要"充分动员和发挥社区（村）的作用，依靠公众力量，形成统一指挥、反应快速、功能齐全、协调有序、运转高效的应急管理机制"。地方层面的应急管理预案法制体系对社区应急管理的组织机构、运行机制、平台建设、应急预案、志愿者队伍等也都作出了比较详细和全面的规定。

从社区层面看，社区、行政村在上级相关党政部门的领导下，主要是在乡镇和街道办事处的领导下，2003年后几年内均陆续编制了相应的应急管理预案，按照应急管理预案法制规定成立了组织机构，加强了制度机制建设等。

因此，无论国家层面、地方层面还是社区层面，我国各个层面的政策都大力推动社区应急管理工作，越来越重视社区等基层单位以及公民在应急管理中的作用，这为社区应急管理工作的开展提供了良好的政策环境。

第二，治理理念可行。

基于社区的灾害风险网络治理模式所倡导的灾害风险治理理念不但顺应了世界灾害风险治理的实践，也切合我国当前防灾减灾的现实需求。该模式倡导政府公共部门和社区公众均为灾害风险治理的主体，政府公共部门在灾害风险治理中发挥主导、协调作用，而社区公众应在灾害风险治理中发挥主体作用；要促成政府应急管理部门和社区公众之间形成良好的协作、配合关系，充分发挥社区公众在灾害风险治理中的积极性、主动性和创造性；要充分挖掘和利用社区丰富的人力、物力和社会资源，用以补充政府公共部门资源的不足；要利用现代信息、网络等技术，创建平台，促成政府和社区良好的网络关系；灾害风险治理的目标要放眼长远，注重长期绩效和社区的可持续发展；等等。

这些理念与我国目前应急管理理念有着较大区别，但是我国未来应急管理理念转变的取向，也符合我国当前已有的应急管理预案法制、政策文件有关应急管理理念的精神指向。

第三，组织机构可行。

灾害风险治理主体包括政府公共部门和社区公众两大类，基于社区的灾害风险治理模式实现灾害风险治理重心下移和治理主体外移，政府公共部门不再是单一的灾害风险治理主体，社区公众成为灾害风险治理的重要主体。这两类主体相互协作，共同应对灾害风险。

我国 SARS 事件后，政府层面的应急管理组织机构得以快速建立，并不断完善，至今已经比较健全。企业、NGOs、NPOs、CBOs、医院、学校、厂矿等基层单位的组织机构也得到不同程度的重视，但总体上来说，我国基层单位的应急管理组织机构相对滞后。但是，我国国家、地方和社区层面的预案法制政策都日益注重社区等基层单位应急管理组织机构的建立和完善，各个层面的预案法制都规定要建立完善社区应急管理组织机构，如《国务院关于全面加强应急管理工作的意见》规定：要

"明确社区、乡村行政负责人，法定代表人，社区或村级组织负责人在应急管理中的职责，确定专（兼）职的工作人员或机构"；《国家减灾委员会关于加强城乡社区综合减灾工作的指导意见》指出要"加强社区综合减灾队伍建设"。地方层面看，譬如《湖南省人民政府办公厅关于加强基层应急管理工作的实施意见》指出要"居（村）委会等基层群众自治组织，要将应急管理纳入自治管理的重要内容，落实应急管理工作责任人"；《长沙市突发事件总体应急预案》指出"村民委员会、社区居民委员会应当明确应急管理工作领导机构，确定专人负责，积极协助上级人民政府做好突发事件应急管理工作"；《长沙市岳麓区突发事件总体应急预案》指出要"企业、社区（村）应当明确应急管理工作领导机构，确定专人负责，积极协助上级人民政府做好突发事件应急管理工作"；等等。

这些应急管理预案法制对社区组织机构的规定与基于社区的灾害风险治理模式中强化社区层面灾害风险治理组织机构的要求高度契合。而近年来的应急管理实践中，我国基层单位的应急管理组织机构也逐步建立和健全，为社区等基层单位的应急管理工作提供了组织保障。因此，基于社区的灾害风险治理模式的组织机构的设计构想具有现实可行性。

第四，治理机制可行。

基于社区的灾害风险治理模式构建了政府公共部门与社区公众网络化治理机制。在该机制下各个治理主体有着明确的权力和职责，相互之间实现合理的分工，也密切配合，并有着良好的沟通。基于社区的灾害风险网络治理机制有利于解决我国目前应急管理机制存在的条块分割、各自为政、多头领导和管理效率低下等现实困境。

同时，也符合我国各个层面预案法制体系的要求。我国各个层面的预案法制体系强调要加强应急管理利益相关者的沟通协调，如《国务院关于全面加强应急管理工作的意见》指出，要"构建统一指挥、反应灵敏、协调有序、运转高效的应急管理机制；完善应急管理法律法规，建设突发公共事件预警预报信息系统和专业化、社会化相结合的应急管理保障体系，形成政府主导、部门协调、军地结合、全社会共同参与的应急管理工作格局"。从地方层面看，如《湖南省人民政府办公厅关于加强基层应急管理工作的实施意见》指出，"居（村）委会及社区物业管理企业要加强值班工作，对可能发生或已经发生的突发公共事件，要在第一时间向上级政府及其有关部门报告情况，并及时向可能受到影响的单位、村组、职工、村民发出预警信息，同时采取有效措施控制事态发展"。

可见，基于社区的灾害风险治理机制具有理论和实践的可行性。

第五，技术支撑可行。

基于社区的灾害风险治理模式由于实现了管理重心下移和主体的外移，灾害风险治理实现了治理主体多元化、治理手段多样化、治理结构网络化。该模式下，传统的应急管理手段已经不再适应现代灾害风险治理要求，客观上要求灾害风险治理手段和方式的革新，建立灾害风险治理平台，利用计算机、网络技术、物联网等现代信息化手段进行灾害风险治理。

近年来，随着信息技术的飞速发展，计算机、物联网等信息技术已经逐步应用到社区应急管理领域，如利用网站、微信、物联网技术等收集和传播防灾减灾信息等。调研也表明，有些社区也已经建立和运用自己的防灾减灾专门网站、微信、APP 等，实行防灾减灾信息的收集和发布。随着时间的推移，移动互联网、大数据、物联网、云计算、人工智能等先进技术将会更加深入地应用到灾害风险治理领域。因此，现代信息技术的飞速发展，为基于社区的灾害风险治理提供了有力的技术支撑。

第六，社会防灾减灾文化氛围可行。

基于社区的灾害风险治理实现治理主体多元化，灾害风险治理主体不再是传统应急管理模式下的政府公共部门，还将社区公众纳入灾害风险治理主体，这要求各个参与主体积极、主动参与到灾害风险治理中来，并且发挥社区公众的主体地位和主体作用。充分发动社区公众参与灾害风险治理，需要有一个良好的社会防灾减灾氛围。

2003 年 SARS 事件以来，我国党和政府把应急管理工作提到了一个重要的议事日程，社会各界经历了数次重大的灾害风险后，对防灾减灾也日益重视。2016 年以来，经过多次的灾害风险的考验，社会公众的应急理念日趋科学、危机意识日趋强烈、应急活动日益活跃，由此促成社会防灾减灾文化氛围日趋浓厚。这些为基于社区的灾害风险治理模式的实施提供了良好的外部环境。

三 基于社区的灾害风险网络治理模式的实现途径

推进灾害风险管理改革，实现从传统应急管理模式到基于社区的灾害风险网络治理模式的转型，必须基于我国灾害风险情境，针对我国目前应急管理模式的缺陷，注重从应急理念、组织机构、运行机制、政策体系以及能力建设方面进行渐进式变革。

第一，促成基于社区的灾害风险网络治理理念。

应急理念对应急行动有着导向作用。要推进传统的应急管理模式向基于社区的灾害风险网络治理模式转型，要注重从公众的思想理念入手，摒弃陈旧的、偏颇的应急方面的思想认识，逐步培育和树立正确科学的应急理念。一方面，政府部门要转变思想观念，要认识到当前应急管理模式的不足，主要是现行应急管理模式、机制、管理手段、方式、资源等存在的局限性，摒弃"政府万能"以致"大包大揽"的观念，采取有效措施切实推动管理重心下移、主体外移和标准下沉。另一方面，社区公众要提高危机意识，认识到自身在灾害风险治理中的重要地位、职责和作用。要认识到灾害风险来临时，只有主要依靠自身力量，进行有效自救互救，才能将灾害风险的危害降低到最小的程度。

第二，构建基于社区的灾害风险网络治理组织结构。

健全的灾害风险治理组织机构是应对灾害风险的组织保障。日益严峻的灾害风险必须着眼于灾害风险发生源头、主要阵地和前沿哨口，重构和优化组织结构，推动以政府为管理重心的组织机构形态下移到以社区为治理中心的组织机构形态，并将网络治理等全新的治理形态引入社区灾害风险治理，构建社会公众广泛参与的社会联动的扁平化的网络治理组织机构。重新界定灾害风险网络治理主体地位、职责、功能和关系。切实赋予社区等基层单位应有的地位、职权，发挥其重要作用。通过改善灾害风险治理组织机构，建立形成低重心、多主体、网络化的组织机构，利用社会防灾减灾资源，实现灾害风险社会化和网络化治理。

第三，优化基于社区的灾害风险网络治理机制。

基于社区的灾害风险网络治理机制将网络治理理论引入灾害风险治理中，建立和优化包括公私组织和公民在内的公众广泛参与的全方位、多层次、综合性的灾害风险社会网络化治理机制，主要包括：改进灾害风险网络治理决策机制，优化决策程序，实现自上而下和自下而上决策机制的有机耦合；完善网络治理子机制的构成与运行机理，主要是：优化、设计网络治理运行方式、系统功能和运行机理；优化设计系统子机制：一是网络治理推动机制，主要包括利益驱动机制、政令推动机制和社会心理机制；二是约束机制，主要包括权利约束机制、利益驱动机制、责任约束机制和社会心理约束机制；三是把握各子机制之间的影响因素及其优化路径，实现各子机制协同放大作用；四是构建适应我国灾害风险情境的网络治理综合协调和协同运行机制。

第四，加强基于社区的灾害风险网络治理政策体系和能力建设。

当前，针对我国目前在应急管理实践中存在操作性差、效率低、协调困难、应急能力低等问题[1][2]，要推进灾害风险治理与政府管理、社会治理相关政策体系和能力建设的对接[3]，将注重短期效果的应急管理向注重灾害风险治理能力提升、推进可持续发展的灾害风险网络治理转型。为此，要出台适用于公众参与的可持续灾害风险网络治理政策体系和能力建设方案，并构建灾害风险网络治理绩效评估标准体系，实现对政府主导的网络治理模式下配套政策体系内容设计上的整合与协同。政策体系的制修订特别要注重能推进、提高公众的危机意识、风险认知、参与程度和能力，将全社会的防灾减灾能力的提升和社区等基层单位的可持续发展作为灾害风险治理绩效评价的重要标准和主要目标。

四　小结

基于社区的灾害风险网络治理模式是一个全新的概念，也是一种全新的可供实践的灾害风险治理模式。基于社区的灾害风险网络治理模式是在总结传统应急管理模式局限性的基础上应运而生的一种灾害风险治

---

① 范维澄、翁文国、张志：《国家公共安全和应急管理科技支撑体系建设的思考和建议》，《中国应急管理》2008 年第 4 期。

② 薛澜、周海雷、陶鹏：《我国公众应急能力影响因素及培育路径研究》，《中国应急管理》2014 年第 5 期。

③ 钟开斌：《中国应急管理的演进与转换：从体系建构到能力提升》，《理论探讨》2014 年第 2 期。

理模式。它避免了传统的应急管理模式的弊端，诸如管理重心偏高、主体单一、公众参与不足、资源局限性明显、部门割裂、多头领导等，而实现管理重心的下移，实现治理结构网络化、治理主体多元化、治理手段多样化、治理权力均衡化、治理目标明确化，这是基于社区的灾害风险网络治理模式的显著特点。

基于社区的灾害风险网络治理模式作为一种全新的灾害风险治理模式，其创新主要体现在概念和模式的创新。在概念创新方面，当今学界和实务界多用"社区应急管理模式""全社区应急管理模式""基于社区的灾害风险治理模式""社区风险管理模式"等，本研究试图提出"基于社区的灾害风险网络治理模式"这一新的概念；在模式创新方面，该模式的创新之处体现在"基于社区"和"网络治理"两方面，具体说来，基于社区的灾害风险网络治理模式一是要将管理重心由政府公共部门下移到社区等基层单位，二是充分发动社会公众广泛参与灾害风险治理，各治理主体之间形成有机的社会网络，实现网络治理。该模式本身的创新在治理理念方面、组织机构方面、治理机制方面都实现了一定程度的创新。

在中国当前灾害风险日趋严重和复杂的形势下，中国将来推进应急管理模式转型具有必要性。通过研究发现，无论是中国当前的应急管理政策环境、技术支撑以及防灾减灾社会文化氛围，还是模式本身，都具有可行性。

既然基于社区的灾害风险网络治理模式具有必要性，也具有可行性，未来推进应急管理模式向基于社区的灾害风险网络治理模式转型势在必行。首先，社会公众要转变理念，摒弃传统应急管理模式下过度依赖公助、应急管理是政府的职责、政府应该大包大揽等落后理念，而树立社会化、网络化的灾害风险治理理念；要建立完善适应基于社区的灾害风险网络治理模式的组织机构，为灾害风险治理提供组织保障；要优化以往条块分割、各自为政、沟通不畅的应急管理机制，而实现分工明确、配合密切、沟通顺畅的社会化网络治理机制。模式的转型需要有政策体系作为保障，为此，要建立完善我国当前应急政策体系，切实为推进向基于社区的灾害风险网络治理模式转型提供政策依据。

第九章 基于社区的灾害风险
网络治理政策体系

社区灾害风险治理预案法制体系是社区灾害风险治理的制度保障、政策依据和技术支撑。国内外研究表明，社区灾害风险治理预案法制对于引导社区公众广泛参与灾害风险治理、提升灾害风险治理绩效起着重要的作用①。随着灾害风险的日益复杂、频繁和严重，迫切需要不断建立完善科学的社区应急管理预案法制体系，提升社区灾害风险治理能力。近年来日、美等国家正在推进应急管理体系的变革，以推进向基于社区的灾害风险治理模式转型，促使社区公众广泛深入参与灾害风险治理来提升社区灾害风险治理绩效②。SARS 事件以来，我国也越来越重视社区应急管理预案法制体系建设，2007 年 8 月，《国务院办公厅关于加强基层应急管理工作的意见》指出，力争通过两到三年的努力，建立健全基层应急管理组织体系。2009 年 10 月，《国务院办公厅关于加强基层应急队伍建设的意见》强调通过三年左右的努力，乡镇、街道、企业等基层组织和单位基本形成基层应急队伍体系。2011 年 7 月，《国家减灾委员会关于加强城乡社区综合减灾工作的指导意见》指出经过五年左右的努力，使社区综合减灾预案编制率达 100%。

随着我国应急管理预案法制体系的建立完善和应急管理实践的深入，我国学者对应急管理预案法制体系等进行了比较深入的研究，但由于我国

---

① Md. Anwar Hossain, "Community Participation in Disaster Management: Role of Social Work to Enhance Participation", *Journal of Anthropology*, 2013, 19, pp. 159 – 171.

② Rajib Shaw, *Community Practices for Disaster Risk Reduction in Japan*, *Disaster Risk Reduction*, DOI 10. 1007/978 – 4 – 431 – 54246 – 9, 1, Springer Japan, 2014. CDC & CDC Foundation, "Building a Learning Community & Body of Knowledge: Implementing a Whole Community Approach to Emergency Management", 2013, 10.

应急管理预案法制体系起步晚、发展时间短，我国应急管理预案法制体系研究还存在着一些问题。当前已有研究多是针对应急管理单一预案①②或单一法制③或总体"一案三制"④ 的研究，对应急管理预案与法制体系同为应急管理规范性文件进行系统研究较少；多是针对国家和地方政府层面的预案法制体系的研究⑤，而对社区等基层单位预案法制体系研究较少。本章选取国家、地方和社区层面"一案三制"中有关社区预案与法制两类规范性、政策性文件及其体系作为研究对象，在梳理、分析和总结我国有关社区预案法制体系基础上，讨论我国现有预案法制体系规定下的社区应急管理要求、灾害风险治理需求以及社区公众应急响应等关键问题，最后提出了改善社区应急管理预案法制体系的建议。灾害风险治理标准是灾害风险治理的政策依据和技术支撑。我国灾害风险形势日趋严峻，但我国灾害风险治理标准化特别是社区灾害风险治理标准化严重滞后。

此外，社区灾害风险治理标准体系作为灾害风险治理的规范性文件，是灾害风险治理的政策依据和技术支撑。本章梳理了有关社区灾害风险治理标准体系类目与标准，提出了社区灾害风险治理标准体系框架，最后从机构建设、体制机制、人才队伍、经费投入和宣传教育等方面提出了加强社区灾害风险治理的标准化工作的建议。

一　中国社区应急管理预案法制体系的基本构成

（一）国家层面应急管理预案法制体系

2003 年 SARS 事件以来，我国逐步建立完善了"一案三制"的应急

---

① 钟开斌、张佳：《论应急预案的编制与管理》，《甘肃社会科学》2006 年第 3 期。

② 张海波：《中国应急预案体系的运行机理、绩效约束与管理优化》，《中国应急管理》2011 年第 6 期。

③ 朱陆民、董琳：《我国应急管理的法制建设探析》，《行政管理改革》2011 年第 6 期；莫于川：《我国的公共应急法制建设——非典危机管理实践提出的法制建设课题》，《中国人民大学学报》2003 年第 4 期。

④ 刘霞、严晓：《我国应急管理"一案三制"建设：挑战与重构》，《政治学研究》2011 年第 1 期；钟开斌：《"一案三制"：中国应急管理体系建设的基本框架》，《南京社会科学》2009 年第 11 期。

⑤ 薛澜、刘冰：《应急管理体系新挑战及其顶层设计》，《国家行政学院学报》2013 年第 1 期；徐松鹤、韩传峰、孟令鹏、吴启迪：《中国应急管理体系的动力结构分析及模式重构策略》，《中国软科学》2015 年第 7 期。

管理体系。"一案"即应急管理预案,包括应急管理总体预案、专项应急预案和部门应急预案;"三制"即应急管理法制、体制与机制,其中,应急管理法制包括应急管理法律、法规和规章①。从国家层面看,应急管理预案主要有《国家突发公共事件总体应急预案》、21 项国家专项应急预案以及 57 项国务院部门应急预案;法制主要有《中华人民共和国突发事件应对法》《国务院关于全面加强应急管理工作的意见》《国务院办公厅关于加强基层应急管理工作的意见》《国务院办公厅关于加强基层应急队伍建设的意见》以及《国家减灾委员会关于加强城乡社区综合减灾工作的指导意见》6 部法律和规章(见表 9 - 1)。

　　国家总体应急管理预案由国务院及国务院办公厅制定,法制主要由全国人大制定(见图 9 - 1);国家专项应急预案主要由国家相关行业部门制定(见表 9 - 2);国务院部门应急预案目前仅颁布实施了 2 项,分别是《公路交通突发公共事件应急预案》和《人感染高致病性禽流感应急预案》,其余 55 项正在制定中,尚未发布(见表 9 - 3)。从国家层面的应急管理预案法制目录看,我国国家层面应急管理预案法制体系完备,内容全面详尽,为我国应急管理工作开展提供了强有力的政策依据、支持和保障。

表 9 - 1　　　　　　　　**国家总体应急管理预案与法制**

相关文件	制定、管理部门	颁布实施时间
《国家突发公共事件总体应急预案》	国务院	2006 年 1 月
《国务院关于全面加强应急管理工作的意见》	国务院	2006 年 7 月
《国务院办公厅关于加强基层应急管理工作的意见》	国务院办公厅	2007 年 8 月
《中华人民共和国突发事件应对法》	十届人大第二十九次会议	2007 年 8 月
《国务院办公厅关于加强基层应急队伍建设的意见》	国务院办公厅	2009 年 10 月
《国家减灾委员会关于加强城乡社区综合减灾工作的指导意见》	国家减灾委员会	2011 年 7 月

---

　　① 钟开斌:《"一案三制":中国应急管理体系建设的基本框架》,《南京社会科学》2009年第 11 期。

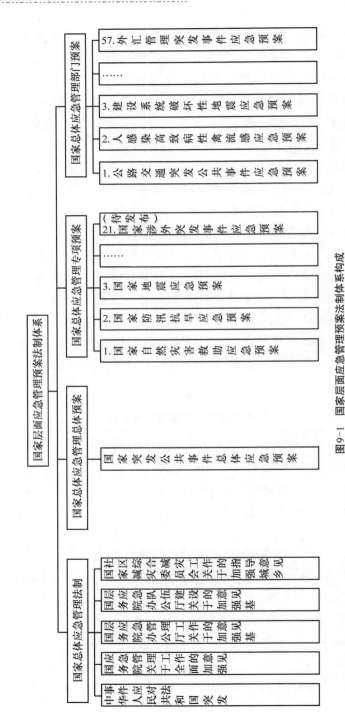

图9-1 国家层面应急管理预案法制体系构成

表 9 - 2　　　　　　　　　　国家专项应急预案

应急预案	制修订管理部门	颁布实施时间
1. 国家自然灾害救助应急预案	民政部	2011 年 10 月
2. 国家防汛抗旱应急预案	国家防总办公室	2006 年 1 月
3. 国家地震应急预案	中国地震局会同有关部门	2012 年 8 月
4. 国家突发地质灾害应急预案	国土资源	2006 年 1 月
5. 国家森林火灾应急预案	国家林业局会同有关部门	2012 年 12 月
6. 国家安全生产事故灾难应急预案	国务院安委会办公室	2006 年 1 月
7. 国家处置铁路行车事故应急预案	铁道部	2006 年 1 月
8. 国家处置民用航空器飞行事故应急预案	国务院民用航空主管部门	2006 年 1 月
9. 国家海上搜救应急预案	交通部	2006 年 1 月
10. 国家处置城市地铁事故灾难应急预案	建设部	2006 年 1 月
11. 国家处置电网大面积停电事件应急预案	国务院大面积停电应急协调机构	2006 年 1 月
12. 国家核应急预案	国家核应急协调委	2013 年 6 月
13. 国家突发环境事件应急预案	环境保护部	2006 年 1 月
14. 国家通信保障应急预案	工业和信息化部会同国务院有关部门	2011 年 12 月
15. 国家突发公共卫生事件应急预案	国务院有关部门	2006 年 2 月
16. 国家突发公共事件医疗卫生救援应急预案	国务院卫生行政部门	2016 年 2 月
17. 国家突发重大动物疫情应急预案	—	2006 年 2 月
18. 国家食品安全事故应急预案	国务院有关食品安全监管部门	2011 年 10 月
19. 国家粮食应急预案（待发布）	—	待发布
20. 国家金融突发事件应急预案（待发布）	—	待发布
21. 国家涉外突发事件应急预案（待发布）	—	待发布

表 9 - 3　　　　　国务院部门应急预案（部分待发布）

国务院部门应急预案	发布时间
1. 人感染高致病性禽流感应急预案	2006 年 7 月
2. 公路交通突发公共事件应急预案	2009 年 6 月
3. 建设系统破坏性地震应急预案	待发布
4. 铁路防洪应急预案	待发布
5. 铁路破坏性地震应急预案	待发布

国务院部门应急预案	发布时间
6. 铁路地质灾害应急预案	待发布
7. 农业重大自然灾害突发事件应急预案	待发布
8. 草原火灾应急预案	待发布
9. 农业重大有害生物及外来生物入侵突发事件应急预案	待发布
10. 农业转基因生物安全突发事件应急预案	待发布
11. 重大沙尘暴灾害应急预案	待发布
12. 重大外来林业有害生物应急预案	待发布
13. 重大气象灾害预警应急预案	待发布
14. 风暴潮、海啸、海冰灾害应急预案	待发布
15. 赤潮灾害应急预案	待发布
16. 三峡葛洲坝梯级枢纽破坏性地震应急预案	待发布
17. 中国红十字总会自然灾害等突发公共事件应急预案	待发布
18. 国防科技工业重特大生产安全事故应急预案	待发布
19. 建设工程重大质量安全事故应急预案	待发布
20. 城市供气系统重大事故应急预案	待发布
21. 城市供水系统重大事故应急预案	待发布
22. 城市桥梁重大事故应急预案	待发布
23. 铁路交通伤亡事故应急预案	待发布
24. 铁路火灾事故应急预案	待发布
25. 铁路危险化学品运输事故应急预案	待发布
26. 铁路网络与信息安全事故应急预案	待发布
27. 水路交通突发公共事件应急预案	待发布
28. 互联网网络安全应急预案	待发布
29. 渔业船舶水上安全突发事件应急预案	待发布
30. 农业环境污染突发事件应急预案	待发布
31. 特种设备特大事故应急预案	待发布
32. 重大林业生态破坏事故应急预案	待发布
33. 矿山事故灾难应急预案	待发布
34. 危险化学品事故灾难应急预案	待发布
35. 陆上石油天然气开采事故灾难应急预案	待发布
36. 陆上石油天然气储运事故灾难应急预案	待发布

续表

国务院部门应急预案	发布时间
37. 海洋石油天然气作业事故灾难应急预案	待发布
38. 海洋石油勘探开发溢油事故应急预案	待发布
39. 国家医药储备应急预案	待发布
40. 铁路突发公共卫生事件应急预案	待发布
41. 水生动物疫病应急预案	待发布
42. 进出境重大动物疫情应急处置预案	待发布
43. 突发公共卫生事件民用航空器应急控制预案	待发布
44. 药品和医疗器械突发性群体不良事件应急预案	待发布
45. 国家发展改革委综合应急预案	待发布
46. 煤电油运综合协调应急预案	待发布
47. 国家物资储备应急预案	待发布
48. 教育系统突发公共事件应急预案	待发布
49. 司法行政系统突发事件应急预案	待发布
50. 生活必需品市场供应突发事件应急预案	待发布
51. 公共文化场所和文化活动突发事件应急预案	待发布
52. 海关系统突发公共事件应急预案	待发布
53. 工商行政管理系统市场监管应急预案	待发布
54. 大型体育赛事及群众体育活动突发公共事件应急预案	待发布
55. 旅游突发公共事件应急预案	待发布
56. 新华社突发公共事件新闻报道应急预案	待发布
57. 外汇管理突发事件应急预案	待发布

（二）地方层面有关社区应急预案法制：以湖南省长沙市为例

从地方层面看，各省、市（州）、县（区）、街道各级政府均依据国家预案和法制建立了适应本地特点的预案与法制。地方应急预案主要包括：省级人民政府的突发公共事件总体应急预案、专项应急预案和部门应急预案，各市（地）、县（市）人民政府及其基层政权组织的突发公共事件应急预案；地方应急法制主要是省级人民政府发布的相关实施意见、办法等。省级人民政府总体应急预案共有 31 个省、自治区和直辖市的突发公共事件总体应急预案。地方应急预案在省级人民政府的领导下，按照分类管理、分级负责的原则，由地方人民政府及其有关部门分别制定。例如，湖南省长沙市 2006 年以来，在省、市、区、街道各级政府均建立了相应的应急管理预案法制（见表 9 - 4）。

表 9 - 4 　　　　　　　　　　　　**湖南省应急法规与预案**

预案法规	制修订、管理部门	颁布实施时间
湖南省突发公共事件总体应急预案	湖南省人民政府	2006 年 11 月
湖南省人民政府办公厅关于加强基层应急管理工作的实施意见	湖南省人民政府办公厅	2007 年 8 月
湖南省实施《中华人民共和国突发事件应对法》办法	湖南省第十一届人民代表大会常务委员会	2009 年 11 月
长沙市突发事件总体应急预案	长沙市人民政府	2013 年 7 月
长沙市岳麓区突发事件总体应急预案	长沙市岳麓人民政府	2013 年 11 月
岳麓街道突发群体性事件应急预案	长沙市岳麓区岳麓街道办事处	2017 年 1 月

（三）社区层面应急管理预案法制

在各级政府，特别是街道办、镇政府基层政府的要求下，社区范围内的学校、医院、厂矿、NGOs、NPOs、CBOs、企业事业单位、社会团体等基层单位、组织机构均按照相关要求制订了适用本单位的应急管理预案，内容涵盖应急管理组织机构、响应机制、设施设备、应急物资、应急演练、志愿者队伍、宣传教育培训等内容，体系结构比较完善，内容比较全面具体。如长沙市岳麓区岳麓街道阳光社区突发公共事件应急预案对应急管理工作原则、组织体系、预警机制、响应机制、教育培训等方面都作了比较详尽的规定（见表 9 - 5）。

表 9 - 5 　　**长沙市岳麓区岳麓街道阳光社区突发公共事件应急预案**

主范畴	副范畴	三级范畴
一、总则	1. 编制目的	
	2. 适用范围	
	3. 预案体系	1）社区预案；2）辖区单位预案
	4. 工作原则	

续表

主范畴	副范畴	三级范畴
二、社区应急工作状况	1. 社区基本情况	
	2. 社区资源情况	1）应急救援力量；2）应急保障设施设备；3）辖区单位情况；4）社区突发事件现状分析
三、组织体系	1. 组织指挥体系	1）指挥协调机构；2）社区应急协调小组职责；3）成员单位职责
	2. 应急保障体系	（1）可指挥使用的应急力量；（2）申请使用的应急支援力量
四、预防与预警机制	1. 信息监控	1）执勤网络；2）人员网络
	2. 信息报送	1）信息报送要求；2）信息报送内容；3）信息报送方式
	3. 预防预警	
五、应急响应	1. 突发公共卫生事件应急行动方案	1）突发疫情应急行动方案
		2）突发中毒事件应急行动方案
	2. 火灾事故应急行动方案	1）组织机构；2）应急处置
	3. 社区公共设施安全事件应急行动方案	1）突发大面积停电事故应急行动方案；2）突发大面积停水事件应急行动方案；3）煤气爆炸事故应急行动方案
	4. 突发群体性事件应急行动方案	1）组织机构；2）预警预防；3）信息报送；4）应急处置；5）善后工作
	5. 社区刑事治安案件应急行动方案	1）组织机构；2）应急处置；3）调查评估；4）信息发布；5）责任和奖惩
六、宣传、培训与演练	1. 宣传及公众信息交流	
	2. 培训与演练	
七、附则	1. 预案管理 2. 维护和更新 3. 预案实施	
八、附件		

二 中国社区应急管理预案法制体系分析

（一）中国社区应急管理预案法制体系发展历程

第一，我国社区应急管理工作起步晚，但发展快，体系比较完备。中华人民共和国成立后半个世纪，我国尚无完整的应急管理体系。2003年暴发 SARS 事件后，我国对应急管理工作给予了高度重视，并快速建立完善了应急管理预案法制体系。自从 2006 年我国建立第一项应急管理预案 11 年以来，我国建立完善了以"一案三制"为特征的应急管理预案法制体系。2006 年是我国发布应急预案法制的高峰时期，这一年，我国颁布了主要的应急总体预案和法制，包括《国家突发公共事件总体应急预案》等 11 项应急管理总体和专项预案和法制。同年，为深入贯彻实施《国家突发公共事件总体应急预案》，全面加强应急管理工作，国务院提出《关于全面加强应急管理工作的意见》；次年 8 月颁布了《中华人民共和国突发事件应对法》；2011 年 7 月，国家减灾委员会提出《关于加强城乡社区综合减灾工作的指导意见》。SARS 事件以来，国务院《建设系统破坏性地震应急预案》等 57 项部门应急预案，以及《国家自然灾害救助应急预案》等 21 项专项应急预案也正在制定颁布中。2006年以来我国国家层面历年来发布的国家总体、专项和部门预案法制共 26项，其发展趋势如图 9 - 2 所示。

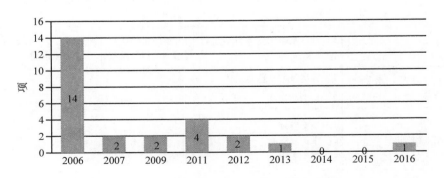

图 9 - 2　中国国家层面应急预案法制情况

地方政府依据国家相关预案法制，根据地方灾害风险实际情况，陆续制订完善符合地方实际情况的应急管理预案法制体系，主要有省（自治区）、市（州）、县（区）、街道（镇）、社区（村）等各级各类应急管理预案和法制。

第二，我国社区灾害风险管理工作起步晚，时间短，处于初步形成期。2003 年 SARS 事件暴发后，我国才逐渐重视和加强社区应急管理工作，我国正式建立比较健全的应急管理体系是从 2006 年开始。因此，我国开始真正重视加强应急管理工作和正式全面建立完善应急管理体系至今不过短短的 11 年时间，至今仍在不断建立和完善之中，国家层面至今还有大约 3 项部门应急预案和 54 项国务院部门应急预案仍未制订和发布。

11 年来我国国家层面、地方层面和社区层面均初步建立完善了"一案三制"为特征的应急管理体系，这些应急管理预案和法制均涉及社区灾害风险管理。尽管短期内我国从无到有快速建立了比较完善的应急管理预案法制体系，但由于我国应急管理体系起步晚，发展时间短，相对西方国家来说，我国各个层面的应急预案法制体系仍不完善，如英国早在 1920 年就颁布了《应急权力法案》，1948 年颁布了《民房法案》；美国 1936 年颁布的《美国联邦法规》第 44 部分就对应急管理和援助作出了规定。1976 年，美国颁布《全国紧急状态法》对灾害风险防治作出了全面规定①。

（二）中国应急管理预案法制体系结构

目前，从国家层面、地方层面到社区层面都建立了相应的应急管理预案法制体系，国家层面还制定了专项应急管理预案和国务院部门应急管理预案；同时，地方和社区层面也建立了相应的预案法制体系。各类预案和法制门类齐全、数量较多、覆盖面较广，涵盖了自然灾害、事故灾难、公共卫生事件和社会安全事件等各类灾害风险。

从类别看，我国应急预案法制体系包括预案、法律、法规和规章等政策性、规范性文件，主要由应急预案组成，应急预案包括应急总体预

---

① Kshama Gupta, Pramod Kumar, S. K. Pathan, K. P. Sharma, "Urban Neighborhood Green In-dex——A Measure of Green Spaces in Urban Areas", *Landscape and Urban Planning*, 105 (2012), pp. 325 – 335.

案、专项应急预案和部门应急预案。从制定管理部门看，总体预案主要由国务院省级人民政府部门提出，专项应急预案主要由国务院职能部门及其相应的行政职能单位制定管理，如国务院安委会办、民政部、国家减灾委等，企业很少作为起草单位。《意见》等政策性文件主要由国务院和省级人民政府提出，法律、办法等法规由全国人大和省级人大常委会制定发布。

从级别看，我国社区应急管理预案法制体系主要由国家层面、地方层面和社区层面的预案和法制组成。国家层面主要包括 1 项总体应急预案、21 项国家专项应急预案以及 57 项国务院部门应急预案（已发布 2 项）和 3 项法制；地方层面应急预案具体包括：省级人民政府的突发公共事件总体应急预案，专项应急预案和部门应急预案，各市（地）、县（市）人民政府及其基层政权组织的突发公共事件应急预案；社区层面主要有学校、医院、厂矿、企业、社会团体等基层公私单位的预案法制。

（三）中国应急管理预案法制有关社区应急管理的规定

社区应急管理预案法制体系虽然建立起步晚、时间短，但社区应急管理预案法制体系内容覆盖比较全面，从国家层面到地方层面的应急管理预案和法制，以及部分专项应急预案均重视社区应急管理，对社区应急管理作出了规定，内容涉及社区应急管理理念、组织机构、运行机制、平台建设、资金投入、公众参与、教育培训等各个方面。

一是国家层面。《国家突发公共事件总体应急预案》等 6 项国家层面的应急管理预案和法制均对社区应急管理作出了规定，除《国家突发公共事件总体应急预案》对社区应急管理规定相对薄弱外，其他如《中华人民共和国突发事件应对法》等 5 项国家层面的预案法制均对社区应急管理作出了规定，内容涉及社区综合减灾预案编制、社区综合减灾队伍建设、防灾减灾培训演练、社区应急设施设备建设、社区减灾装备配备、应急救灾物资储备，以及防灾减灾知识宣传普及等方面作出了规定（见表 9 - 6）。

表 9-6　　　　　　　国家层面预案法制有关社区应急管理的规定

相关预案法制	有关社区应急管理的规定
《国家突发公共事件总体应急预案》（2006 年 1 月）	要加强以社区为单位的公众应急能力建设，发挥其在应对突发公共事件中的重要作用
《国务院关于全面加强应急管理工作的意见》（2006 年 7 月）	社区、乡村要经常开展风险隐患的排查，及时解决存在的问题； 明确社区、乡村行政负责人、法定代表人、社区或村级组织负责人在应急管理中的职责，确定专（兼）职的工作人员或机构； 加强基层应急投入，结合实际制订各类应急预案，增强第一时间预防和处置各类突发公共事件的能力。社区要针对群众生活中可能遇到的突发公共事件，制订操作性强的应急预案； 经常性地开展应急知识宣传，做到家喻户晓； 乡村要因地制宜加强应急基础设施建设，努力提高群众自救、互救能力
《国务院办公厅关于加强基层应急管理工作的意见》（2007 年 8 月）	社区和乡村要充分利用活动室、文化站、文化广场以及宣传栏等场所，通过多种形式广泛开展应急知识普及教育，提高群众公共安全意识和自救互救能力； 要进一步扩大应急预案覆盖面，力争到 2008 年底，所有街道、乡镇、社区、村庄和各类企事业单位完成应急预案编制工作； 城市社区要加强消防、避难场所、医疗卫生等公共安全基础设施建设，按要求配备应急器材； 推进社区服务信息平台建设，利用现有的计算机终端与区县的应急指挥平台联网，有条件的社区，可布局一批电子监控设备，随时掌控辖区的安全状况，实现信息、图像的快速采集和处理； 居（村）委会及社区物业管理企业要加强值班工作； 居委会、村委会要将应急管理作为自治管理的重要内容，落实应急管理工作责任人，做好群众的组织、动员工作； 居（村）委会应做好应急队伍组建工作
《中华人民共和国突发事件应对法》（2007 年 8 月）	居民委员会、村民委员会应当及时调解处理可能引发社会安全事件的矛盾纠纷； 居民委员会、村民委员会应当根据所在地人民政府的要求，结合各自的实际情况，开展有关突发事件应急知识的宣传普及活动和必要的应急演练； 居民委员会、村民委员会应当建立专职或者兼职信息报告员制度； 突发事件发生地的居民委员会、村民委员会和其他组织应当按照当地人民政府的决定、命令，进行宣传动员，组织群众开展自救和互救，协助维护社会秩序

续表

相关预案法制	有关社区应急管理的规定
《国务院办公厅关于加强基层应急队伍建设的意见》（2009年10月）	防汛抗旱重点区域和重要地段的村委会，要组织本村村民和属地相关单位人员参加，组建村防汛抗旱队伍；县级气象部门要组织村干部和有经验的相关人员组建气象灾害应急队伍；容易受气象、地质灾害影响的乡村、企业、学校等基层组织单位，要在气象、地质部门的组织下，明确参与应急队伍的人员及其职责，定期开展相关知识培训
《国家减灾委员会关于加强城乡社区综合减灾工作的指导意见》（2011年7月）	开展社区灾害隐患排查和治理；建立健全灾害日常监测预警制度；编制社区综合减灾预案；加强社区综合减灾队伍建设；开展防灾减灾培训演练；加强社区灾害应急避难场所建设；做好社区减灾装备配备和应急救灾物资储备；强化防灾减灾知识宣传普及

　　二是地方层面。以湖南省长沙市为例。地方各级政府应急管理部门日益重视社区等公众在应急管理中的作用，在相关预案法制中对社区应急管理均作出了规定，强调加强社区公众的自救互救，开展群防联防，协同应对。从省、市、区（县）、街道（镇）各级政府预案法制来看，主要内容包括应急救援队伍、制定预案、开展宣传普及活动、应急演练、基础设施建设、应急器材配备、工作领导机构、建立情报信息网络等。但各预案法制对社区应急管理内容规定各有侧重，甚至对应急管理基本内容出现疏漏情况，规定不全面。如组织结构方面，《湖南省突发公共事件总体应急预案》《湖南省实施〈中华人民共和国突发事件应对法〉办法》和《湖南省人民政府办公厅关于加强基层应急管理工作的实施意见》均没有提及建立组织机构，仅仅市和区预案提出要明确组织机构，以及加强志愿者队伍建设（如表9-7所示）。

表9-7　湖南各级政府应急管理预案法制体系关于社区应急管理的规定

相关预案法制	有关社区应急管理的规定
《湖南省突发公共事件总体应急预案》	应充分动员和发挥社区的作用，依靠公众力量，协同应对；突发公共事件发生单位和所在乡镇、社区负有先期处置的第一责任，要组织群众开展自救、互救；要加强以社区为单位的公众应急能力建设，建立各类群众性的应急救援队伍，发挥其在应对突发公共事件中的重要作用；突发公共事件发生地的社区组织应当积极发动和组织群众，开展群防联防，协助公安部门实施治安保卫工作

相关预案法制	有关社区应急管理的规定
《湖南省实施〈中华人民共和国突发事件应对法〉办法》	村（居）民委员会应当配合人民政府做好突发事件应对工作，村（居）民委员会和企业事业单位应当经常性地排查、消除突发事件隐患，及时、有效处理各类社会矛盾纠纷，并及时依法公开相关信息； 鼓励村（居）民委员会根据实际情况制定相应的突发事件应急预案； 村（居）民委员会应当结合实际情况，开展应急知识宣传普及活动； 村（居）民委员会应当开展有针对性的应急演练； 村（居）民委员会应当向社会公开抢险救灾、救济、社会捐助等款物的管理、分配和使用等情况，并接受有关部门的审计和监督
《湖南省人民政府办公厅关于加强基层应急管理工作的实施意见》	社区、乡村要针对群众生活中可能遇到的突发公共事件，充分利用活动室、文化站、文化广场以及宣传栏等场所，广泛开展应急知识普及教育，提高群众公共安全意识和自救互救能力； 社区、村要在 2007 年底前完成应急预案编制工作； 居（村）委会等基层群众自治组织，要将应急管理纳入自治管理的重要内容，落实应急管理工作责任人，做好群众的组织、动员工作； 社区、乡村要加强与当地专业救援队伍的联系，支持专业队伍的建设，建立与专业队伍的信息沟通渠道； 城市社区要严格功能分区，特别是"城中村"、人口密集场所和工业区等高风险地区，要加强消防、避险场所等公共安全基础设施建设，按要求配备应急器材； 推进社区服务信息平台建设，利用现有的计算机终端与县市区应急指挥平台联网，实现信息、图像的快速采集和处理；有条件的社区，可布局一批电子监控设备，随时掌控辖区的安全状况； 社区、乡村要特别重视矛盾纠纷和其他影响社会安全隐患的排查化解工作，防范发生群体性事件； 居（村）委会及社区物业管理企业要加强值班工作，对可能发生或已经发生的突发公共事件，要在第一时间向上级政府及其有关部门报告情况，并及时向可能受到影响的单位、村组、职工、村民发出预警信息，同时采取有效措施控制事态发展； 社区、乡村、企业、学校要切实加大对应急物资的投入，制订应急物资保障方案，重点加强防护用品、救援装备、救援器材的物资储备，做到数量充足、品种齐全、质量可靠
《长沙市突发事件总体应急预案》	社区（村）根据本预案及相关专项应急预案和部门应急预案，为应对本单位突发事件而制订的工作计划、保障方案和操作规程； 村民委员会、社区居民委员会应当明确应急管理工作领导机构，确定专人负责，积极协助上级人民政府做好突发事件应急管理工作； 事件发生村委会（居委会）负有先期处置的第一责任，要立即拨打报警电话，并采取措施控制事态发展； 组织群众自救、互救，组织人员疏散，迅速控制危险源，抢救受伤人员等； 居委会、村委会等基层单位应当结合各自的实际情况开展必要的应急演练； 村（居）委会等基层单位要结合实际情况开展应急知识普及活动

相关预案法制	有关社区应急管理的规定
《长沙市岳麓区突发事件总体应急预案》	充分动员和发挥社区（村）的作用，依靠公众力量，形成统一指挥、反应快速、功能齐全、协调有序、运转高效的应急管理机制； 社区（村）等企事业基层单位根据本预案及相关专项应急预案和部门应急预案，为应对本单位突发事件而制订的工作计划、保障方案和操作规程； 企业、社区（村）应当明确应急管理工作领导机构，确定专人负责，积极协助上级人民政府做好突发事件应急管理工作； 要加强以社区为单位的公众应对处置能力建设，建立各类群众性应急救援队伍，发挥其在应对处置突发事件中的重要作用； 村委会、居委会应当积极发动和组织群众，开展群防联治，协助应急管理部门和公安部门实施治安保卫工作； 居委会、村委会应当结合各自的实际情况开展必要的应急演练； 村（居）委会和企事业单位等基层单位要因地制宜，利用多种形式加强应急知识的宣传和辅导
《岳麓街道突发群体性事件应急预案》	各村（社区）各单位要制订针对群体性事件的有效预防、预警和处置措施，建立高效、灵敏的情报信息网络，加强对涉稳信息的收集、研判，进行全面评估和预测；及时为领导提供全面、客观、准确的决策依据；对获取的可能属于群体性事件的预警性信息应在30分钟内报告

三 应急管理制度与灾害风险治理现实

（一）科层制应急管理要求与社区灾害风险治理需求

科层制具有"二律背反"的功能失调问题，即科层制的形式的合理性与实际的合理性的背离，美国著名社会学家罗伯特·金·默顿和彼得·布劳（Peter Blau）称这种现象为"科层制的反功能"。默顿认为，科层组织按照一成不变的规则仪式主义去办事，官员们逐渐把遵守规则看作目的本身，就会丧失对新情况灵活的反应能力，就可能变得专横，就会使组织实现主要目标的进程受到阻碍①。默顿还认为，在科层制组织中，官员们养成了机械地照章办事的习惯，科层制不鼓励根据自己的判断进行决策或寻求创造性解决问题的办法，而要求按照一系列客观标准来处理问题，这种僵化将导致所谓的"科层制仪式主义"。也就是说，

---

① 李德全：《科层制及其官僚化过程研究》，博士学位论文，浙江大学，2004年。

官员们可能不顾是否还有更好的、更适合的解决问题的办法，仍然不惜一切代价地固守规则。此外，遵守科层制的规则，可能导致执行程序优先于实现组织目标。过于强调正确的程序，可能失去解决问题的最佳时机，失去对"大局"的把握。在这种情况下，可能产生公众与科层制之间的紧张关系①。

我国现行应急管理预案法制规定下的应急管理体系科层制特征明显，可称之为"科层式"政府应急管理体系②。我国各个层面的预案法制对社区应急管理的规定均体现了科层制特征。国家层面，《中华人民共和国突发事件应对法》规定："国家建立统一领导、综合协调、分类管理、分级负责、属地管理为主的应急管理体制"；《国家突发公共事件总体应急预案》的工作原则是"统一领导，分级负责。在党中央、国务院的统一领导下，建立健全分类管理、分级负责，条块结合、属地管理为主的应急管理体制，在各级党委领导下，实行行政领导责任制，充分发挥专业应急指挥机构的作用"。地方层面，现行预案法制规定村委会、居委会在应急管理中应起协助、配合作用，如《湖南省突发公共事件总体应急预案》规定"社区组织应当协助公安部门实施治安保卫工作"；《湖南省实施〈中华人民共和国突发事件应对法〉办法》规定"村（居）民委员会应当配合人民政府做好突发事件应对工作"；《长沙市突发事件总体应急预案》《区突发事件总体应急预案》均规定"企业、社区（村）应当积极协助上级人民政府做好突发事件应急管理工作"。

我国现行的预案法制体系规定下的科层制应急管理模式是政府直控型或者说是行政命令型的应急管理模式，上级政府对下级政府实行的是领导、命令和指挥作用，下级政府服从上级政府领导③。以政府为中心的自上而下的应急管理模式有利于发挥行政部门的领导作用，强化公共管理部门在应急管理中的职责，推动政府公共部门全力应对灾害风险。

---

① 张忠利、刘春兰：《韦伯科层制理论及其蕴含的管理思想》，《河北工业大学学报》（社会科学版）2009 年第 4 期。

② 程惠霞：《"科层式"应急管理体系及其优化：基于"治理能力现代化"的视角》，《中国行政管理》2016 年第 3 期。

③ 郑拓：《突发性公共事件与政府部门间的协作及其制度困境》，博士学位论文，复旦大学，2013 年。

特别是在巨灾风险应对活动中，这种举国应对体制优势发挥得更加明显。但是，科层制应急管理模式往往易导致权责集中在政府公共部门，政府官员往往习惯按照既定规章制度履行职责、执行任务，且比较注重短期显性政绩，而往往忽视社区公众在灾害风险治理中的地位、权责、作用和隐性绩效。而社会公众习惯依赖、听任、服从应急管理部门的指挥和安排。因此，现行预案法制体系导致基层单位等社会公众对政府公共部门的过度依赖，社会公众参与不足和应对能力低下，从而导致灾害风险绩效低下。

各级政府制定预案法制目标无疑旨在有效应对灾害风险，将灾害风险影响程度最小化。但目前我国预案法制体系往往导致出现科层制的"二律背反"的功能失调问题。科层制应急管理体系规定下的管理模式具有形式合理性，但往往与灾害风险治理的实际合理性相背离，因而产生"科层制的反功能"，主要表现在：一方面，我国应急管理体系规定的科层制规则要求遵循汇报—决策—命令等严格程序，实际操作过程中可能导致执行灾害风险响应规则的形式程序目标优先于实现灾害风险影响降到最低程度的实际需求目标。而过于强调"正确"的响应规则和程序，很可能失去预防和应对灾害风险的最佳时机，从而失去将灾害风险影响降到最低程度的时机；另一方面，突发性、非常规性的灾害风险事件需要政府和社会公众及时、灵活地预防、预警和处置，而科层制不鼓励公众根据自己的判断进行决策或寻求创造性解决问题的办法，要求按照一系列客观规则、程序和标准来处理问题。可见，"科层式"应急管理体系的组织要件存在隐患，其运行较为封闭，与复杂环境和非结构性突发事件的应急管理需求存在较大差距[1]。

因此，提升应急管理绩效必须克服科层制应急管理体系"反功能"弊端，实现应急管理模式体系形式的合理性与实际的合理性统一，也即实现政府科层制应急管理体系规定下的管理形式符合社区灾害风险治理客观要求，必须推进现行应急管理体系下应急管理模式转型，实现管理重心由政府下移到社区，治理主体由政府公共部门外移到社区公众，提

---

[1] 程惠霞：《"科层式"应急管理体系及其优化：基于"治理能力现代化"的视角》，《中国行政管理》2016 年第 3 期。

升公众参与灾害风险治理程度与能力。为此，在我国现行科层制应急管理体制现实制度前提下，需要进一步调整科层制应急管理模式下政府公共部门与社区公众的地位和职责权限边界，处理好政府官员政绩与灾害风险绩效提升的矛盾，并处理好政府与公众的互动关系，寻求两者在灾害风险治理问题上利益整合。同时，通过政策引导、制度建设和激励措施等手段，充分发挥社区公众在灾害风险治理中的积极性、主动性和创造性，提升社区公众灾害风险治理参与程度、地位、能力和作用。下一节中，笔者将进一步讨论灾害风险治理主体及其社区公众应急响应问题。

（二）社区灾害风险治理需求与社区公众应急响应

灾害风险应对活动，包括政府公共部门对灾害风险的管理活动，也包括政府公共部门以及社会公众对灾害风险的处置活动。灾害风险应对主体是政府还是公众？这需要从灾害风险的客观要求、灾害风险应对中的响应顺序、地位、作用等方面予以确定。

传统的应急管理模式的特点是以政府为中心。在灾害风险应对中，政府是灾害风险的主要应对者，居于主体地位，发挥着主要作用。政府应急管理部门通过行政命令型的手段，采取大包大揽的方式①，几乎包揽灾害风险处置的一切活动。由于灾害风险的突然性、破坏性、紧迫性等特征，单一主体的资源和能力往往难以有效应对严峻的灾害风险②。因此，随着灾害风险的日益频繁、复杂和严重，政府资源和能力局限性凸显，客观要求充分挖掘和利用社会资源，发动包括政府公共部门、NGOs、NPOs、CBOs、企业、学校、厂矿、医院、社会团体、志愿者组织等基层公私部门和公民普遍参与、协同应对。

灾害风险治理绩效与社会公众响应程度成正相关关系，社会公众参与的积极性、主动性的充分发挥对灾害风险治理绩效的提升有着至关重要的作用。特别是在灾害风险的预防与应急准备、监测与预警中，社区

---

① 薛澜、刘冰：《应急管理体系新挑战及其顶层设计》，《国家行政学院学报》2013 年第 1 期。

② FEMA，"A Whole Community Approach to Emergency Management：Principles，Themes，and Pathw-ays for Action"，2011，11.

公众甚至发挥着比政府公共部门更为重要的作用。社区公众作为灾害风险的直接受害者和第一响应者，各个主体能发挥各自资源、行业的优势，在灾害风险应对中，往往能利用社区内丰富的物力和人力资源，在第一时间发挥着各自独特的作用，协同应对灾害风险，且能将灾害风险影响程度降到最低。

在灾害风险治理中，各治理主体要求职责分工明确，权力边界清晰。政府公共部门的主要职责功能是全面组织防灾减灾、制定计划、综合协调、安排经费、推进防灾业务实施、指导建议等；社区公众各类主体中，企业、学校、NGOs、NPOs、CBOs、社会团体等基层单位的主要职责是建立完善防灾减灾组织机构、开展防灾减灾业务；社区公民的职责是履行防灾减灾责任，进行自救互救[1]。

实际上，社区公众是灾害风险治理的主体，在灾害风险治理中发挥着主要作用。近年来，众多国家纷纷通过推进应急管理模式的转型来促进灾害风险应对主体由政府公共部门外移到社会公众，以充分挖掘和利用社区已有资源，发挥社区公众独特的作用。如日本实行基于社区的灾害风险治理模式[2]，美国实行全社区的应急管理模式[3]。美、日新型风险治理模式将社区公众视为灾害风险治理的主体，推动公众在灾害风险治理中起"领导"作用，充分利用丰富的资源，提高公众自救互救能力，最终提升灾害风险应对能力，减轻灾害风险的危害。实践表明，公众参与程度和能力的提高极大地提升了灾害风险治理绩效[4]。灾害风险治理的主体由政府公共部门外移到社区公众，实现治理主体多元化，并提升社区公众参与程度和能力，是我国加强灾害风险治理的着力点和有效途径。

---

① 杨安华、田一：《企业参与灾害管理能力发展：从阪神地震到 3·11 地震的日本探索》，《风险灾害危机研究》2017 年第 1 期。

② Rajib Shaw, *Community Practices for Disaster Risk Reduction in Japan*, *Disaster Risk Re-duction*, DOI 10. 1007/978 - 4 - 431 - 54246 - 9, 1, Springer Japan, 2014.

③ FEMA, "A Whole Community Approach to Emergency Management: Principles, Themes, and Pathw - ays for Action", December 2011.

④ FEMA, "Promising Examples of FEMA's Whole Community Approach to Emergency Manage-ment", http://www. cdcfoundation. org/whole-community-promising-examples, 2015, 11, 2.

四　中国社区应急管理预案法制体系存在的主要问题

第一，应急管理预案法制体系不完善。

应急管理预案法制规定、应急管理行政要求与社区灾害风险治理实际需求存在差距，社区灾害风险治理响应能力不足，主要表现在以下两方面。

一是我国应急管理体系处于初步形成期，尽管近 11 年来得以快速发展，但我国应急管理预案法制体系仍不完善，社区层面应急管理相关预案法制尤显薄弱。各层面预案法制中对社区作用认识重视程度不够，对社区应急管理治理理念、社区应急管理组织机构、机制等规定模糊和缺失，社区灾害风险治理的主体地位没有得到应有体现。

二是我国现行的预案法制体系中，特别是在地方层面的预案法规中，各级政府部门出于政绩考虑，往往注重政府公共部门的应急管理的职责、义务，各级政府执行部门按照相关预案法制规定和上级政府的要求执行应急管理任务，而忽视社区公众的灾害风险客观需求，如长沙市岳麓街道应急预案对街道范围内的各个科室等公共部门的权责规定很详细，但对社区公众在应急管理的权责规定缺失。以上两方面原因，导致社区灾害风险治理响应能力不足，社区灾害风险治理绩效不高。

第二，应急管理预案法制系统性、科学性和可行性不够。

有关社区的应急管理预案法制交叉重叠严重，缺乏系统性、整体性、科学性和可行性。

一是涉及社区应急管理的预案法制众多，交叉重叠现象严重。2006年以来，国家层面已颁布了比较全面系统的应急管理总体预案、基本法制、专项预案和部门预案，地方层面各省、市、县、街道、社区各级政府部门均按照上级部门要求制定了预案和法制。目前，国家层面和地方层面相关预案法制繁多，从国家层面到地方层面的预案、法制、部分专项预案以及部门预案均对社区应急管理作出了规定，但不同的预案法制对社区应急管理工作规定内容交叉重叠现象严重。如国家层面专门针对社区等基层单位的预案法制有：《国务院办公厅关于加强基层应急管理工作的意见》《国务院办公厅关于加强基层应急队伍建设的意见》《国家减灾委员会关于加强城乡社区综合减灾工作的指导意见》，这些预案法制对社区应急管理都作出了规定，各个预案法制内容交叉重叠现象比较严重。

二是涉及社区应急管理的预案法制各有侧重，缺乏系统性和整体性。甚至一些地方应急管理预案法制对国家相关预案法制中关于社区应急管理的基本要件和内容规定没有得到体现，暴露了地方应急管理部门对社区应急管理重视程度不够，部门之间协调不畅，无疑会影响基层部门顺利开展应急管理工作。如社区应急管理组织机构是应急管理预案法制的最基本的内容，从国家层面预案法制看，《国务院关于全面加强应急管理工作的意见》规定"要确定专（兼）职的工作人员或机构"；《国务院办公厅关于加强基层应急管理工作的意见》规定"居委会、村委会要落实应急管理工作责任人，居（村）委会应做好应急队伍组建工作"；《国务院办公厅关于加强基层应急队伍建设的意见》规定"村委会要组织本村村民和属地相关单位人员参加，组建村防汛抗旱队伍"；《国家减灾委员会关于加强城乡社区综合减灾工作的指导意见》规定"要加强社区综合减灾队伍建设"；等等，这些预案法制对社区应急管理组织机构的规定各有侧重，表述不一，规定各异，缺乏系统性和整体性，甚至有些基本预案法制缺失对这些基本内容的规定，如《中华人民共和国突发事件应对法》对社区应急管理组织机构尚未作出规定。

三是一些社区应急管理预案法制还存在照搬照抄上级部门应急管理预案法制，缺乏科学性和可行性的问题。在国家层面预案和法制对社区应急管理规定已经比较全面和具体的前提下，省、市、县级层面仍然无法针对具体社区作出更深入细致的规定，但一些地方政府仍然出台相应的法规政策，主要是国家关于预案、法制的相应的实施意见。这种情况下，这些实施意见要么大量照抄国家层面的法规和预案，要么另辟蹊径，另作一些其他规定和要求。在国家层面相关预案法制和预案比较全面的情况下，另辟蹊径往往偏离国家相关法规预案基本内容规定，从而导致"走样"。如国家 2007 年 8 月 7 日出台《国务院办公厅关于加强基层应急管理工作的意见》，此后，广东、江西等大部分省对《意见》进行了转发，但一些省份进一步出台了相关实施意见，如湖南省于 2007 年 8 月

20 日出台《湖南省人民政府办公厅关于加强基层应急管理工作的实施意见》。仔细研究发现，湖南省实施意见中关于社区应急管理方面并没有对此进行深化细化，而是绝大部分照抄照搬国务院办公厅的《意见》。

第三，社区应急管理相关规定操作性不强。

近年来，我国国家层面部分基本预案法制体系得以快速建立和完善。但是，关于社区应急管理的内容仍然比较单薄，规定比较笼统，操作性不强。

国家层面部分基本预案法制相关规定对基层单位的责任和义务缺乏明确规定，因此在实际操作中缺乏执行力。如《国家突发公共事件总体应急预案》对于社区应急管理的理念、组织机构、机制等规定较少，仅仅强调"要加强以社区为单位的公众应急能力建设，发挥其在应对突发公共事件中的重要作用"；《中华人民共和国突发事件应对法》仅仅规定"居民委员会、村民委员会应当及时调解处理可能引发社会安全事件的矛盾纠纷，应当开展有关突发事件应急知识的宣传普及活动和必要的应急演练；应当建立专职或者兼职信息报告员制度；应当按照当地人民政府的决定、命令，进行宣传动员，组织群众开展自救和互救，协助维护社会秩序"。而发达国家国家层面应急管理基本预案法制对基层单位应急管理作了详尽的规定和要求，如日本《灾害对策基本法》对于市町村、地方公共团体及其基层单位风险治理的组织机构、职责、防灾计划、事前和灾时的应急措施等运用了大量篇幅作出了详细的规定①。

第四，应急管理重心偏高。

目前我国应急管理预案法制规定的应急管理重心仍然偏高，对于实现管理重心下移带来政策障碍。

一是现行预案法制体系主要对县级以上政府部门在应急管理中的权责和义务进行规定。如《中华人民共和国突发事件应对法》规定："县级人民政府对本行政区域内突发事件的应对工作负责"。《应对法》对于县级以下政府没有作出具体的制度安排。《应对法》整部法律出现"人民政府"词 103 处，"县级以上人民政府"词 24 处之多，其他较多的是对"国务院""中国人民解放军""中国人民武装警察部队"

---

① 王德迅：《日本危机管理体制研究》，中国社会科学出版社 2013 年版，第 312—313 页。

"民兵组织"等公共部门组织的规定，而"社区""居民委员会""村民委员会"等词只有 5 处，且内容比较单薄。调查也表明，街道、镇政府是没有常设应急管理组织机构的。甚至部分区县也没有应急管理机构，如 H 市应急办主任说："现在区县应急管理机构都不很健全，有的区县以前有应急办，现在甚至机构都没有了，如 H 市 B 区都没有了，原因不是没必要，是因为编制只有那么多。"（调研文件编号CS16050401）

二是社区应急管理在国家层面预案法制体系中体现不够，在地方层面应急管理预案法制体系中更被弱化。首先，国家层面预案法制对社区应急管理规定比较薄弱。尽管我国国家层面部分基本预案法制，如《国务院关于全面加强应急管理工作的意见》《中华人民共和国突发事件应对法》，特别是《国家减灾委员会关于加强城乡社区综合减灾工作的指导意见》对社区应急管理工作作出了一定规定，其地位和作用得到应有的重视和体现，但部分基本预案法制对社区应急管理规定薄弱，如《国家突发公共事件总体应急预案》中，对社区应急管理涉及不多，对基层应急管理重要性重视不够，仅仅在工作原则和保障措施中规定了社区的部分职责功能。其次，有关社区应急管理的规定在地方层面预案法制中被弱化，与国家层面和地方层面应急管理预案法制中对社区应急管理的重要性的强调不相称。在地方层面应急管理中，地方政府出于对显性政绩和短期绩效的考虑，往往强调公权的作用而忽视社区公众的作用，强调各级政府公共部门的权责，而社区在应急管理中的责任和义务没有得到应有重视。地方层面尤其是区（县）、街道（镇）和社区层面本来应该对社区应急管理更加细化和具体化，而实际却未能得到应有的重视和体现。如《长沙市岳麓街道突发群体性事件应急预案》并没有对社区应急管理的理念、组织机构、机制、设施设备等方面作出更详细、更具体的规定，而相对国家、省、区应急预案关于社区应急管理规定更显薄弱。

第五，社区公众的角色定位出现偏差。

相关预案法制对社区公众的角色定位仍然是"从属""服从"地位，作用仍然是"协助""配合"，而其应有的主体地位未能得以体现，这对于发挥社区公众在灾害风险治理中的应有作用有较大的障碍。

长期以来，我国实行科层式的行政管理体制①，这种行政管理体制也体现在应急管理方面，即实行以政府为中心的应急管理体制。该体制下，我国应急管理实践中，政府担任主体角色，发挥主要作用，而社会公众处于从属地位，发挥辅助作用②。如《中华人民共和国突发事件应对法》规定："突发事件发生地的居民委员会、村民委员会和其他组织应当按照当地人民政府的决定、命令，协助维护社会秩序"。在我国地方看中央、下级看上级的行政体制下③，地方预案法制也均规定社区应"协助""配合"上级部门执行任务，如《湖南省突发公共事件总体应急预案》规定"社区组织应当协助公安部门实施治安保卫工作"；《湖南省实施〈中华人民共和国突发事件应对法〉办法》规定"村（居）民委员会应当配合人民政府做好突发事件应对工作"；《长沙市突发事件总体应急预案》规定"村民委员会、社区居民委员会应当积极协助上级人民政府做好突发事件应急管理工作"；《长沙市岳麓区突发事件总体应急预案》规定"企业、社区（村）应当积极协助上级人民政府做好突发事件应急管理工作"。

在自上而下的行政体制下，政府和社会往往注重应急管理政府公共部门的职责和义务，而忽视社会公众的职责、功能和作用。国家、地方层面预案法制对社区均发挥"协助""配合"作用，使社区在灾害风险应对中处于法定的"从属""被动"地位，社区在灾害风险管理中的主体地位没有得到应有体现，其积极性、主动性和主体作用难以得到发挥。我国现行灾害风险命令—控制型管理对于推动社区公众积极主动参与社区灾害风险治理产生了较大的障碍。

第六，社区应急管理预案重规划、轻落实。

SARS 事件以来，大多数社区等基层单位均已建立了社区应急管理预案，但部分社区应急管理预案针对性、实用性、可行性不强，特别是一些社区存在照抄照搬其他应急管理预案的现象。应急管理预案有关风险治理规定理念落后，仍然持依靠政府公助，而忽视社区公众自救互救的

---

① 童星：《从科层制管理走向网络型治理——社会治理创新的关键路径》，《学术月刊》2015 年第 10 期。

② 陈容、崔鹏：《社区灾害风险管理现状与展望》，《灾害学》2013 年第 1 期。

③ 薛澜：《中国应急管理系统的演变》，《行政管理改革》2010 年第 8 期。

理念；组织机构不健全，运行机制不协调顺畅。更值得注意的是，诸多社区应急管理预案缺乏应有的评价方案和实施细则，这无疑会影响社区应急管理预案的执行力和效果，导致出现应急预案流于形式，难以操作和落实。

五 改善基于社区的灾害风险网络治理政策体系的建议

第一，推动灾害风险管理重心下移。

完善国家、地方层面应急管理预案法制中关于社区应急管理的规定，推动灾害风险管理重心下移，将应急管理重心由县级以上政府层面下沉到社区层面。为此，建议加强完善国家层面、地方层面应急管理预案法制关于社区应急管理的规定，从社区灾害风险治理理念、组织机构、治理机制等基本要素对社区灾害风险治理作出具体规定；明确和强化社区公众在灾害风险治理中应有的责任和义务，强化其主体地位，改变"从属"地位和"协助""配合"作用，充分发挥其在灾害风险治理中的主体作用；切实下放权力，扩大社区在灾害风险治理中的自主权；推进应急管理公共部门下放权力，释放资源，加强社区层面应急管理投入，加强社区基层单位应急管理基础设施设备建设，并充分挖掘、利用和发挥社区公众资源。

第二，加强社区层面的灾害风险治理预案体系建设。

加强社区层面的应急管理预案法制体系建设，通过推进构建基于社区的灾害风险网络治理模式促进灾害风险治理工作。为此，建议按照灾害风险治理模式的构成要件治理理念、组织机构、治理机制完善社区层面的灾害风险治理预案体系。首先，强化社区公众自救互救理念，提高社区公众的自救互救意识和技能，发挥社区公众的灾害风险治理积极性、主动性，提高社区公众灾害风险治理参与程度和能力。其次，健全社区层面应急管理的组织机构，建立完善专（兼）职组织机构和人员队伍；确立社区居委会在基层单位应急管理体系中的核心地位和重要作用，逐步构建以社区委员会为中心的包括社区范围内所有公众的基层应急管理网络治理组织机构。明确社区基层单位、公民等公众的责任和义务，通过政策引导、制度建设和激励措施推动社区公众广泛参与风险治理。再次，优化内外联通的灾害风险网络治理机制，构建社区层面的以居委会为核心的应急管理综合协调机制。

第三，加强社区应急管理预案编制的系统性、科学性和可行性。

加强部门之间应急管理预案和法制的协调和整合，加强社区基层单位的应急管理预案编制的系统性、科学性和可行性。建议改革现有的分散的部门管理体制，建立综合部门规划协调，各部门分工协作的公务合作机制①，联合开展社区应急管理预案与法制的制修订和实施工作；进一步修改完善总体预案和基本法制特别是地方层面预案和法制中有关社区公众的应急管理内容，按照应急管理理念、组织机构和治理机制等风险治理模式的基本要件修订完善社区灾害风险治理预案和法制；减少和避免国家层面特别是地方层面交叉重叠的应急管理预案法制及其内容；进一步加强基层单位之间的沟通、协作，强化基层单位应急管理预案法制的系统性、协调性和整体性。

第四，建立社区应急管理目标责任制。

建立以防为主、防治结合的社区应急管理目标责任制，强化执行和监督考评。建议各级政府特别是地方政府摒弃注重显性政绩和短期绩效的轻事前预防、重事后处置的应急管理目标责任制，建立以防为主、防治结合的注重长期绩效的应急管理目标责任制。加强应急预警与应急准备、监测与预警阶段的考核评价与监督。特别要注意的是，应补充完善社区基层单位应急管理预案的考核评价方案和具体的实施细则，并强化监督和考评，把应急管理的长期绩效作为社区等基层单位及相关上级部门和官员工作绩效与晋升考核的重要评价标准。

六 社区灾害风险治理标准体系

灾害风险治理标准是预防和应对灾害风险的政策依据和技术支撑，加强灾害风险治理标准化，特别是社区等基层单位的灾害风险治理标准化，是保障我国人民群众生命和财产安全、削减灾害风险、促进经济社

---

① 秦海波、李颖明、梁丽华：《"十一五"中国草地保护工作评估与政策建议》，《中国软科学》2013 年第 12 期。

会安全有序运行和可持续发展的内在要求。

以社区为中心的社区灾害风险治理标准是灾害风险治理标准体系的重要组成部分。美、英等发达国家十分重视社区灾害风险治理，社区灾害风险治理标准体系十分完善，各基层单位都有相应的灾害风险治理标准，如社区①、图书馆②、企业③等灾害风险治理标准十分完善规范；分工与协作涉及国家④、地区⑤、社区⑥各个层面单位；风险种类包括洪水、冰雹、火灾、化学危害等⑦；风险治理流程环节也十分规范完善，包括风险评估、应对和恢复等程序⑧。我国灾害风险管理标准主要集中在国家和地方层面，社区等基层单位灾害风险意识弱、基础薄、标准化滞后⑨。本节通过对我国社区灾害风险治理标准体系类目与标准的梳理，提出社区灾害风险治理标准体系框架以及实施社区灾害风险治理标准化的建议。

（一）社区灾害风险治理标准化的背景和需求分析

第一，灾害风险治理标准是灾害风险治理的基础和依据。

标准化是为了在一定范围内获得最佳秩序。标准化是科学管理和现

① Brigade, L. F., *London Community Risk Register*, London: Greater London Authority 2011. Bland, S., "Emergency planning", *Journal of the Royal Army Medical Corps*, 2007, 153 (2), pp. 126 – 129.

② T R K S L, "Environmental Risks in Africa the Case of Egypt", (2011.6.12) [2014.11.11], http://www. geema. org/documentos/1316174204H4mGY9nk1Ia03EW6.

③ Wu, D., Olson, D. L., "Enterprise Risk Management: Coping with Model Risk in a Large Bank", *Journal of The Operational Research Society*, 2010, 61 (2), pp. 179 – 190. Chapman, R. J., *Simple Tools and Techniques for Enterprise Risk Management*, John Wiley & Sons, 2006. Nocco, B. W., Stulz R. M., "Enterprise Risk Management: Theory and Practice", *Journal of Applied Corporate Finance*, 2006, 18 (4), pp. 8 – 20.

④ Cabinet Office, "National Risk Register", London: Cabinet Office, 2008.

⑤ Team, L. R., "London Community Risk Register", London : Greater London Authority, 2011, 9.

⑥ Warwickshire, "Warwickshire Community Risk Register", (2010.10.11.) [2014.11.13.], http://www. warwickshire. gov. uk/communityriskregister.

⑦ Cabinet Office, "*National Risk Register 2013*", London: Cabinet Office, 2013.

⑧ Masten, A. S., Obradovic, J., "Disaster Preparation and Recovery: Lessons from Research on Resilience in Human Development", *Ecology and Society*, 2008, 13 (1), pp. 1 – 16.

⑨ 薛澜、张强、钟开斌：《危机管理：转型期中国面临的挑战》，《中国软科学》2003年第4期。

代化治理的前提、基础、重要手段和必要条件。灾害风险治理标准是预防和应对灾害风险的法规依据和技术支撑，是提高灾害风险治理绩效的技术保证和有效途径，也是推广有关灾害风险治理新产品、新材料、新技术、新科研成果的桥梁。灾害风险治理标准化能保障身体健康和生命安全，大量的环保标准、卫生标准和安全标准制定发布后，用法律形式强制执行，对保障人民的身体健康和生命财产安全具有重大作用。通过标准化以及相关技术政策的实施，可以整合和引导社会资源，激活科技要素，推动自主创新与开放创新，加速技术积累、科技进步、成果推广、创新扩散、产业升级以及经济、社会、环境的全面、协调、可持续发展。

总之，加强灾害风险治理标准化，特别是社区等基层单位的灾害风险治理标准化，是保障我国人民群众生命和财产安全、削减灾害风险、促进经济社会安全有序运行和健康可持续发展的内在要求。

第二，社区是风险治理的重要阵地和前沿哨口。

社区是人们生活、休闲、工作的主要场所，社区公众是灾害风险的第一反应者、第一受害者和主要应对者。加强社区的风险治理对维护人们的正常生活、工作秩序和保护人们的生命财产安全有着重要的意义。社区灾害风险治理是对灾害风险的一种超前预防，通过社区、企业等基层单位公众的感性认识和对有关社区、企业地理位置、气候环境、居住人口状况等方面的数据信息的收集整理，对社区各种类型的灾害风险进行评估和分析、描述，预测可能发生的灾害风险类型、发展趋势、影响范围、程度等，并采取一定的措施减少、降低、消除灾害风险发生的可能性和概率，消除隐患，可以将灾害风险的发生控制在萌芽状态，降低、避免灾害风险的发生，减少、避免人身伤亡和财产损失。

第三，我国社区灾害风险治理标准化滞后。

国际安全科学领域著名的"海恩法则"认为，每一起严重事故背后，必然有 29 次轻微事故和 300 起未遂先兆，而这些征兆背后又有 1000 个事故隐患。事故是有征兆和隐患的，在很大程度上也是可以预防和控制的。我国当前严峻的灾害风险形势与灾害风险治理水平有着密切关系。近年来，虽然我国灾害风险治理水平有所提高，但与发达国家相比，还存在诸多问题，还不能满足当前我国灾害风险治理的应有要求。特别是社区灾害风险法律法规和标准体系不完善是导致我国灾害风险治理水平低下、灾害风险频发的主要原因之一。

我国在灾害风险方面的研究起步较迟，相关标准、规范和法律出台较晚且数量较少，当前虽有一定数量的标准规范和法律法规，但不够健全深入。如应急体系法律法规不完善；突发事件应急处理办法的可操作性不强，法律条文规定得过于笼统，专门立法很少，操作性不强[①]等，而社区标准化更显不足和滞后。

因此，加强我国社区灾害风险治理标准规范建设是应对我国严峻的灾害风险形势的迫切需要，也是完善我国灾害风险治理标准体系建设的本身需要，是削减和消除灾害风险，保障人民人身、财产安全，促进正常运行和发展，推进经济社会健康持续发展的政策保障和技术支撑。

（二）我国社区灾害风险治理标准体系的构建

1. 原则

（1）以人为本的原则

社区灾害风险治理标准化的首要任务是维护当地群众的根本利益，最大限度地减少和避免各类灾害风险给当地人民群众带来的威胁和危害，保障人民群众生命和财产安全。

（2）预防为主的原则

社区灾害风险治理标准化应注重各类灾害风险的日常治理工作，加强基础性、常规性灾害风险治理监督工作，提高防范意识，增强预警分析，做好预案演练，减少和防止重大灾害风险的发生。特别是防止已经存在的"潜在的危害"转化为"突发事件"[②]。

（3）统一协调的原则

社区灾害风险治理标准化应有利于实现政府公共部门、私人部门、社会团体组织和个人协同应对社区灾害风险的局面。因此，要建立社区

[①] 刘士驻、任亿：《论城市应急管理》，《中国公共安全：学术版》2006 年第 4 期。

[②] 薛澜、周玲：《风险管理："关口再前移"的有力保障》，《中国应急管理》2007 年第 11 期。

灾害风险治理指挥平台，形成社区灾害风险治理体系，实现灾害风险治理的有序协作和有效分工。

（4）广泛参与的原则

标准的制修订和实施应最大限度地发挥当地人民群众的积极性，动员广大人民群众参与到标准的制修订和贯彻实施中来。调动政府、社会、公民等各利益相关方的积极性，形成政府、企业、志愿者队伍和广大公民等相结合的灾害风险应对体制，实现灾害风险治理的社会化[①]。

2. 依据

以国家和地方政府有关法律、法规、规章和相关政策为依据，主要有消防、生产、公共卫生、防震、社会救助、灾害风险、突发事件、减灾、动物防疫、食品安全等18项相应的法律法规；国家突发公共事件总体应急预案，以及国家专项应急预案21项；国务院部门应急预案57项，以及省级总体应急预案31项。

3. 框架

（1）社区灾害风险治理标准框架

我国灾害风险治理初步建立了由质量标准、产品标准、方法标准和基础通用标准构成的标准体系，在一定程度上满足了我国社区对灾害风险治理的需求。灾害风险治理标准可分为自然灾害类、事故灾害类、公共卫生事件类和社会安全类四类（见图9-3）。

（2）社区灾害风险治理标准体系类目与标准

现行的社区、企业等社区灾害风险治理标准按体系类目分，可分为地震救援、电气安全、防尘防毒、防洪管理、风险管理等50个体系类目，共180项标准，覆盖社区、企业等社区生产、生活等各个方面（见表9-8）。

（3）社区灾害风险治理标准体系框架

根据社区、企业等社区的生活生产实际行业领域，本研究将社区、企业等社区灾害风险治理类别划分为水、电、气、火等17个行业领域，并将上表（见表9-8）50个体系类目的各项标准归纳到该17个行业领域，方便社区灾害风险治理过程中的实际操作与实施（见图9-4）。

---

① 李彤：《论城市公共安全的风险管理》，《中国安全科学学报》2008年第3期。

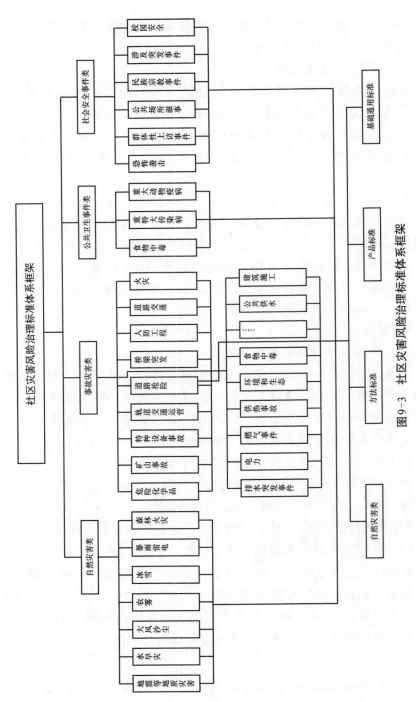

图 9-3 社区灾害风险治理标准体系框架

表9-8 社区灾害风险治理标准体系类目

体系类目名称	项目名称	项目编号	级别	性质	类别
1 地震救援	1.1 社区志愿者地震应急与救援工作指南	GB/T23648-2009	国家标准	推荐性标准	方法标准
2 电气安全	2.1 电气设备的安全 风险评估和风险降低 第1部分：总则	GB/T22696.1-2008	国家标准	推荐性标准	基础通用标准
	2.2 电气设备的安全 风险评估和风险降低 第2部分：风险分析和风险评价	GB/T22696.2-2008	国家标准	推荐性标准	基础通用标准
	2.3 电气设备的安全 风险评估和风险降低 第3部分：危险、危险处境和危险事件的示例	GB/T22696.3-2008	国家标准	推荐性标准	基础通用标准
	2.4 电气设备的安全 风险评估和风险降低 第4部分：风险降低	20090097-T-469	国家标准	推荐性标准	基础通用标准
	2.5 电气设备的安全 风险评估和风险降低 第5部分：风险评估方法示例	20090098-T-469	国家标准	推荐性标准	基础通用标准
	2.6 电气设备热表面灼伤风险评估 第1部分：总则	GB/T22697.1-2008	国家标准	推荐性标准	基础通用标准
	2.7 电气设备热表面灼伤风险评估 第2部分：灼伤阈值	GB/T22697.2-2008	国家标准	推荐性标准	基础通用标准
	2.8 电气设备热表面灼伤风险评估 第3部分：防护措施	GB/T22697.3-2008	国家标准	推荐性标准	基础通用标准
3 电子和电工机械专用设备制造	3.1 雷电防护 第2部分：风险管理	GB/T21714.2-2008	国家标准	推荐性标准	基础通用标准
4 防尘防毒	4.1 区域职业危害风险综合评价与分级技术标准		行业标准	推荐性标准	方法标准
	4.2 应急预案中防尘防毒技术规定		国家标准	强制性标准	管理标准
	4.3 作业场所化学物质职业危害风险评估技术规范		行业标准	推荐性标准	方法标准

续表

体系类目名称		项目名称	项目编号	级别	性质	类别
5 防洪管理	5.1	城市防洪应急预案编制导则		行业标准	推荐性标准	基础通用标准
	5.2	防洪风险评价导则	2003 年财政专项	行业标准	推荐性标准	基础通用标准
	5.3	防台风应急预案编制导则	水规计〔2009〕451 号	行业标准	推荐性标准	基础通用标准
	5.4	防汛应急预案编制导则	2008 年财政专项	行业标准	推荐性标准	基础通用标准
	5.5	洪涝灾害评估标准	2007 年财政专项	行业标准	推荐性标准	基础通用标准
	5.6	洪水风险图编制导则	2007 年财政专项	行业标准	推荐性标准	基础通用标准
	5.7	山洪灾害监测预警系统设计导则	水规计〔2009〕451 号	行业标准	推荐性标准	基础通用标准
	5.8	山洪灾害应急预案编制导则	水规计〔2008〕394 号	行业标准	推荐性标准	基础通用标准
	5.9	水旱灾害遥感监测评估技术规范		行业标准	推荐性标准	基础通用标准
6 防震减灾通用	6.1	防震减灾术语 第 1 部分: 基本术语	GB/T18207.1 – 2008	国家标准	推荐性标准	基础通用标准
	6.2	防震减灾术语 第 2 部分: 专业术语	GB/T18207.2 – 2005	国家标准	推荐性标准	基础通用标准
7 房屋和土木工程建筑业通用	7.1	集中式蓄电池应急电源装置	建标〔2005〕81 号	行业标准	推荐性标准	产品标准
8 风险管理	8.1	空间信息技术自然灾害预警及评估	20076435 – T – 314	国家标准	推荐性标准	基础通用标准
	8.2	灾害避难场所管理		行业标准	推荐性标准	管理标准
	8.3	自然灾害体分类与编码		行业标准	推荐性标准	基础通用标准
	8.4	自然灾害现场调查评估 第 1 部分: 总则		行业标准	推荐性标准	基础通用标准
	8.5	自然灾害现场调查评估 第 2 部分: 房屋倒损		行业标准	推荐性标准	基础通用标准
	8.6	自然灾害现场调查评估 第 3 部分: 农作物损失		行业标准	推荐性标准	基础通用标准

续表

体系类目名称	项目名称	项目编号	级别	性质	类别
8 风险管理	8.7 自然灾害灾情统计扩展指标 第2部分：基础设施损失情况		国家标准	推荐性标准	管理标准
	8.8 综合灾害风险防范救助保障数据集成标准 第1部分：数据分类与编码		行业标准	推荐性标准	基础通用标准
9 服务产业基础通用	9.1 应急百宝箱	20081187-T-469	国家标准	推荐性标准	基础通用标准
	9.2 应急居住区基本公共服务 第1部分：总则	20081188-T-469	国家标准	推荐性标准	基础通用标准
	9.3 应急居住区基本公共服务 第2部分 环境管理	20081189-T-469	国家标准	推荐性标准	基础通用标准
	9.4 应急居住区基本公共服务 第4部分 安全服务	20081190-T-469	国家标准	推荐性标准	基础通用标准
	9.5 应急居住区基本公共服务 第5部分 商业服务	20081191-T-469	国家标准	推荐性标准	基础通用标准
	9.6 应急居住区基本公共服务 第6部分 文化娱乐服务	20081192-T-469	国家标准	推荐性标准	基础通用标准
	9.7 应急居住区基本公共服务 第7部分 帮扶救助服务	20081193-T-469	国家标准	推荐性标准	基础通用标准
10 公共安全	10.1 核事故应急情况下公众受照剂量估算的模式和参数	GB/T17982-2000	国家标准	推荐性标准	管理标准
	10.2 突发公共事件应急能力评价通则	20075956-Z-469	国家标准	指导性技术文件	管理标准
	10.3 突发公共事件应急演练规范	20075957-Z-469	国家标准	指导性技术文件	管理标准
	10.4 突发公共事件应急指南	20070183-T-469	国家标准	推荐性标准	管理标准

续表

体系类目名称		项目名称	项目编号	级别	性质	类别
10 公共安全	10.5	消防应急救援技术训练指南	20100097－T－312	国家标准	推荐性标准	方法标准
	10.6	消防应急救援通则	20100098－T－312	国家标准	推荐性标准	基础通用标准
	10.7	消防应急救援训练设施要求	20100099－T－312	国家标准	推荐性标准	管理标准
	10.8	消防应急救援装备配备标准	20100100－T－312	国家标准	推荐性标准	方法标准
	10.9	消防应急救援作业规程	20100101－T－312	国家标准	推荐性标准	方法标准
	10.10	消防应急通信组网管理平台	20074873－Q－312	国家标准	强制性标准	产品标准
	10.11	消防应急照明和疏散指示系统	GB17945－2010	国家标准	强制性标准	产品标准
	10.12	消防应急指挥 VSAT 卫星通讯系统		行业标准	推荐性标准	产品标准
	10.13	应急信息交互协议 第 1 部分：预警信息	20100180－T－469	国家标准	推荐性标准	管理标准
	10.14	应急信息交互协议 第 2 部分：事件报送	20100181－T－469	国家标准	推荐性标准	管理标准
11 公共安全管理机构	11.1	报警统计信息管理代码 第 11 部分：治安灾害事故分类与代码	GA/T753.11－2008	行业标准	推荐性标准	基础通用标准
	11.2	城市公共安全应急联动系统基本功能要求	20051908－T－312	国家标准	推荐性标准	基础通用标准
	11.3	放射性物品库风险等级和安全防范要求	2007 年公共安全行业标准制、修订计划第 16 号	行业标准	强制性标准	管理标准
	11.4	高等院校安全风险等级与技术防范防护级别	20074802－Q－312	国家标准	强制性标准	管理标准
	11.5	公安交通应急综合平台技术要求		国家标准	推荐性标准	管理标准
	11.6	公路网交通安全应急指挥系统建设标准交通事故快速勘查技术规范		国家标准	推荐性标准	管理标准

续表

体系类目名称	项目名称	项目编号	级别	性质	类别
11 公共安全管理机构	11.7 广播电影电视系统重点单位重要部位的风险等级和安全防护级别	GA586－2005	行业标准	强制性标准	管理标准
	11.8 军工产品储存库风险等级和安全防护级别的规定	GA26－1992	行业标准	强制性标准	管理标准
	11.9 文物系统博物馆风险等级和安全防护级别的规定	GA27－2002	行业标准	强制性标准	管理标准
	11.10 消防应急照明灯具通用技术条件	GA54－1993	行业标准	强制性标准	基础通用标准
	11.11 冶金钢铁企业治安保卫重要部位风险等级和安全防护级别的规定	2008 年公共安全行业标准制、修订计划第43号	行业标准	推荐性标准	管理标准
	11.12 医疗卫生机构安全风险等级与技术防范防护级别	20074804－Q－312	国家标准	强制性标准	管理标准
	11.13 银行营业场所风险等级和防护级别的规定	GA38－2004	行业标准	强制性标准	管理标准
12 公路管理与养护	12.1 恶劣天气公路应急资源配置指南	20100204－T－469	国家标准	推荐性标准	方法标准
13 互联互通	13.1 基于不同技术的应急视讯会议系统互通技术要求	GB/T21641－2008	国家标准	推荐性标准	方法标准
14 互联网	14.1 电信网和互联网安全风险评估实施指南	YD/T1730－2008	行业标准	推荐性标准	基础通用标准
15 化学原料及化学制品制造业安全生产	15.1 国家危险化学品应急救援基地建设标准	20082223－Q－450	国家标准	强制性标准	管理标准
	15.2 化工项目定量风险评价导则	安监总政法〔2009〕34 号－23	行业标准	推荐性标准	方法标准
	15.3 危险化学品爆炸事故应急指挥程序	安监总政法〔2009〕34 号－26	行业标准	推荐性标准	方法标准
	15.4 危险化学品单位事故应急救援预案编制通则	20082238－Q－450	国家标准	强制性标准	管理标准

213

续表

体系类目名称		项目名称	项目编号	级别	性质	类别
15 化学原料及化学制品制造业安全生产	15.5	危险化学品单位应急救援物资配备规范	2008239-Q-450	国家标准	强制性标准	管理标准
	15.6	危险化学品应急救援指挥人员培训大纲和考核标准	安监总政法〔2008〕144号-60	行业标准	推荐性标准	管理标准
16 环保、社会公共安全及其他专用设备制造	16.1	建筑火灾逃生避难器材 第5部分：应急逃生器	20074838-Q-312	国家标准	强制性标准	产品标准
	16.2	企事业单位灭火和应急疏散预案编制及实施通用要求	20074855-Q-312	国家标准	强制性标准	管理标准
17 基本术语	17.1	灾害评估基本术语		国家标准	推荐性标准	基础通用标准
	17.2	灾害信息基本术语		国家标准	推荐性标准	基础通用标准
	17.3	自然灾害管理基本术语	GB/T26376-2010	国家标准	推荐性标准	基础通用标准
18 计算机机服务业通用	18.1	信息技术服务 运行维护服务应急响应规范	20091400-T-469	国家标准	推荐性标准	基础通用标准
	18.2	信息技术服务 运行维护 第3部分：应急响应规范 应急响应		国家标准	推荐性标准	基础通用标准
19 家用电力器具制造	19.1	应急呼叫器	GB/T26200-2010	国家标准	推荐性标准	产品标准
20 家用消费品安全（一般消费安全）	20.1	消费品安全风险评估通则	GB/T22760-2008	国家标准	推荐性标准	管理标准
	20.2	消费品全生命周期风险管理原则	20100596-T-424	国家标准	推荐性标准	基础通用标准
21 家用音响设备制造	21.1	应急声系统	GB/T16851-1997	国家标准	推荐性标准	方法标准

续表

体系类目名称		项目名称	项目编号	级别	性质	类别
22 监测	22.1	灾害管理空间信息产品	20080929-T-314	国家标准	推荐性标准	基础通用标准
	22.2	灾害遥感监测　第2部分：灾害监测	20091529-T-314	国家标准	推荐性标准	方法标准
	22.3	灾害遥感监测　第3部分：风险评估		国家标准	推荐性标准	方法标准
	22.4	灾害遥感监测　第4部分：灾情评估	20091530-T-314	国家标准	推荐性标准	方法标准
	22.5	灾害遥感监测　第5部分：恢复重建评估	20091531-T-314	国家标准	推荐性标准	方法标准
	22.6	自然灾害遥感监测应急响应工作规程		行业标准	推荐性标准	方法标准
23 减灾救灾	23.1	灾害应急响应等级划分	20080930-Q-314	国家标准	强制性标准	管理标准
24 建筑、安全用金属制品制造	24.1	门的紧急开启装置	Q2005-119T	行业标准	推荐性标准	产品标准
25 抗旱管理	25.1	旱情风险评价导则	水规计〔2003〕82-87号	行业标准	推荐性标准	基础通用标准
26 雷电灾害防御	26.1	爆炸和火灾危险环境气象灾害防御装置检测技术规范	20101026-T-416	国家标准	推荐性标准	管理标准
	26.2	雷电灾害调查技术规范	QX/T103-2009	行业标准	推荐性标准	基础通用标准
	26.3	雷电灾害风险评估技术规范	QX/T85-2007	行业标准	推荐性标准	基础通用标准
27 评估	27.1	自然灾害评估	20070277-T-314	国家标准	推荐性标准	方法标准
28 起重运输设备制造	28.1	电梯、自动扶梯和自动人行道风险评价和降低的方法	GB/T20900-2007	国家标准	推荐性标准	基础通用标准
	28.2	电梯用于紧急疏散的研究报告	20090106-Z-469	国家标准	指导性技术文件	基础通用标准

续表

体系类目名称		项目名称	项目编号	级别	性质	类别
	29.1	暴风雪灾害天气等级	20101011－T－416	国家标准	推荐性标准	管理标准
	29.2	暴雪灾害评估方法	20090846－T－416	国家标准	推荐性标准	方法标准
	29.3	暴雨洪涝灾害等级	20080301－T－416	国家标准	推荐性标准	基础通用标准
	29.4	冰雹特征及灾害调查规范	20101013－T－416	国家标准	推荐性标准	方法标准
	29.5	超级杂交稻制种气候风险等级	20090858－T－416	国家标准	推荐性标准	基础通用标准
	29.6	地质灾害气象等级划分	QX/T－2004－17	行业标准	推荐性标准	基础通用标准
	29.7	干旱灾害等级	20078505－T－416	国家标准	推荐性标准	基础通用标准
	29.8	龙卷灾害调查与强度等级	20090848－T－416	国家标准	推荐性标准	方法标准
	29.9	农村民居气象灾害防护技术规范	20101020－T－416	国家标准	推荐性标准	管理标准
	29.10	气象应急演练编制指南		国家标准	推荐性标准	基础通用标准
	29.11	气象灾害产品规范	QX/T－2008－15	行业标准	推荐性标准	基础通用标准
29 气象服务	29.12	气象灾害管理业务规范	20068694－T－416	国家标准	推荐性标准	管理标准
	29.13	气象灾害预警信号发布	QX/T－2004－16	行业标准	推荐性标准	基础通用标准
	29.14	气象灾害预警预报影视制作规范		行业标准	推荐性标准	基础通用标准
	29.15	突发公共事件应急气象服务	20068695－T－416	国家标准	推荐性标准	基础通用标准
	29.16	突发气象灾害预警信号	20068699－T－416	国家标准	推荐性标准	基础通用标准
	29.17	应急临时安置场所防雷技术规范	20101029－T－416	国家标准	推荐性标准	管理标准
	29.18	应急移动现场气象服务流程	20080315－T－416	国家标准	推荐性标准	基础通用标准
	29.19	中国北方牧区草原干灾害等级	20072651－T－416	国家标准	推荐性标准	基础通用标准
	29.20	渍涝风险气象等级	20078525－T－416	国家标准	推荐性标准	基础通用标准

续表

体系类目名称		项目名称	项目编号	级别	性质	类别
30 气象观测方法	30.1	气象移动监测车使用规程（环境气象移动监测车应急实施规范）	QX/T－2007－37	行业标准	推荐性标准	产品标准
31 气象数据管理	31.1	风电场雷击风险评价技术规范		行业标准	推荐性标准	方法标准
	31.2	风电场气象灾害预报技术		行业标准	推荐性标准	方法标准
	31.3	风电场气象灾害预警发布规定		行业标准	推荐性标准	方法标准
	31.4	风电场台风风险评价技术规范		行业标准	推荐性标准	方法标准
	31.5	陆地风电场风险评价技术规范		行业标准	推荐性标准	方法标准
32 气象灾害	32.1	气象灾害等级（重点）	QX/T－2009－23	行业标准	推荐性标准	基础通用标准
	32.2	气象灾害调查、分析及评估业务技术规范（重点）	QX/T－2009－31	行业标准	推荐性标准	基础通用标准
	32.3	台风灾害评估业务规范（重点）	QX/T－2009－32	行业标准	推荐性标准	基础通用标准
33 燃气生产和供应业	33.1	电磁式燃气紧急切断阀	建标〔2008〕103 号	行业标准	推荐性标准	产品标准
34 人口与健康信息	34.1	健康危害因素监测与风险评估基本元数据标准		国家标准	推荐性标准	基础通用标准
	34.2	健康信息学 IT 风险管理应用 医疗设备		国家标准	推荐性标准	基础通用标准
	34.3	健康信息学 健康软件安全风险分类		国家标准	推荐性标准	基础通用标准
	34.4	健康信息学 健康软件系统配置和应用相关的临床风险管理指南		国家标准	推荐性标准	基础通用标准
	34.5	健康信息学 IT 业风险管理应用于健康软件的研发		国家标准	推荐性标准	基础通用标准
	34.6	健康危害因素监测与风险评估		国家标准	推荐性标准	基础通用标准

续表

体系类目名称	项目名称		项目编号	级别	性质	类别
34 人口与健康信息	34.7	健康信息学 突发公共卫生事件应急处置信息系统功能规范		国家标准	推荐性标准	基础通用标准
	34.8	健康信息学 卫生事件应急处理信息系统核心元数据		国家标准	推荐性标准	基础通用标准
	34.9	健康信息学 医疗设备与医疗信息系统远程维护的信息安全管理 第1部分：需求与风险分析		国家标准	推荐性标准	基础通用标准
35 食品安全	35.1	食品安全风险分析工作原则	GB/T23811－2009	国家标准	推荐性标准	基础通用标准
	35.2	微生物风险评估在食品安全风险管理中的应用指南	GB/Z23785－2009	国家标准	指导性技术文件	基础通用标准
36 数据规范	36.1	减灾救灾应用产品元数据规范		行业标准	推荐性标准	基础通用标准
	36.2	减灾救灾应用数据分类编码规范		行业标准	推荐性标准	基础通用标准
	36.3	减灾数据产品命名规范		行业标准	推荐性标准	基础通用标准
37 水的生产和供应业通用	37.1	城市应急供水预案编制导则	水规计〔2008〕394号	行业标准	推荐性标准	基础通用标准
38 水资源管理	38.1	生态风险评价导则	水规计〔2000〕510号	行业标准	推荐性标准	基础通用标准
39 通信设备、计算机及其他电子设备制造通用	39.1	电子电气产品中有害物质存在的风险评估		国家标准	推荐性标准	方法标准

续表

体系类目名称	项目名称		项目编号	级别	性质	类别
40 通用规范	40.1	减灾救灾产品符号库		行业标准	推荐性标准	基础通用标准
	40.2	灾害制图分类		行业标准	推荐性标准	基础通用标准
	40.3	灾害制图符号		行业标准	推荐性标准	基础通用标准
41 图形符号	41.1	应急导向系统　设置原则与要求	GB/T23809-2009	国家标准	推荐性标准	基础通用标准
42 危险化学品管理	42.1	化学品风险评估通则		国家标准	推荐性标准	方法标准
43 文化馆	43.1	文化馆灾难、安全事故应急预案		国家标准	推荐性标准	管理标准
44 无线广播电视传输服务	44.1	地面数字电视紧急广播技术规范	2009 1432-T-425	国家标准	推荐性标准	基础通用标准
	44.2	移动多媒体广播　第4部分：紧急广播	GY/T220.4-2007	行业标准	推荐性标准	方法标准
45 艺术表演场馆	45.1	第1部分　剧场演出安全应急预案		国家标准	推荐性标准	管理标准
	45.2	第2部分　临时搭建演出安全应急预案		国家标准	推荐性标准	管理标准
	45.3	演出场所灾难、安全事故应急预案		国家标准	推荐性标准	管理标准
46 疫病防治	46.1	病媒生物危害风险评估原则与指南类	2009 1602-T-361	国家标准	推荐性标准	方法标准
	46.2	病媒生物应急监测与控制　水灾	2009 1603-T-361	国家标准	推荐性标准	方法标准
	46.3	病媒生物应急监测与控制　通则	2005 0928-T-306	国家标准	推荐性标准	管理标准
	46.4	动物及动物产品流动风险分析准则	2009-244	行业标准	推荐性标准	方法标准
	46.5	动物及其产品风险分析导则	2005-123	行业标准	推荐性标准	方法标准
	46.6	动物饲养场无疫风险分析准则	2009-245	行业标准	推荐性标准	方法标准

续表

体系类目名称		项目名称	项目编号	级别	性质	类别
47 应急通信	47.1	不同紧急情况下应急通信基本业务要求	2009H294	行业标准	推荐性标准	方法标准
	47.2	公用电信网同紧急特种业务呼叫的路由和技术实现要求	YD/T1406－2005	行业标准	推荐性标准	产品标准
	47.3	网络安全应急处理小组建设指南	YD/T1826－2008	行业标准	推荐性标准	基础通用标准
	47.4	网络与信息安全应急处理服务资质评估方法	YD/T1799－2008	行业标准	推荐性标准	基础通用标准
48 娱乐业	48.1	营业性演出突发事件应急管理规范		国家标准	推荐性标准	管理标准
49 照明器具制造	49.1	灯的控制装置 第8部分：应急照明用直流电子镇流器的特殊要求	GB19510.8－2009	国家标准	强制性标准	产品标准
	49.2	灯具 第2－22部分：特殊要求 应急照明灯具	GB7000.2－2008	国家标准	强制性标准	产品标准
	49.3	电池供电的应急疏散照明自动测试系统	2009957－Q－607	国家标准	强制性标准	产品标准
	49.4	可寻址数字照明接口 第202部分：控制装置的特殊要求固定应急照明（设备类型1）	2009962－T－607	国家标准	推荐性标准	产品标准
50 质量管理	50.1	风险管理 术语	GB/T23694－2009	国家标准	推荐性标准	基础通用标准
	50.2	风险管理 原则与实施指南	GB/T24353－2009	国家标准	推荐性标准	管理标准
	50.3	风险管理从业资格通用规范		国家标准	推荐性标准	管理标准
	50.4	风险管理——风险评估技术	2009118－T－469	国家标准	推荐性标准	方法标准
	50.5	公共事务管理风险评估指南		国家标准	推荐性标准	管理标准

资料来源：国家标准馆

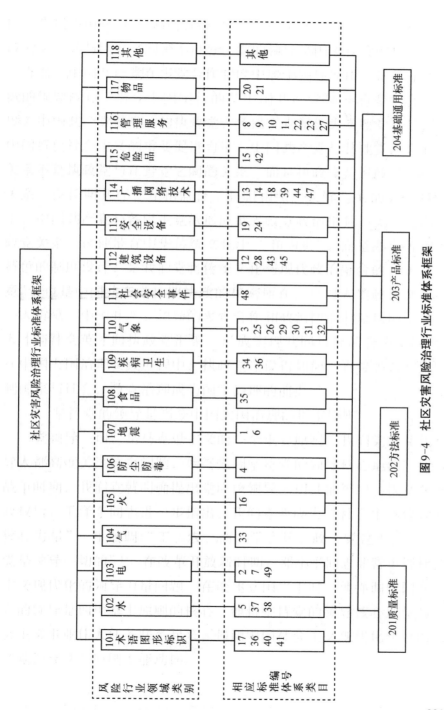

图9-4 社区灾害风险治理行业标准体系框架

（三）社区灾害风险治理标准化建议

第一，加强社区灾害风险治理机构建设与协调。

一是加强社区灾害风险治理机构建设。社区灾害风险治理机构建设是社区灾害风险治理标准化有效开展的组织保障。社区灾害风险治理是一个庞大、复杂的巨系统，涉及行业、领域众多，只有设立灾害风险治理机构或部门以及职能，才能使灾害风险得到有效治理和控制，才能实现灾害风险的精细化治理。当前，我国一些社区尚未设置专门灾害风险治理机构、部门和职能。有的虽然有相关治理机构、部门或职能，但组织机构设置不健全、人员配备合理，因此，必须加强社区灾害风险治理标准化机构和职能的建设。

二是加强社区标准体系的统一和整合。由于灾害风险具有社会性和扩散性，一个灾害风险和突发事件的发生，常常涉及许多部门和领域，尤其在当今这种开放和多变的形势下，单一的法律法规已无法实现综合的预防和应对。因此，必须理顺加强社区灾害风险治理机构与纵向以及横向相关机构的联系，加强机构间合理分工和有机协作。

第二，深入开展社区灾害风险治理标准化和综合标准化研究。

一是加强标准化研究。围绕社区灾害风险治理及发展的需要，准确把握社区灾害风险治理及发展对技术标准的需求，做好标准的总体规划和顶层设计，加强社区灾害风险治理标准研究和自主创新，加快灾害风险治理及发展的关键技术、核心技术向技术标准的转化，加大与国际标准接轨的力度，力争在标准制修订上实现新突破，确保标准制定工作有序、高效开展。

二是加强综合标准化研究。当前，我国有关突发公共事件应急处置的法律，主要是针对特定灾害风险的单项法律法规[1]，有关多个部门、多个区域如何协调应急工作的综合性规范性文件或标准比较薄弱。对于某些社区灾害风险治理标准化对象及技术领域众多、系统性强，以及涉及的专业门类细、学科覆盖面广的标准化工作，必须要跨行业、跨部门、跨单位，以系统工程为基础开展灾害风险治理。因此，一定领域和行业

---

[1] 赵汗青：《中国现代城市公共安全管理研究》，博士学位论文，东北师范大学，2012 年。

要加强综合标准化的研究，加强综合标准化工作，实行综合标准化。

第三，建立完善社区灾害风险治理标准体系。

当前，社区灾害风险治理标准体系基本初具规模，初步完成了人们急需的、基本的和行业的灾害风险治理标准制修订工作，但社区层面的灾害风险治理标准体系不完善。目前要针对自然灾害类、事故灾害类、公共卫生事件类和社会安全事件类灾害风险进行进一步梳理，加强薄弱和缺乏的相关法律法规和标准的制修订。

标准的制修订要坚持速度、结构、质量、效益相结合的原则，加强对国家标准、行业标准的跟踪与研究，根据地方社区灾害风险治理发展的实际，结合当地社区灾害风险治理的实际情况，完善标准制修订工作程序和制度，广泛吸取当地居民及地方利益相关方的意见，坚持开门制修订标准，及时调整地方标准体系结构，制订技术先进、科学合理、适度超前、操作性强的地方标准。建立完善与国家标准、行业标准相协调的地方社区灾害风险治理标准体系。

第四，建立和健全标准化规章制度。

一是建立健全标准化法规政策体系。依据国家、行业有关灾害风险治理法律法规标准，加快建立完成适用于地方社区灾害风险治理标准的体系；加强相关标准体系的协调统一，促进跨部门的协调和合作。

二是加强经费保障体制。建立国家、社会、个人共同参与的多元化投入机制。一方面，国家和地方财政要根据标准化工作的情况，安排标准化专项工作经费；另一方面，要鼓励通过社会和个人多渠道筹措资金，实现灾害风险治理标准化工作的多元化经费投入①。

三是建立培育标准化人才队伍建设体制。加强灾害风险治理标准化治理人员和标准化专业人才队伍建设，建立健全灾害风险治理标准化专家库。以标委、质监、科技和各行业主管部门为主体，构建以高校、科研院所、企业技术开发中心（培训中心）为主体的统筹规划、分类管理、分级实施和协同创新的标准化人才队伍建设体制。

第五，建立和健全标准化运行机制。

---

① Warner, K., Bouwer, L., Ammann, W., "Financial Services and Disaster Risk Finance: Examples from the Community Level", *Environmental Hazards*, 2007, 7 (1), pp. 32 – 39.

一是建立标准化宣贯机制。要建立完善社区灾害风险治理标准化工作宣传、贯彻机制，利用各种形式开展灾害风险治理标准化培训、宣传活动，宣贯活动要做到常态化、规范化。不断提高全社会对灾害风险治理标准化工作服务经济社会发展重要性的认识，营造全社会高度关注、积极参与灾害风险治理标准化工作的良好氛围。

二是建立激励机制。对采用国际标准和国外先进标准的产品，在政府采购时要优先选用。加大对制修订的先进标准、标准化工作突出的单位和个人的表彰与奖励力度。

三是建立考评机制。建立标准实施、监督、反馈工作机制，加大对标准实施的监督力度。要继续制修订社区灾害风险治理考评标准体系，健全公众参与考评控制的制度。当前特别要注意将科技手段引入考评机制，提高考评衡量的准确度和考评结果的客观性。

第六，加大标准化队伍建设力度。

依托行业、企业和专业技术机构，结合社区灾害风险治理标准化的现实需要，组建和培养各行业既有技术专业特长又懂标准知识的标准化人才队伍。要加强宣传培训，培养灾害风险治理从业人员标准化素质。充分利用灾害风险治理相关人才和专家的资源优势，通过报告、大讲堂、培训班等形式广泛开展社区治理标准化知识技能的宣传和培训。宣传培训要实现制度化、常规化、定期化，使从业人员的标准化素质及时跟上技术创新的标准化要求。

第七，加大经费投入。

建立以财政投入为主、市场化运作为辅的经费筹集和使用机制。鼓励企业、社会多渠道筹措资金，加大对标准化和多元化的经费投入。政府部门要把社区标准化工作经费纳入财政预算，各行业主管部门要将社区标准化工作经费纳入部门预算。要安排专项经费，用于社区灾害风险治理标准化科研项目、标准化推广活动、专业标准化技术委员会组建、标准化示范试点建设、采用国际标准或国外先进标准、标准文献资源及信息服务平台建设、地理标志产品保护和标准奖励等。

第八，加强宣传交流。

以"灾害风险宣传日"等主题活动为契机，通过新闻媒体、网络平台、宣传资料等多种形式，宣传灾害风险治理标准化知识和技术，营造全社会了解灾害风险治理标准化知识、参与标准化活动、享用标准化成果的良好社会氛围。

第九，提高社区灾害风险治理标准化意识和水平。

一是提高标准化意识。标准化是组织现代化生产建设和实现科学治理的重要手段。社区是整个社会灾害风险的重要滋生地和重要治理对象。社区工作人员以及市民必须提高对灾害风险治理标准化工作的认识，认真学习贯彻《中华人民共和国标准化管理条例》、国家有关灾害风险治理标准化的各项方针政策以及地方关于灾害风险治理标准化工作的相关办法，将灾害风险治理标准化工作作为事关社区发展的基础性、支撑性和长期性工作摆上重要议事日程。

二是提高标准化水平。要加强对灾害风险治理标准化工作的组织领导，根据灾害风险治理机构改革和人员变化的情况及时调整充实，以适应灾害风险治理标准化工作的发展要求；制定相应的政策和措施，安排专门人员，组织专业力量，创造良好条件，完成好相关灾害风险治理标准化工作任务；督促各相关部门落实其职能职责，密切协调配合，形成工作合力；定期研究解决灾害风险治理标准化工作中的有关困难和问题；做好灾害风险治理标准的贯彻、实施和监督工作，全力推进灾害风险治理标准化工作。

七　小结

社区应急管理预案法制体系是应急管理的基本依据，对灾害风险治理绩效提升起着关键作用。2003 年 SARS 事件以来，我国国家层面、地方层面以及社区等基层单位层面均快速建立完善了预案法制体系。预案法制体系的建立完善，使得我国应急管理工作能做到"有法可依"，对提升应急管理绩效起到了积极的作用。

本章对我国国家层面、地方层面和社区层面应急管理预案法制体系进行了梳理，并进一步分析了中国社区应急管理预案法制体系的发展历程、体系结构以及对社区应急管理的规定。通过研究发现，我国社区应急管理工作起步晚，但发展快，体系比较完备。无论在国家层面、地方层面还是社区层面，预案法制体系均得以建立并逐步完善；当然，我国社区灾害风险管理工作起步晚、时间短，相对于日本、美国等发达国家而言，我国预案法制体系建设尚处于初步形成期；我国应急管理预案法制体系结构日益完善，这从类别、级别两方面均得以体现。从当前各个层面的预案法制体系来看，各层面预案法制均强调社区等基层单位应急管理的重要性，对社区应急管理理念、组织机构、运行机制、平台建设、资金投入、公众参与、教育培训等各个方面均作出了详略程度不一的规定。

SARS 事件发生以来，我国预案法制体系取得的成绩是显著的，但毕竟我国预案法制体系起步比较迟、发展时间比较短，因此其内容有待进一步完善，以进一步发挥其作用。本章通过对现行应急管理规定下的科层制应急管理要求、灾害风险需求和公众参与关键问题的讨论，发现我国当前科层制应急管理要求与社区的灾害风险治理实际需求上存在一定的差距；社区灾害风险治理的实际需求与社区公众的应急响应也存在较大的不适应。本章基于这两大差距，提出了当前我国社区应急管理预案法制体系存在的问题，主要是：应急管理预案法制规定、应急管理行政要求与社区灾害风险治理实际需求存在差距，社区灾害风险治理响应能力不足；有关社区应急管理的预案法制交叉重叠严重，缺乏系统性、整体性、科学性和可行性；国家层面部分基本预案法制关于社区应急管理的内容比较单薄，规定比较笼统，操作性不强；预案法制规定的灾害风险管理重心仍然偏高，给实现管理重心下移带来政策障碍；相关预案法制对社区公众的角色定位仍然是"从属""服从"地位，作用仍然是"协助""配合"，而其应有的主体地位未能得以体现；社区应急管理预案重规划、轻落实，部分社区应急管理预案针对性、实用性、可行性不强。

鉴于这些问题，本章提出了改善社区应急管理预案法制体系的几点建议，主要是：管理重心方面，要完善国家、地方层面应急管理预案法制中关于社区应急管理的规定，推动灾害风险管理重心下移，将应急管理重心下沉到社区层面；网络治理方面，要加强社区层面的应急管理预案法制体系建设，推进构建基于社区的灾害风险网络治理模式；预案法制的科学性方面，要加强部门之间应急管理预案和法制的协调和整合，加强社区基层单位的应急管理预案编制的系统性、科学性和可行性；应急实际工作方面，要建立灾害风险治理目标责任制，并切实强化执行和监督考评。

灾害风险治理标准是灾害风险治理的政策依据和技术支撑。我国灾害风险形势日趋严峻，但我国灾害风险治理标准化特别是社区标准化严重滞后。本章通过梳理我国社区灾害风险治理标准体系类目与标准，提出社区灾害风险治理标准体系框架。社区灾害风险治理标准体系建设涉及社区灾害风险治理的机构建设、体制机制、人才队伍、经费投入和宣传教育等方面。当前，我国在这些方面均比较薄弱，需从这些方面着手加强社区灾害风险治理的标准化工作。

第十章　结论与展望

一　研究结论

（一）主要结论

根据已有相关应急管理理论和网络治理理论，基于应急管理的客观需求和实践困境，我们明确提出基于社区的灾害风险网络治理模式的概念。根据基于社区的灾害风险网络治理模式的基本要素，我们构建了基于社区的灾害风险网络治理模式的基本框架，即基于社区的灾害风险网络治理模式主要包括治理理念、组织机构和治理机制。

基于文献梳理，我们研究了日本基于社区的灾害风险管理模式和美国全社区应急管理模式，结果表明，日、美基于社区的灾害风险管理模式能推动应急管理关口前移、重心下移、主体外移和标准下沉，很好地推动了公众参与灾害风险管理的程度和效果，由此能极大地提高灾害风险管理绩效。其先进灾害风险管理模式对我国具有极大的借鉴意义。

基于实地访谈和问卷调查结果与分析，我们发现我国应急管理模式存在一些不足，主要是应急管理理念落后，组织机构不完善、运行机制不优、公众参与程度与效果不高。以上不足需通过实现应急管理模式的改革，推进向基于社区的灾害风险网络治理模式转型来逐步完善。根据调查结果分析，我们得出改善我国应急管理模式、机制以及提高我国公众参与程度与效果的建议。

基于日、美社区的灾害风险管理模式的比较分析，通过访谈和问卷调查的结果分析，以及基于社区的灾害风险治理模式的基本框架，我们分别研究提出了基于社区的灾害风险网络治理模式的治理理念，构建了该模式的组织机构和设计了治理机制，并提出了中国推进向基于社区的灾害风险网络治理模式转型的途径。

根据中国社区应急管理预案法制体系以及标准体系的梳理、分析，总结出中国现有应急管理预案法制体系和标准体系的问题，提出了改善中国现有应急管理预案法制体系和标准化体系的建议。

（二）研究的创新点

本研究的基本对象是基于社区的灾害风险网络治理模式，其创新主要体现在三大方面：一是提出了全新的"基于社区的灾害风险网络治理模式"这一概念；二是构建了基于社区的灾害风险网络治理模式的基本框架；三是研究内容方面的创新，主要是对灾害风险治理模式的治理理念、组织机构、治理机制这三方面的基本内容及其政策体系、标准化体系都提出了一些新的思想、观点和建议。具体来说，本研究的创新体现在以下方面。

第一，提出了"基于社区的灾害风险网络治理模式"这一全新的概念。

一直以来，我国及世界上诸多国家均实行以政府为中心的应急管理模式，实务界和理论界都采用应急管理模式这一概念，本研究借鉴日本的基于社区的灾害风险管理模式和美国的全社区应急管理模式经验，结合中外基于社区的灾害风险管理和网络治理学术思想，面向中国灾害风险治理的实践发展需要，将基于社区的治理理论和网络治理理论引入灾害风险管理，明确提出"基于社区的灾害风险网络治理模式"这一全新的概念。

相对于我国以往以政府为中心的应急管理模式，基于社区的灾害风险网络治理模式体现了研究视角的创新和治理形态的创新。研究视角的创新体现为"基于社区"的视角。"基于社区"不是一个地理概念，是灾害风险治理主体"以社区为中心"，具体说来灾害风险治理主体是以社区公众为中心，社区公众在灾害风险治理体系中处于主体地位和发挥主体作用，这有别于以往"以政府为中心"的视角；治理形态的创新体现为"网络治理"形态，即实现灾害风险治理的社会化和网络化，这有别于以往传统的应急管理模式下的科层制管理。本研究提出"基于社区的灾害风险网络治理模式"这一全新概念、模式和理论，以期为未来我国应急管理模式改革提供理论基础。

第二，构建了基于社区的灾害风险网络治理模式的理论框架。

本研究从"模式"的基本概念出发，模式的三大基本要素是：行为理念、系统结构和操作方法，用公式表述为：模式＝理念＋结构＋方法。本研究结合模式概念、基于社区的治理理论和网络治理理论构建基于社区的灾害风险网络治理模式的理论框架，即灾害风险治理模式＝治理理念＋组织机构＋治理机制，并在此理论框架下，基于文献研究、案例研究、实地访谈和问卷调查的实证研究结果，展开对基于社区的灾害风险网络治理模式的治理理念、组织机构、治理机制以及政策体系的研究，这突破了以往以传统的以政府为中心的应急管理模式、机制和短期政策效果为主要内容的研究主题。

当前学界对于模式一词概念比较模糊，其研究也十分宽泛，一般研究模式倾向于体制机制或者政策体系等的研究。本研究将灾害风险治理模式的研究集中于治理理念、组织机构和治理机制模式这三方面，界定了模式的范畴，使模式研究的针对性、准确性和科学性均得以加强。

第三，治理理念方面的创新。

基于社区的灾害风险网络治理模式提出了新的灾害风险治理理念。一是关于治理主体，该模式改变以往认为政府公共部门是应急管理的单一主体的理念，提出政府公共部门和社区公众均是灾害风险治理的主体，且社区公众是灾害风险治理的主要主体。各主体有着不同的职责和功能，发挥着不可或缺的作用。二是关于政府与社区公众的关系。该模式试图改变科层制应急管理模式下人们关于政社关系的固有观念，即认为政府和社区之间是一种垂直型的命令与被命令、控制与被控制的关系，而力图促成政社关系应是一种扁平化的社会化网络协作关系的理念。三是关于社区资源。该模式改变了传统应急管理模式下人们认为政府无所不能，可以大包大揽一切应急事务的观念，而认识到政府公共资源具有较大的局限性，必须发动社区公众广泛参与，充分利用社区公众丰富的人力、物力、社会关系网络等资源才能提高应对灾害风险的绩效。四是关于公众参与。该模式能实现灾害风险治理主体的多元化，充分调动社区公众参与灾害风险治理的积极性、主动性和创造性，提高社区公众在灾害风险应对中的自救、互救能力。五是关于网络治理。该模式构建了政府与社区公众之间复杂而有序的社会关系网络，推动社区灾害风险实现网络化治理。六是关于治理目标。该模式着眼于社区灾害风险治理的长期目标和绩效，以提高社区灾害风险应对能力和复原力，最终促进社区可持续发展为终极目标。

第四，组织机构方面的创新。

传统的应急管理模式的组织机构主要由政府公共部门组成，县（区）级以上政府部门均设有应急管理部门，相关行业部门也设置应急管理相关组织机构。该模式下，虽然应急管理主体也包括社区范围内的企业、NGOs、NPOs、CBOs、医院、学校和厂矿等基层单位和公民，但社区公众在灾害风险管理中处于从属地位，发挥次要作用。甚至很多基层单位应急组织机构尚未建立或不完善。传统的应急管理组织机构是一种垂直型组织机构，应急管理部门在应急管理中占据着主体地位。

基于社区的灾害风险网络治理模式构建了一个以社区为中心的、多元主体共同参与、相互协作的扁平化网络组织机构，其灾害风险治理主体不仅包括政府公共部门，还包括社区、企业、NGOs、NPOs、CBOs、厂矿、医院、学校、志愿者组织等基层单位及社区公民，这些公私部门和公民均是社区灾害风险治理的重要主体，在灾害风险治理中发挥着不可或缺的作用。

第五，治理机制方面的创新。

传统的应急管理模式科层制管理特征比较明显，通常采取自上而下的垂直型管理。政府管理部门往往依靠行政权威，运用行政手段开展应急工作。相关应急管理部门之间多头领导、条块分割现象比较严重，相互之间沟通协调不够顺畅。一般情况下，政府与社区公众之间多是一种命令与被命令、控制与被控制的关系。

基于社区的灾害风险网络治理模式构建了以社区为中心的灾害风险治理机制，力图强化政府公共部门之间、社区基层单位和公民之间以及政府公共部门和社区公众之间的沟通、协调和配合，各灾害风险应对主体之间既明确分工，又密切配合，形成一个复杂而有序的良性循环的社会治理网络。

第六，政策体系和标准化体系方面的创新。

通过对我国现行国家层面、地方层面和社区层面有关应急管理预案法制体系和社区灾害风险治理标准化体系的梳理和分析，提出了我国未来实施基于社区的灾害风险网络治理模式的政策体系和标准化体系改善建议，以期对我国未来实施基于社区的灾害风险网络治理模式提供政策保障。

（三）研究的不足之处

我国应急管理体系建设时间短、起步低，社区应急管理体系处于起步阶段，至今仍不完善。本研究是跨管理学、风险管理学与公共政策学的交叉研究课题，内容涉及社区灾害风险治理理念、组织机构、运行机制和政策体系等，治理主体涉及政府、企业、学校、NGOs、NPOs、CBOs、志愿者组织、公民等众多主体，故研究内容多，难度大，本研究还不够深入全面。此外，由于我国幅员辽阔，社区类型多样，各地区社区经济社会发展差异大，灾害风险治理模式、政策体系须因地制宜，因此研究还有待进一步深入。

二　研究展望

本研究初步提出基于社区的灾害风险管理模式的概念，并对该模式基本框架进行初步探讨和设计，这仅是基于社区的灾害风险管理模式研究的一个起步。推进向基于社区的灾害风险管理模式转型是世界许多国家正在进行，也是我国未来灾害风险管理模式转型发展的必然趋势，这个过程是一个长期的过程。未来我们还需进行更系统深入的具体研究与探讨。

第一，经验借鉴方面，目前世界一些国家应急管理模式改革走在前面，如何继续深入剖析、借鉴这些国家的典型模式？日、美等发达国家基于社区的灾害风险管理模式对我国的启示有哪些？基于社区的灾害风险管理模式理论相比于国内外已有的风险管理理论的共性与特性有哪些？该模式在中国具体灾害风险管理实践情境中的应用前景如何？该模式在中国灾害风险治理情境中实现路径是什么？等等。

第二，治理理念方面，当前影响公众灾害风险治理理念的因素；有效实现从传统的应急管理理念向灾害风险网络治理理念转变的途径；如何提升科学正确的灾害风险治理理念指导防灾减灾行动的有效性？等等。

第三，组织机构方面，社区、企业、医院、学校、NPOs、NGOs、厂矿等基层单位的灾害风险治理组织机构的数量、规模及其存在的合理性；志愿者组织和公民地位定位，其作用如何进一步发挥？等等。

第四，治理机制方面，在社会公众参与程度和效果提高后，灾害风险治理主体数量增多，势必造成矛盾冲突增多，如何有效协调、沟通和整合相关方利益，达到治理效果最优、绩效最佳，等等，这些都有待进一步深入理论研究与实践验证。

参考文献

中文文献

（一）著作

曹杰、于小兵：《突发事件应急管理研究与实践》，科学出版社 2014
年版。

陈振明：《公共管理学——一种不同于传统行政学的研究途径》，中国人
民大学出版社 2003 年版。

陈振明：《公共管理学原理》，中国人民大学出版社 2013 年版。

褚松燕：《在国家和社会之间：中国政治社会团体功能研究》，国家行政
学院出版社 2014 年版。

方旭光：《认同的价值与价值的认同》，中国社会科学出版社 2014 年版。

何绍辉：《陌生人社区：整合与治理》，社会科学文献出版社 2017 年版。

何影：《利益共享的理念与机制研究》，黑龙江大学出版社 2013 年版。

柯红波、郎晓波：《共生型治理：基层社会治理创新的"凯旋模式"》，
浙江工商大学出版社 2016 年版。

李君如：《协商民主在中国》，人民出版社 2014 年版。

李文彬：《基于网络关系的政府治理研究》，经济科学出版社 2013 年版。

刘波、李娜：《网络化治理——面向中国地方政府的理论与实践》，清华
大学出版社 2014 年版。

刘润进、王琳：《生物共生学》，科学出版社 2018 年版。

刘志辉：《共生理论视域下政府与社会组织关系研究》，天津人民出版社
2017 年版。

罗安宪：《和谐共生与竞争博弈》，当代中国出版社 2018 年版。

孙国强：《网络组织治理机制论》，中国科学技术出版社 2005 年版。

陶元浩：《社区兴衰与国家治理》，人民出版社 2017 年版。

田毅鹏：《"单位共同体"的变迁与城市社区重建》，中央编译出版社 2014 年版。

王德迅：《日本危机管理体制研究》，中国社会科学出版社 2013 年版。

叶岚：《大城市网格化管理研究》，人民出版社 2019 年版。

尹浩：《碎片整合：社区整体性治理之道》，社会科学文献出版社 2019 年版。

俞可平：《治理与善治》，社会科学文献出版社 2000 年版。

张乐：《风险的社会动力机制——基于中国经验的实证研究》，社会科学文献出版社 2012 年版。

张永理：《社区治理》，北京大学出版社 2014 年版。

张跃军、魏一鸣：《石油市场风险管理：模型与应用》，科学出版社 2013 年版。

张子睿、巩佳伟：《网格化社会服务体系研究》，九州出版社 2017 年版。

赵成根、尹海涛、顾林生：《国外大城市危机管理模式研究》，北京大学出版社 2007 年版。

中共中央党校应急管理培训中心：《应急管理典型案例研究报告》，社会科学文献出版社 2018 年版。

周雪光：《中国国家治理的制度逻辑——一个组织学研究》，生活·读书·新知三联书店 2017 年版。

〔美〕约翰·斯科特、彼得·卡林顿：《社会网络分析手册》，刘军等译，重庆大学出版社 2018 年版。

〔德〕克里斯缇安·施瓦格尔：《未来生机：自然、科技与人类的模拟与共生》，马博译，中国人民大学出版社 2017 年版。

〔美〕阿尔伯特·班杜拉著，郭本禹编：《社会学习理论》，陈欣银、李伯黍译，中国人民大学出版社 2015 年版。

（二）期刊

陈容、崔鹏：《社区灾害风险管理现状与展望》，《灾害学》2013 年第 1 期。

陈锐、周永根、沈华、赵宇：《中国城乡社区发展差异性研究》，《城市发展研究》2013 年第 12 期。

陈晓剑、戚巍、黄慧敏：《我国城市网络治理特征分析与路径研究》，《中国科技论坛》2008 年第 9 期。

陈岳堂、胡扬名：《政府社会管理的误区及其理念创新——基于湖南实现"两个率先"的思考》，《湖南农业大学学报》（社会科学版）2012 年第 13 期。

陈岳堂、李青清：《基层治理制度变迁逻辑与公共服务供给侧改革协作路径》，《中国行政管理》2019 年第 4 期。

程惠霞：《"科层式"应急管理体系及其优化：基于"治理能力现代化"的视角》，《中国行政管理》2016 年第 3 期。

程书强：《管理模式再造》，《陕西经贸学院学报》1999 年第 3 期。

范维澄、翁文国、张志：《国家公共安全和应急管理科技支撑体系建设的思考和建议》，《中国应急管理》2008 年第 4 期。

费孝通：《居民自治：中国城市社区建设的新目标》，《江海学刊》2002 年第 3 期。

高萍、齐乐、徐国栋、李海君、王汝芹、姜纪沂：《我国街道社区地震应急管理机制研究——以北京市街道社区为例》，《灾害学》2014 年第 3 期。

耿亚波：《京津冀一体化进程中突发事件应急管理理念研究》，《法制与社会》2017 年第 12 期。

郭伟：《汶川特大地震应急管理实践与巨灾应对的基本理念更新》，《四川行政学院学报》2010 年第 3 期。

郭正朝：《关于管理模式的理论探讨》，《广播电视大学学报》（哲学社会科学版）2004 年第 1 期。

郝晓宁、薄涛：《突发事件应急社会动员机制研究》，《中国行政管理》2010 年第 7 期。

何学秋、宋利、聂百胜：《我国安全生产基本特征规律研究》，《中国安全科学学报》2008 年第 1 期。

贺枭：《非政府组织参与灾害救助困境的制度性分析——以"汶川大地震"为例》，《法制与社会》2009 年第 24 期。

洪毅：《"十三五"时期我国应急体系建设的几个重点问题》，《行政管理改革》2015 年第 8 期。

黄明：《创新理念机制 把握规律特点 不断提升应急管理科学化水平》，《中国应急管理》2013 年第 1 期。

李菲菲、庞素琳：《基于治理理论视角的我国社区应急管理建设模式分析》，《管理评论》2015 年第 2 期。

李彤：《论城市公共安全的风险管理》，《中国安全科学学报》2008 年第 3 期。

李维安、林润辉、范建红：《网络治理研究前沿与述评》，《南开管理评论》2014 年第 5 期。

李尧远、曹蓉：《我国应急管理研究十年（2004—2013）：成绩、问题与未来取向》，《中国行政管理》2015 年第 1 期。

李志黎、陈炳文、周新文：《探讨管理模式转向制度创新》，《航天工业管理》1995 年第 1 期。

林闽钢、战建华：《灾害救助中的 NGO 参与及其管理——以汶川地震和台湾 9·21 大地震为例》，《中国行政管理》2010 年第 3 期。

刘波、李娜、王宇：《地方政府网络治理风险的实证研究》，《西安交通大学学报》（社会科学版）2013 年第 33 期。

刘士驻、任亿：《论城市应急管理》，《中国公共安全》（学术版）2006 年第 4 期。

刘霞、严晓：《我国应急管理"一案三制"建设：挑战与重构》，《政治学研究》2011 年第 1 期。

卢荣春：《韦伯理性科层制的组织特征及其对我国行政组织发展的借鉴意义》，《中山大学学报论丛》2005 年第 6 期。

吕方：《中国式社区减灾中的政府角色》，《政治学研究》2012 年第 3 期。

吕孝礼、张海波、钟开斌：《公共管理视角下的中国危机管理研究——现状、趋势和未来方向》，《公共管理学报》2012 年第 3 期。

莫于川：《我国的公共应急法制建设——非典危机管理实践提出的法制建设课题》，《中国人民大学学报》2003 年第 4 期。

潘孝榜、徐艳晴：《公众参与自然灾害应急管理若干思考》，《人民论坛》

2013 年第 32 期。

彭正银：《网络治理：理论的发展与实践的效用》,《经济管理》2002 年
第 8 期。

彭宗超：《中国合和式风险治理的概念框架与主要设想》,《社会治理》
2015 年第 3 期。

彭宗超、钟开斌：《非典危机中的民众脆弱性分析》,《清华大学学报》
（哲学社会科学版）2003 年第 4 期。

秦海波、李颖明、梁丽华：《"十一五"中国草地保护工作评估与政策建
议》,《中国软科学》2013 年第 12 期。

闪淳昌、周玲、钟开斌：《对我国应急管理机制建设的总体思考》,《国
家行政学院学报》2011 年第 1 期。

唐桂娟：《美国应急管理全社区模式：策略、路径与经验》,《学术交流》
2015 年第 4 期。

陶鹏、薛澜：《论我国政府与社会组织应急管理合作伙伴关系的建构》,
《国家行政学院学报》2013 年第 3 期。

童星：《从科层制管理走向网络型治理——社会治理创新的关键路径》,
《学术月刊》2015 年第 10 期。

童星、陶鹏：《论我国应急管理机制的创新——基于源头治理、动态管
理、应急处置相结合的理念》,《江海学刊》2013 年第 2 期。

万鹏飞、于秀明：《北京市应急管理体制的现状与对策分析》,《公共管
理评论》2006 年第 1 期。

王建成、葛干忠：《产权保护、价值创造与财务报表变革——基于利益相
关者理论视角》,《湖南财政经济学院学报》2017 年第 1 期。

王建成、葛干忠：《煤炭资源矿业权市场交易问题研究》,《企业导报》
2014 年第 17 期。

王婧：《风险管理中的公众参与问题研究》,《江西农业学报》2013 年第
2 期。

王郅强、彭宗超、黄文义：《社会群体性突发事件的应急管理机制研
究——以北京市为例》,《中国行政管理》2012 年第 7 期。

魏淑艳、李富余：《网络治理理论视角下我国社会泄愤类极端事件的治
理对策——以公交车纵火案为例》,《北京行政学院学报》2016 年第

4 期。

文宏：《突发事件管理中地方政府规避责任行为分析及对策》，《政治学研究》2013 年第 6 期。

肖磊、李建国：《非政府组织参与环境应急管理：现实问题与制度完善》，《法学杂志》2011 年第 2 期。

谢起慧、褚建勋：《基于社交媒体的公众参与政府危机传播研究——中美案例比较视角》，《中国软科学》2016 年第 3 期。

熊志坚、杨德良、张明泉：《论中国企业管理模式的特征》，《管理现代化》1998 年第 2 期。

徐步：《美国 2010 年人口普查反映出的一些重要动向》，《国际观察》2012 年第 3 期。

徐松鹤、韩传峰、孟令鹏、吴启迪：《中国应急管理体系的动力结构分析及模式重构策略》，《中国软科学》2015 年第 7 期。

薛澜：《从更基础的层面推动应急管理——将应急管理体系融入和谐的公共治理框架》，《中国应急管理》2007 年第 1 期。

薛澜：《中国应急管理系统的演变》，《行政管理改革》2010 年第 8 期。

薛澜、刘冰：《应急管理体系新挑战及其顶层设计》，《国家行政学院学报》2013 年第 1 期。

薛澜、张强、钟开斌：《危机管理：转型期中国面临的挑战》，《中国软科学》2003 年第 4 期。

薛澜、周海雷、陶鹏：《我国公众应急能力影响因素及培育路径研究》，《中国应急管理》2014 年第 5 期。

薛澜、周玲：《风险管理："关口再前移"的有力保障》，《中国应急管理》2007 年第 11 期。

薛澜、周玲、朱琴：《风险治理：完善与提升国家公共安全管理的基石》，《江苏社会科学》2008 年第 6 期。

杨安华、田一：《企业参与灾害管理能力发展：从阪神地震到 3·11 地震的日本探索》，《风险灾害危机研究》2017 年第 1 期。

杨安华、许珂玮：《风险社会企业如何参与灾害管理——基于沃尔玛公司参与应对卡崔娜飓风的分析》，《吉首大学学报》（社会科学版）2016 年第 1 期。

杨学芬、江兰兰：《社区应急管理中存在的问题及对策探析》，《农村经济》2008 年第 11 期。

游志斌、薛澜：《美国应急管理体系重构新趋向：全国准备与核心能力》，《国家行政学院学报》2015 年第 3 期。

张海波：《中国应急预案体系的运行机理、绩效约束与管理优化》，《中国应急管理》2011 年第 6 期。

张海波、童星：《中国应急管理结构变化及其理论概化》，《中国社会科学》2015 年第 3 期。

张乐、吴敏：《基于网络治理的城市社会化减灾模式研究》，《智库时代》2018 年第 19 期。

张立荣、李莉：《当代中国城市社区组织管理体制：模式分析与改革探索》，《华中师范大学学报》（人文社会科学版）2001 年第 3 期。

张鹏：《应急管理公众参与机制建设探析》，《党政干部学刊》2010 年第 12 期。

张强：《浅谈我国公共安全保障机制的建设问题》，《国际技术经济研究》2004 年第 4 期。

张忠利、刘春兰：《韦伯科层制理论及其蕴含的管理思想》，《河北工业大学学报》（社会科学版）2009 年第 4 期。

钟开斌：《"一案三制"：中国应急管理体系建设的基本框架》，《南京社会科学》2009 年第 11 期。

钟开斌：《安全优化与适度应急响应——基于成本—收益视角的分析》，《经济体制改革》2009 年第 2 期。

钟开斌：《国家应急管理体系建设战略转变：以制度建设为中心》，《经济体制改革》2006 年第 5 期。

钟开斌：《回顾与前瞻：中国应急管理体系建设》，《政治学研究》2009 年第 1 期。

钟开斌：《中国应急管理的演进与转换：从体系建构到能力提升》，《理论探讨》2014 年第 2 期。

钟开斌、张佳：《论应急预案的编制与管理》，《甘肃社会科学》2006 年第 3 期。

朱陆民、董琳：《我国应急管理的法制建设探析》，《行政管理改革》

2011 年第 6 期。

朱正威、李文君、赵欣欣：《社会稳定风险评估公众参与意愿影响因素研究》，《西安交通大学学报》（社会科学版）2014 年第 2 期。

（三）报纸

钟开斌：《现代应急管理的十大基本理念》，《学习时报》2012 年 12 月 17 日第 6 版。

（四）学位论文

别玉满：《公共危机管理中的社会参与机制研究》，硕士学位论文，湖南师范大学，2009 年。

陈伟东：《城市社区自治研究》，博士学位论文，华中师范大学，2003 年。

戴薇：《广州居民灾害风险感知研究》，硕士学位论文，兰州大学，2014 年。

董研：《政府危机管理与社会参与研究》，硕士学位论文，暨南大学，2007 年。

李德全：《科层制及其官僚化过程研究》，博士学位论文，浙江大学，2004 年。

李盛：《我国突发环境事件应急法律机制研究》，硕士学位论文，东北林业大学，2013 年。

刘雷雷：《突发环境事件应对中公众参与法律机制研究》，硕士学位论文，西南政法大学，2015 年。

陆海刚：《从科层制管理到网络型治理》，硕士学位论文，南京大学，2016 年。

罗光华：《城市基层社会管理模式创新研究》，博士学位论文，武汉大学，2011 年。

聂挺：《风险管理视域：中国公共危机治理机制研究》，博士学位论文，武汉大学，2014 年。

谭莉莉：《网络治理的特征与机制》，硕士学位论文，厦门大学，2006 年。

向良云：《非常规群体性突发事件演化机理研究》，博士学位论文，上海交通大学，2012年。

张慧：《灾害应急管理中的志愿者参与问题研究》，硕士学位论文，湖南大学，2011年。

张梦雨：《公众参与政府自然灾害应急管理问题研究》，硕士学位论文，吉林大学，2013年。

张伟伟：《河北省应急管理公众参与研究》，硕士学位论文，燕山大学，2012年。

张莹：《我国食品安全风险规制中公众参与制度研究》，硕士学位论文，中国计量学院，2013年。

张勇：《同构性与非平衡性：我国城市社区建设模式反思》，博士学位论文，华中师范大学，2011年。

赵汗青：《中国现代城市公共安全管理研究》，博士学位论文，东北师范大学，2012年。

郑拓：《突发性公共事件与政府部门间的协作及其制度困境》，博士学位论文，复旦大学，2013年。

（五）网络资料

蚌埠市人民政府：《蚌埠市禹会区"2017.7.21"火灾事故调查报告》，http://zwgk. bengbu. gov. cn/com _ content. jsp？XxId = 1614099129，2019.3.28。

北京市应急管理局：《大兴区"11·18"重大事故调查报告》，http://yjglj. beijing. gov. cn/col/col708/index. html，2019.3.31。

陈莉莉：《环境灾害风险管理中公众参与机制研究》，http://www. doc88. com/p－636427054326. html，2018.1.12。

国务院天津港"8·12"瑞海公司危险品仓库特别重大火灾爆炸事故调查组：《天津港"8·12"瑞海公司危险品仓库特别重大火灾爆炸事故调查报告》，http://www. jxsafety. gov. cn/aspx/news _ show. aspx？id = 14262，2019.3.31。

河北省应急管理厅：《河北张家口中国化工集团盛华化工公司"11·28"重大爆燃事故调查报告》，http://yjgl. hebei. gov. cn/portal/index/toInfoNewsList？categoryid = 3a9d0375 － 6937 － 4730 － bf52 － febb997d

8b48，2019.4.1。

河南省应急管理厅：《长垣县皇冠歌厅"12·15"重大火灾事故调查报告》，http://www.hnsaqscw.gov.cn/sitesources/hnsajj/page _ pc/zwgk/xxgkml/sgxx/sgdccl/article99fa67fe927e455bab68e4d444f26f0f.html，2019.4.1。

黑龙江省应急管理厅：《哈尔滨北龙汤泉休闲酒店有限公司"8·25"重大火灾事故调查报告》，http://www.hlsafety.gov.cn/zwgk/xzcf/20190329/52395.html，2019.4.19。

江西省应急管理厅：《江西樟江化工有限公司"4·25"较大爆燃事故调查报告》，http://www.jxsafety.gov.cn/aspx/news _ show.aspx？id＝15600，2018/4/24 18：06：22。

陆丰市人民政府：《汕尾市海丰县公平"12·9"较大火灾事故调查报告》，http://www.lufengshi.gov.cn/html/2018/sgdcbg _ 0420/5424.html，2019.4.19。

民政部救灾司：《民政部国家减灾办发布2013年前三季度全国灾情》，http://www.mca.gov.cn/article/zwgk/mzyw/201310/201310005274 49.shm，2014.1.25。

清远市应急管理局：《清远市清城区"2·16"较大火灾事故调查报告》，http://www.gdqy.gov.cn/0129/402/201807/6f658b87f1944be4a60c 1e0f 9aafcc3e.shtml，2019.4.1。

上海市应急管理局：《绍兴上虞舜欣劳务有限公司"9·20"中毒和窒息较大事故调查报告》，http://www.shsafety.gov.cn/gk/xxgk/xxgkml/sgcc/dcbg/32193.htm，2019.4.1。

四川省应急管理厅：《宜宾恒达科技有限公司"7·12"重大爆炸着火事故调查报告》，http://yjt.sc.gov.cn/Detail_64dfcb70 － d527 － 4a4a － 8e64 － 899de4c9e8cc，2019.4.1。

外文文献

（一）著作

Chapman，R. J.，*Simple Tools and Techniques for Enterprise Risk Management*，John Wiley & Sons，2006.

Doxiadēs, K. A., *Anthropopolis*: *City for Human Development*, Norton, 1975.

Ferdinand, Tönnies, *Community and Society*, New York: Dover Publications, 2002.

Goldsmith, S., Eggers, W., *Governing by Network*: *The New Shape of the Public Sector*, Brookings Institution Press and John F Kennedy School of Government at Harvard University. 2004.

Larry Suter, Thomas Birkland, Raima Larter, *Disaster Research and Social Network Analysis*: *Examples of the Scientific Understanding of Human Dynamics at the National Science Foundation*, Springer, 2008.

Laurie Pearce, *The Value of Public Participation During a Hazard*, *Impact, Risk and Vulnerability Analysis*, *Mitigation and Adaptation Strategies for Global Change*, Springer, 2005.

Nuray Karanci, *Cities at Risk*: *Living with Perils in the 21st Century*, *Advances in Natural and Technological Hazards Research*, Springer Science + Business Media Dordrecht, 2013.

Rajib, Shaw, *Community Practices for Disaster Risk Reduction in Japan*, *Disaster Risk Reduction*, DOI 10. 1007/978 – 4 – 431 – 54246 – 9, 1, Springer Japan 2014.

Random House Webster's Unabridged Dictionary, New York: Random House, 2005.

Stephen Goldsmith, *The Power of Social Innovation*: *How Goldsmith, Civic Entrepreneurs Ignite Community Networks for Good*, John Wiley & Sons, 2010.

Takako Izumi, Rajib Shaw, *Disaster Management and Private Sectors*, Springer, 2015.

Umma Habiba, Rajib Shaw, Md. Anwarul Abedin, *Disaster Risk Reduction Approaches in Bangladesh*: *Disaster Risk Reduction*, Springer Japan, 2013.

William, L., Waugh, Cathy Yang Liu, *Disaster and Development*, *Environmental Hazards*, Springer International Publishing Switzerland, 2014.

（二）期刊

A. Gero, K. M'eheux, D. Dominey-Howes, "Integrating Community Based

Disaster Risk Reduction and Climate Change Adaptation: Examples from the Pacific", *Nat. Hazards Earth Syst. Sci.*, 2011, 11.

Andrew Maskrey, "Revisiting Community-based Disaster Risk Management", *Environmental Hazards*, 2011, 10.

Barry, A., Cumbie, Chetan, S., Sankar, "Choice of Governance Mechanisms to Promote Information Sharing Via Boundary Objects in the Disaster Recovery Process", *Information Systems Frontiers*, 2012, 12 (14 –5).

Bland, S., "Emergency Planning", *Journal of the Royal Army Medical Corps*, 2007, 153 (2).

Brenda L. Murphy, "Locating Social Capital in Resilient Community-level Emergency Management", *Natural Hazards*, 2007, 5 (41).

Chun-Pin Tseng, Cheng-Wu Chen, "Natural Disaster Management Mechanisms for Probabilistic Earthquake Loss", *Nat Hazards*, 2012, (60).

Constantina Skanavis, George, A. Koumouris, "Public Participation Mechanisms in Environmental Disasters", *Environmental Management*, 2005, 5 (35 –6).

D. Asmita Tiwari, "From Capability Trap to Effective Disaster Risk Management Capacity: What Can Governments, Communities, and Donors", *The Capacity Crisis in Disaster Risk Management Environmental Hazards*, 2015 (8).

Delaware Yvonne Rademacher, "Community Disaster Management Assets: A Case Study of the Farm Community in Sussex County", *International Journal of Disaster Risk Science*, 2013, 3 (4 –1).

"Information for Disaster Preparedness: A Social Network Approach to Rainwater Harvesting Technology Dissemination", *Disaster Risk Sci.*, 2014 (5).

Johnson, M. E., "Learning from Toys: Lessons in Managing Supply Chain Risk from the Toy Industry", *California Management Review*, 2001, 43 (3).

Junko Mimaki, Yukiko Takeuchi, Rajib Shaw, "The Role of Community-based Organization in the Promotion of Disaster Preparedness at the Community Level: A Case Study of a Coastal Town in the Kochi Prefecture of the

Shikoku Region, Japan", *Coast Conserv*, 2009 (13).

Juttner, U., Peck, H., Christopher, M., "Supply Chain Risk Management: Outlining an Agenda for Future Research", *International Journal of Logistic: Research and Applications*, 2003, 6 (4).

Kristen Magis, "Community Resilience: An Indicator of Social Sustainability", *Society and Natural Resources*, 2010, 5 (23 - 5).

Laurie Pearce, "Disaster Management and Community Planning, and Public Participation: How to Achieve Sustainable Hazard Mitigation", *Natural Hazards*, 2003, 28.

Marijn Janssen, JinKyu Lee, Nitesh Bharosa, Anthony Cresswell, "Advances in Multi-agency Disaster Management: Key Elements in Disaster Research", *information Systems Frontiers*, 2010, 3 (12 - 1).

Mason Jones, R., To will D. R., "Shrinking the Supply Chain Uncertainty Cycle", *Institute of Operations Management Control Journal*, 1998, 24 (7).

Masten, A. S., Obradovic, J., "Disaster Preparation and Recovery: Lessons from Research on Resilience in Human Development", *Ecology and Society*, 2008, 13.

Md. Anwar Hossain. "Community Participation in Disaster Management: Role of Social Work to Enhance Participation", *Journal of Anthropology*, 2013, 19.

Mizan, R., Khan, M., Ashiqur Rahman. "Partnership Approach to Disaster Management in Bangladesh: A Critical Policy Assessment", *Nat Hazards*, 2007, (41).

Nakagawa, Y., Shaw, R., "Social Capital: A Missing Link to Disaster Recovery", *Int. J. Mass Emerg Disasters*, 2004, 22 (1).

Neil Dufty, "Using Social Media to Build Community Disaster Resilience", *The Australian Journal of Emergency Management*, 2012, 2 (27).

Nocco, B. W., Stulz, R. M., "Enterprise Risk Management: Theory and Practice", *Journal of Applied Corporate Finance*, 2006, 18 (4).

Norio Okada, Liping Fang, D., Marc Kilgour, "Community-based Decision

Making in Japan", *Group Decis Negot*, 2013, 22.

Nuray Karanci. "Facilitating Community Participation in Disaster Risk Management: Risk Perception and Preparedness Behaviours in Turkey", *Cities at Risk*, *Advances in Natural and Technological Hazards Research*, 2013, 2 (33).

O'Toole, Laurence J., "Treating Networks Seriously: Practical and Research-Based Agendas in Public; Administration", *Public Administration Review*, 1997 (1).

Olivia Patterson, Frederick Weil, Kavita Patel, "The Role of Community in Disaster Response: Conceptual Models", *Popul Res*, *Policy Rev.*, 2010 (29).

Peijun Shi, Jiabing Shuai, Wenfang Chen, Lili Lu, "Study on Large-scale Disaster Risk Assessment and Risk Transfer Models", *International Journal of Disaster Risk Science*, 2010, 9 (1 - 2).

Peijun Shi, "On the Role of Government in Integrated Disaster Risk Governance—Based on Practices in China", *International Journal of Disaster Risk Science*, 2012, 9 (3 - 3).

Saburo Ikeda, Teruko Sato, Teruki Fukuzono, "Towards an Integrated Management Framework for Emerging Disaster Risks in Japan", *Natural Hazards*, 2008, 2 (44 - 2).

Saburo Ikeda, "An Emergent Framework of Disaster Risk Governance Towards Innovating Coping Capability for Reducing Disaster Risks in Local Communities", *International Journal of Disaster Risk Science*, 2011, 6 (2 - 20).

Subhajyoti Samaddar, Makoto Murase, Norio Okada, "A Social Network Approach to Rainwater Harvesting Technology Dissemination: Information for Disaster Preparedness", *International Journal of Disaster Risk Science*, 2014, 5 (5 - 2).

Warner, K., Bouwer, L., Ammann, W., "Financial Services and Disaster Risk Finance: Examples from the Community Level", *Environmental Hazards*, 2007, 7 (1).

Wu, D., Olson, D. L., "Enterprise Risk Management: Coping with Model

Risk in a Large Bank", *Journal of The Operational Research Society*, 2010, 61 (2).

（三）报告

Brigade, L. F, "London Fire Brigade-Local Resilience Forums", 2012.

Cabinet Office, "National Risk Register 2013", 2013.

Cabinet Office, "National Risk Register", 2008.

CDC & CDC Foundation, "Building a Learning Community & Body of Knowl-edge: Implementing a Whole Community Approach to Emergency Manage-ment", 2013.

Emilie Combaz, "Community-based Disaster Risk Management in Pakistan", 2013.

FEMA, "Promising Examples of FEMA's Whole Community Approach to Emer-gency Management", http://www. cdcfoundation. org/whole community promising examples. 2015.

FEMA, "A Whole Community Approach to Emergency Management: Princi-ples, Themes, and Pathways for Action", 2011.

T RK S L, "Environmental Risks in Africa the Case of Egypt", 2011.

Team L R, "London Community Risk Register", 2011.

United Nations, "Sendai Framework for Disaster Risk Reduction", 2015.

Warwickshire, "Warwickshire Community RiskRegister", 2010.

World Economic Forum, "Global Risks 2012", 2012.

（四）网络资料

"Emergency Management", https://en. wikipedia. org/wiki/Emergency man agement#cite note 1, 2016. 1. 25.

后　记

　　本书是我的国家社科基金项目"基于社区的灾害风险网络治理模式、机制与政策体系研究"的结项成果。2014 年 7 月，我从中国科学院大学博士毕业后，入职湖南省社会科学院产业经济研究所。当年 12 月份，一年一度的国家社科基金申报工作开始了。作为一个初入学界的科研工作者，深知国家课题的重要意义。因此，我全身心投入课题申报工作中。

　　选题是课题申报的第一步。当时我经过反复思考，之所以选择了这个题目，主要由于以下两方面原因：一是我在中科院攻读博士学位期间师从陈锐老师从事城市运行与发展研究，主要参与完成了国家科技支撑计划课题"社区管理与服务技术标准研究"；二是博士三年级的时候，陈老师推荐我到中国标准化研究院学习了半年多，在院里主要加入秦挺鑫博士课题组从事城市风险管理、产业发展等标准化研究。因为这些科研经历，我的博士论文以及读博期间的小论文主要涉及社区管理和风险管理方面。基于这些研究基础，我申报国家社科基金课题时就选择了"社区风险管理"这一主题。

　　国家社科基金申报书的设计和撰写需经历一个艰辛的探索过程，从选题到设计到申报书的修改定稿经过了两三个月的日夜奋战。犹记得那年快过年时的前几天，我仍然坚持每天到办公室撰写申报书；犹记得有次凌晨三点多醒来趴在床上写申报书，以"捕捉思想的火花"。现在回忆起来，我都很佩服自己那时的拼劲和韧性。当然，第一次申报国家课题能成功立项，得益于一些师长的帮助和指导，特别是清华大学公共管理学院彭宗超教授、中国科学院生态环境研究中心贺桂珍老师。彭宗超教授针对我的申报书初稿提出了许多宝贵的意见，贺桂珍老师亲自为我修改申报书，这些让我由衷感激。

本作书名为"基于社区的灾害风险网络治理模式研究"，听起来似乎有点让人费解。当年申报国家社科基金时，课题名称为"基于社区的灾害风险网络治理模式、机制与政策体系研究"。申报过程中，一些专家建议我将课题名改为"社区灾害风险网络治理模式、机制与政策体系研究"，即将"基于社区的"改为"社区"，我对这两个名称反复思量，最终还是选取了"基于社区的"这一表述。因为，"基于社区的"这一表述虽然在国内很少用，但当时阅读国外文献时，发现国外使用这一表述很普遍，如 community based disaster management，community based approaches to disaster mitigation，community-based disaster risk reduction。后来，发表文章和准备出版本书时，编辑也往往倾向于将"基于社区的"改成"社区"，认为"引用率高的文献都是题名或书名简单的著作"。我能理解编辑们的用心良苦，我也会说明为什么要用"基于社区的"，而不用"社区的"，当然也会考虑综合编辑的意见。科学研究在求真、求善、求美之间，求真是前提。其实，"基于社区的"不完全是"社区的"的意思，前者更能准确表达本研究提出的这种治理模式的性质和特征，表示以社区为中心、为主体的一种治理模式，但不完全是社区的一种治理模式。

近年来，国内外的灾害风险持续增加，影响程度日益加深，社区在灾害风险治理中的地位和作用凸显。但是，社区迫于自身的性质、职权和功能，在社区治理中又难免受到诸多方面的掣肘。本研究旨在构建一种以社区为中心的公众广泛参与的全方位、多层次、综合性的灾害风险社会网络化治理模式，形成政府推动、公众参与、部门联动的灾害风险社会网络化治理格局，以期提升我国基层减灾防灾能力和效果。

课题研究能够顺利开展离不开许多领导、专家的大力支持和帮助。如问卷调查中，南京大学社会学院风笑天老师和北京大学政府管理学院严洁老师对我在调查问卷分析中一些困惑给予了详细的指导。实地调研中，曾经对长沙市应急办杨俊主任、长沙市民政局救灾处杨建国处长、邵东县应急办李泽成主任、长沙市岳麓区岳麓街道罗勇刚书记、长沙市岳麓区咸嘉湖街道咸嘉新村社区易长军书记等进行了访谈。当时与他们畅谈的情景至今记忆犹新。各位领导、专家在百忙之中抽空为我们调研组进行耐心讲解和指导，无私奉献，对此本人万分感激。

　　尽管本人在研究中付出了很大努力，但由于学识有限，研究还有很多不足之处。比如，问卷设计方面，由于当时问卷设计为开放式问卷，致使数据分析过程中采用量化研究方法受到较大局限；又如，研究理论深度和高度还有待加强，等等。这些都是今后研究工作中需努力的方向，同时也恳请读者提出宝贵意见。鉴于以上诸多条件限制，书中艰难免会有错漏之处，望学界同仁、读者批评指正。文责自负！

周永根

二〇二二年春于长沙